本成果受到中国人民大学2019年度“中央高校建设世界一流大学（学科）和特色发展引导专项资金”支持

气候、灾害与清代华北平原社会生态

萧凌波◎著

科学出版社
北京

内 容 简 介

本书的主要特色是将清代视为一个完整的生命演化周期，对这一时段内华北平原社会生态系统人地关系的变化进行完整复原，并基于对演化过程的定量描述，在时间序列上识别出不同的生命演化阶段。同时，将气候变化与水旱灾害作为关键参考变量引入社会生态系统演化过程，与粮食安全、人口迁徙、社会动乱等不同方面建立联系，分析其影响程度及时空差异，讨论其影响在社会系统中传递扩散的过程机制。

本书可供自然地理学、历史地理学、环境史（生态史）、经济史等专业方向的研究者、学生及爱好者参阅。

图书在版编目（CIP）数据

气候、灾害与清代华北平原社会生态 / 萧凌波著. —北京：科学出版社，2021.3

ISBN 978-7-03-067170-7

Ⅰ. ①气… Ⅱ. ①萧… Ⅲ. ①华北平原-人类生态学-研究-清代 Ⅳ. ①Q988

中国版本图书馆 CIP 数据核字（2020）第 243869 号

责任编辑：王 媛 杨 静 / 责任校对：韩 杨

责任印制：张 伟 / 封面设计：润一文化

科 学 出 版 社 出版

北京东黄城根北街 16 号

邮政编码：100717

http://www.sciencep.com

北京建宏印刷有限公司 印刷

科学出版社发行 各地新华书店经销

*

2021 年 3 月第 一 版 开本：720×1000 B5

2022 年 1 月第二次印刷 印张：12 1/2

字数：218 000

定价：95.00 元

（如有印装质量问题，我社负责调换）

序　言

萧凌波的著作《气候、灾害与清代华北平原社会生态》是在他博士学位论文的基础上深化加工而成，作为他就读北京师范大学时的博士生导师，我遵嘱在此写几句话。

历史气候变化影响研究主要回答过去气候变化如何影响人类社会发展的问题。这一领域的研究始于20世纪初，其研究范式是带有地理环境决定论色彩的自然环境影响研究，试图用气候变化解释人类文明的历史进程。美国著名地理学家亨廷顿是该时期的代表，其“气候循环说”是对自然环境影响认识的一次重大进步。但在亨廷顿所处的时代，科学界普遍认为气候是稳定的，气候变化仅发生在遥远的地质时期，而历史时期并不存在气候的变化，亨廷顿的观点和支持他的观点的证据均受到诸多质疑，特别是在其后相当长的时期内，他的学说被视为地理环境决定论的代表而受到批判和否定，有关历史气候变化影响的研究也沉寂多年，甚至成为学术的禁区。

百年后的今天，情况已大有不同。得益于过去气候变化和历史社会发展研究的重大进步，越来越多的人认同气候变化能够影响历史。许多气候变化研究者将寻找气候变化与特定历史事件之间的关联作为一种时尚，借此提高学术论文发表的档次，扩大学术成果的社会影响力。更多的人则希望能够以史为鉴，认识过去人类—气候—生态系统在多时空尺度上的相互作用机制与过程，增强对当代气候变化影响与人类社会适应的理解，这也是过去全球变化研究计划（PAGES）的主题之一。

作为自然地理环境中最为活跃的要素，气候变化对人类社会的影响广泛而深刻，人类社会发展历史与气候变化之间存在密切而复杂的对应关系。当前的历史气候变化影响研究的目的不在于证明气候变化可以影响历史，而在于回答气候变化是如何影响人类社会历史的。为此，首先需要摆脱地理环境决定论的研究范式，避免简单地将气候变化归结为文明的决定性因素，更重要的是需要探索立足于人地相互作用的新研究范式。然而，由于记录过去气候变化影响与人类响应之间相互作用过程的代用资料的难于获得，历史时期社会事件发生原因的多解性、社会对气候变化响应过程的复杂性，以及过去气候变化重建结果的不确定性等原因，相关研究难度很大，学者们都在进行各自的探索。

我们的研究源自国际全球环境变化人文因素计划（IHDP）在 21 世纪初构建的概念体系，将历史气候变化对中国社会发展影响的问题归结为粮食安全问题，以长期气候变化和极端气候事件为外强迫，基于人类系统的弹性、脆弱性和适应等核心概念，探讨历史气候变化影响中国社会经济发展的过程与机理。其重点包括：历史气候变化影响程度与脆弱性的关系，社会生态弹性如何化解气候变化影响与维持中华文明连续发展，适应过程中的学习和创新如何通过改变中国社会经济的脆弱性和弹性而增强应对气候变化的能力。

萧凌波就读博士期间，我们的研究框架正在构建过程中。他关于清代华北平原气候变化与社会发展关系研究的博士学位论文充分体现了上述框架的核心思想。在探讨中国历史气候变化如何影响社会经济发展方面，华北平原是一个具有充分代表性的地区，萧凌波的研究不仅为我们的研究框架提供了实证，也促进了框架的发展完善，我们后续有关中国历史气候变化影响研究均是基于此框架开展的。

从萧凌波博士毕业到这部专著的出版，时间已过去了一纪。相比于其博士论文，这部专著内容丰富了许多，认识也深入了许多。学术研究是需要积累的，这样的长期坚持并不是一件容易的事，值得鼓励。

今天北京遭遇了多年未见的沙尘天气。相较于几十年前，公众对沙尘天气的成因和影响的认识已客观了许多。同此，只要假以时日，历史气候变化影响研究的进步是可期的，期望有更多的人来推动历史气候变化影响研究的进步。

方修琦
于北京师范大学
2021 年 3 月 15 日

目　录

序言 **/ i**

第一章　导论 **/ 1**

第一节　研究背景 / 1
第二节　研究内容 / 11

第二章　研究框架：指标选取与量化方法 **/ 17**

第一节　气候变化与水旱灾害 / 19
第二节　人地关系状况 / 22
第三节　粮食收成 / 26
第四节　粮食调度 / 30
第五节　饥荒 / 32
第六节　人口迁徙与政策应对 / 34
第七节　社会稳定性 / 36
第八节　小结 / 39

第三章　鼓励垦荒的恢复阶段（1644—1730年） **/ 41**

第一节　清初的气候与灾害 / 41
第二节　人地系统的早期演变 / 44
第三节　荒政的重建与完善 / 48

第四节　与边外联系的建立 / 53
第五节　小结：以恢复生产为主的阶段 / 62

第四章　荒政主导的兴盛阶段（1731—1790年） / 65

第一节　气候相对适宜 / 65
第二节　人口压力开始显现 / 67
第三节　灾后粮食调度 / 70
第四节　区际联系：口外胜于关外 / 76
第五节　灾害对社会的影响与救灾的缓冲作用 / 89
第六节　小结：荒政主导、良性互动 / 91

第五章　流民激增的衰落阶段（1791—1850年） / 94

第一节　气候转折及其对人地系统的压力 / 94
第二节　世纪之交的3次大灾 / 96
第三节　流民问题的凸显 / 102
第四节　道光年间的灾害应对与后果 / 110
第五节　饥荒—流民—动乱：灾害影响的传导路径 / 117
第六节　小结：气候压力激化社会危机 / 120

第六章　灾变交迭的崩溃阶段（1851—1911年） / 124

第一节　极端脆弱的人地系统 / 124
第二节　初期的社会动荡与秩序重建 / 126
第三节　光绪初年大旱的社会响应 / 130
第四节　流民问题的应对：煮赈与弛禁 / 137
第五节　动乱激增及其触发机制的复杂化 / 147
第六节　小结：灾变交迭之下的恶性循环 / 150

第七章　社会生态变迁的缩影：木兰秋狝兴衰 / 152

第一节　背景介绍 / 153

第二节　草创与兴盛阶段（康熙年间） / 159
第三节　复兴与稳定阶段（乾隆年间） / 162
第四节　衰落阶段（18、19世纪之交） / 166
第五节　小结：气候、社会生态变迁与秋狝兴衰 / 176

第八章　总结 / 178

第一节　气候、灾害如何影响社会生态系统 / 178
第二节　社会生态系统对气候、灾害的响应机制及其意义 / 183

后记 / 189

第一章 导论

第一节 研究背景

一、过去气候变化如何影响人类社会：自然科学的新进展

人类社会的发展与其所处的自然环境息息相关。在自然地理环境诸要素（如地质、地貌、土壤、水文、动物、植物）中，气候是最为活跃的一个方面。气候要素（温度、降水）在不同时空尺度上的变化，对人类社会产生了广泛而深刻的影响。过去的气候曾经发生过怎样的变化，对当时的社会影响程度如何，通过何种方式发挥作用，解决这些问题，有利于我们更好地理解当前全球气候变化问题，并更加合理地应对其带来的挑战。

国外这方面的研究可以追溯到20世纪初，美国地理学家亨廷顿（Ellsworth Huntington，1876—1947）在《亚洲的脉动》一书中创造性地提出，历史时期中亚游牧民族的向外迁徙、蒙古人的南下与西征，起因都

是气候干旱导致的牧草干枯。[①]由于缺乏精确的计量资料（用以描述气候变化与社会发展），其论据和结论以今天眼光看仍存在不少问题，并曾作为“地理环境决定论”的代表遭到批判，但其敏锐地觉察到气候的变化可能对人类社会发展产生重要作用，实际上超越了其时代（当时地理学界的主流在讨论环境影响时基本是将其作为不变量看待）。此后的一个多世纪，特别是近几十年，随着过去气候变化重建研究的持续深化和重建精度的不断提升，历史时期气候曾发生周期性、阶段性的大幅波动已成为学界共识，而气候波动曾对当时的人类社会发展产生深刻的影响，甚至在一定程度上改变了历史的走向，也为越来越多的研究成果所证实。其中一个经典案例是美洲玛雅文明在公元 9 世纪的突然崩溃，其原因历来众说纷纭，进入 21 世纪，研究者基于地层、石笋等沉积记录复原了当时的气候特征，认为干旱化背景下多发的极端旱灾持续打击农业生产，进而推动社会层面的异变，已经成为一个颇具影响力的假说。[②]

中国有着世界上最为复杂多变的气候系统和源远流长且不曾中断的文明发展史，这是中国学者从事相关研究时一个得天独厚的优势。一方面，历史时期人类活动与气候变化之间的互动极为活跃，以中华文明的核心区中国东部为例，这里典型的东亚季风气候天然有利于农业生产，造就了世界上规模最大的农业社会；而周期性的冷暖波动和突发性的极端事件（突出表现为降水时空分布不均导致的水旱灾害）又会通过改变人类生产生活所必需的水热资源分布，引发社会的广泛响应，历史上这样的例子不胜枚举。另一方面，受益于文明发展历程的连续性，中国有着 3000 余年不曾间断的文字记录，传世文献资料极为丰富；历史时期的气候变化状况与重大极端事件，连同其与人类社会之间的互动过程，以各种形式被时人记录下来，成为研究者取之不尽的学术资源库。早在 20 世纪 30 年代，李四光就曾基于过去 2000 多年间的内战次数统计，划分出 3 个百年尺度的治乱周期，并认为这种周期率与“人口的问题和过去气候变更的问题，也许有相当的关系”，但受制于历史气候变化重建成果的匮乏，没有开展进一步论证。[③]至 20 世纪 70 年代，竺可桢《中国近五千年来气候变迁的初步研

---

① E. Huntington，*The pulse of Asia：A Journey in Central Asia Illustrating the Geographic Basis of History*，Boston，New York：Houghton，Mifflin Company，1907，pp. 359-385.

② G. H. Haug，D. Günther，L. C. Peterson，et al. Climate and the collapse of Maya civilization. *Science*，2003，299：1731-1735. D. J. Kennett，S. F. M. Breitenbach，V. V. Aquino，et al. Development and disintegration of Maya political systems in response to climate change. *Science*，2012，338：788-791.

③ 李四光：《战国后中国内战的统计和治乱的周期》，《庆祝蔡元培先生六十五岁论文集》，北平：中央研究院历史语言研究所，1933 年，第 157—167 页。

究》一文的发表开启了一扇新的大门[①]，历史时期气候变化研究由此全面推进，重建结果的时空分辨率和精确度不断提升，有力支持了对气候变化的社会经济影响进一步展开探究。过去数十年间，中国学者的研究内容涉及气候变化与农业生产、农牧关系、经济财政、人口波动、内外战争、王朝兴衰等各个方面，以对历史文献资料的充分挖掘为鲜明特色，在国际学界独树一帜。[②]

进入 21 世纪以来，气候变化问题对人类社会可持续发展带来的风险和挑战，要求研究者对以往分析框架和技术手段进行创新，以求更为全面、准确地认识过去气候影响人类社会的过程机制，从而真正实现“以史为鉴”——以过去人类社会响应和适应气候变化的经验教训，作为当前和未来的参考。中国学者近年来的研究进展集中体现在《历史气候变化对中国社会经济的影响》一书中，来自国内多个科研机构、具有不同学科背景的研究团队，首先对海量的文字史料进行整理，利用不同方法提取可供定量的代用指标（包括粮食丰歉、宏观经济、财政收支、人口增长率、饥荒、农民起义、农牧战争、社会兴衰），重建的时间序列（覆盖过去 2000 年时段、分辨率至少为 10 年）可以比较全面地描述社会经济系统的变迁；再将其与最新的高分辨率历史气候变化重建成果进行对比，系统分析历史时期中国社会发展中的气候因素。其科学认识可以归纳为以下几点：①宏观规律可以概括为“冷抑暖扬”，暖期气候总体有利于农业生产，从而为社会经济走向繁荣奠定了物质基础，而冷期则相反；②由暖转冷的气候背景之下，社会系统风险往往会大幅上升，其原因在于暖期中生产的发展与人口的膨胀也伴随对资源和环境持续加强的压力，如果整个人地系统已经处在临界状态，重大气候转折（温度下降）和极端灾害事件就可能在短时间内造成资源严重短缺和人地关系失衡，从而激化社会矛盾，甚至触发社会动乱；③中国幅员辽阔，无论在冷期还是暖期，都是有利和不利影响的地区并存，不可一概而论，历史上社会对气候变化也一直存在积极的响应和适应机制，通过各类因时、因地制宜的手段（如改进生产技术、调整种植制度、兴修水利工程、完善荒政制度、组织跨区移民）来实现趋利避害，这也是过去数千年中华文明得以持续发展的重要因素。[③]

自然科学视野下的气候变化影响研究，出发点虽是为了探索自然规

---

① 竺可桢：《中国近五千年来气候变迁的初步研究》，《考古学报》1972 年第 1 期。

② 葛全胜、方修琦、郑景云：《中国历史时期气候变化影响及其应对的启示》，《地球科学进展》2014 年第 1 期。魏柱灯、方修琦、苏筠，等：《过去 2000 年气候变化对中国经济与社会发展影响研究综述》，《地球科学进展》2014 年第 3 期。

③ 方修琦、苏筠、郑景云，等：《历史气候变化对中国社会经济的影响》，北京：科学出版社，2019 年，第 257—261 页。

律、解决现实问题，但当其将研究的对象扩展到历史上人类社会的组织方式与运行过程时，其价值就不仅局限在自然科学框架之内。围绕晚明社会衰落过程中气候、灾害因素的讨论就是一个生动的例子。以往气候、历史研究者都已注意到崇祯年间（1628—1644年）北方大旱对明朝统治的打击，但多停留在将灾害与民变事件进行简单对比。近年郑景云等将研究时段向前扩展到16世纪以降的长达百年间，基于对社会发展状况的复原（涉及北方各省粮食生产、朝廷财政状况、北边军屯与军费开支、民变与边境战争频次），分析了长期气候变化趋势和短期极端灾害事件对社会的不同影响机制。他们发现16世纪中晚期以来的气候恶化（转冷、转干）通过作用于农业生产，严重威胁几个高度敏感区域（如粮食产能严重不足且深居内陆的晋陕两省、粮食本就无法自给的北边一线）的粮食安全，已经为社会矛盾和边境危机的全面爆发埋下了伏笔；而深陷于政治斗争泥潭的明政府对危机全无察觉，坐视财政枯竭与荒政废弛，当空前严重的大旱发生时，不仅全无救灾之能，反要向灾民加派赋税以筹集军费，因此其统治在很短的时间内就为民变的烽火所埋葬。①显然，他们所构建的从气候、灾害到农业生产，进而波及经济、政治、军事层次的完整因果链条，已经可以对传统历史学关于人类社会发展历程的叙事框架提供有益的补充。

不过，在气候变化研究领域中，像这样深入到气候与社会相互作用的过程机制层面的历史案例目前还不多见。不少研究者在分析过去气候影响时存在简单化的倾向，只是看到气候重建序列中的极值点或转折点对应于历史进程中的某件大事，就得出“气候改变历史”的结论，难免被指摘为“决定论”思维。2007年国外研究团队发表轰动一时的“季风吹垮唐朝”论断便是如此，为此中外学者曾展开一场激烈的争论。②这样的例子多了，便有可能导致历史学者对在历史研究中引入气候因素倾向于更加审慎的立场。③未来气候与历史的进一步结合有赖于两方面学者的共同努力，除了气候变化研究者需要加强历史社会发展知识的积累和史料整理分析能力的训练，从而提升“气候假说”的解释能力，历史学研究者也需要更加积极地了解过去气候变化的事实及其如何影响社会的科学机制，并对在历

① J. Y. Zheng，L. B. Xiao，X. Q. Fang，et al. How climate change impacted the collapse of the Ming Dynasty. *Climatic Change*，2014，127：169-182.

② G. Yancheva，N. R. Nowaczyk，J. Mingram，et al. Influence of the intertropical convergence zone on the East Asian monsoon. *Nature*，2007，445：74-77. 争论过程详见张德二《关于唐代季风、夏季雨量和唐朝衰亡的一场争论——由中国历史气候记录对 *Nature* 论文提出的质疑》一文（《科学文化评论》2008年第1期）。

③ 王利华：《生态史的事实发掘和事实判断》，《历史研究》2013年第3期，第23—25页。

史研究中引入自然科学的相关思路和方法持更加开放的态度。近年来历史学科发展中的一些新动向，无疑为此提供了良好的契机。

二、历史学研究的新动向：环境史与数字人文

近几十年，环境史（生态史）的异军突起是中外历史学科发展中一个引人瞩目的事件。西方环境史学伴随20世纪后半叶环境保护运动而兴起，国内史学界对生态环境的关注则始于20世纪80年代，此后立足本土研究实践的同时吸收国外研究成果，逐步完善理论建构，不断吸引不同学科背景的研究者投身其间；进入21世纪以来已经成长为一个颇具活力的新兴领域，并引发了许多传统史学领域的范式转换，被一些学者称为“历史的生态学转向”。①

在国外，这一学科相对更加常见且更正式的名称为“环境史”（environmental history），而“生态史”（ecological history或eco-history）较不多见，在实际使用中两者可以互换，其研究对象都被定义为“历史上人类社会与所处生态环境之间的双向互动关系”。②在国内学界，围绕学科名称究竟确定为“环境史”还是“生态史”，抑或是“生态环境史”，曾有过热烈的讨论。③正如一部分学者所指出的那样，两个术语实际上隐含有不同的学术取向：“在采用‘环境史’时，研究工作首先指向人类的外部环境因素，重点考察它们的发展变化、对人类活动的影响和制约，以及人类对它们的改变；而当采用‘生态史’时，研究对象是人类生态系统，着重对人类历史进行生态学的观察和解释，特别是考察人类作为特殊生物类群如何适应各种外部环境条件，从而形成不同的生计类型、技术体系、社会组织、制度规范乃至知识、观念和情感等。比较而言，环境史可能触及更广泛的生态环境问题，并具有更直接的现实针对性；而生态史则更有利于对人类社会与自然环境双向作用的历史机制、过程和状态作深度分析。”④时至今日，尽管大部分学者已经取得共识，即以“环境史”作为学科名称，并通过学术边界的外延来包容“生态史”，但也一直不乏学者

---

① 唐纳德·沃斯特、南茜·兰思登、王利华，等：《生态史：历史的生态学畅想》，《光明日报》2012年8月26日，第6版。夏明方：《生态史观发凡——从沟口雄三〈中国的冲击〉看史学的生态化》，《中国人民大学学报》2013年第3期。

② 王利华：《生态环境史的学术界域与学科定位》，唐大为主编：《中国环境史研究（第1辑 理论与方法）》，北京：中国环境科学出版社，2009年，第19页。

③ 周琼：《中国环境史学科名称及起源再探讨——兼论全球环境整体观视野中的边疆环境史研究》，《思想战线》2017年第2期。

④ 王利华：《生态—社会史研究圆桌会议述评》，《史学理论研究》2008年第4期，第154页。

强调后者的独特内涵，认为有必要“超越在人与自然这两极之间各执一端的人类中心主义或生态中心主义，着重从人与自然相互纠结的动态关联视角对‘生态’一词进行更为广义的新阐释”①。也就是说，采用“生态史”这一术语，更有利于凸显其关注的是作为一个整体的“由人与自然组合而成的生态大系统”这一学科特征。②

可见，环境史（生态史）既关心人类社会，也关心自然环境，但居于核心位置的研究对象并不是任意一方本身，而是两者之间的联系与互动，这便将其与一般意义上的历史学和环境演变研究区分开来。如王利华所言，环境史学者“想把自然与人类两大系统的众多因素、现象和问题，以及探究这些因素、现象和事实的众多科学理论方法和技术手段整合起来，形成一个整体统一的叙事框架和解说体系”，这就是“整体史”的研究目标。研究视野的极大拓展固然是件好事，但随之而来的对学者自身学养和识见的苛刻要求，又使其在跨出传统史学的门槛之后，往往“立即掉进无边的泥淖，遇到无数的歧路”。既然如此，与其原地彷徨，不如退回到自己擅长的领域，通过“真切地认知众多局部而逐渐了解更大的面相”③。所谓“局部”，既可以是人类社会中的某个群体或部门，也可以是众多自然环境要素中的某个方面，同样可以是人与自然直接复杂的关系网络和互动链条中的某个节点或环节。在一个有限的目标之下，便可以相对从容地确定主题，制订计划，并有针对性地向相关领域的学者寻求帮助，以填补自身知识储备和研究方法的缺陷。在诸多交叉学科中，历史地理学领域是环境史学者一个重要的助力来源。

地理学的研究对象是“作为人类之家的地球”，人地关系是地理学最重要的研究课题之一，其学术传统源远流长。④作为地理学的分支学科，历史地理学致力于研究过去的人地关系，不仅需要回答历史时期的自然地理环境如何变化，更需要探讨这种变化如何影响人类的活动，而人类活动又是如何反作用于地理环境。显然，地理学所谓“人地关系”，与环境史所谓“人与自然互动”，在内涵上有颇多共通之处，之间并无清晰的界线。历史地理学学者关于过去环境变迁（如气候、河流、沙漠、植被、动物乃至微生物）的重建成果，是环境史学者开展历史时期人与自然互动研究时最重要的立足点之一；而当前者进一步去讨论过去的人地关系时，其

---

① 夏明方、侯深主编：《生态史研究（第一辑）》，北京：商务印书馆，2016年，卷首“编者絮语”。
② 夏明方：《寻家之旅：人与自然的生态联姻》，夏明方、侯深主编：《生态史研究（第一辑）》，第5页。
③ 王利华：《“盲人摸象”的隐喻——浅议环境史的整体性》，《史学集刊》2020年第2期，第5—6、8页。
④ 杨吾扬、江美球：《地理学与人地关系》，《地理学报》1982年第2期。方修琦、萧凌波：《中国古代土地开发的环境认知基础和相关行为特征》，《陕西师范大学学报（哲学社会科学版）》2007年第5期。

所做的工作实际与后者已并无二致。这就是为什么许多颇有建树的环境史学者，本身就具有历史地理专业背景。

在历史地理学领域，过去气候变化重建及其社会影响研究是一个已持续多年的热点方向，成果极为丰富。气候学者在不同时空尺度上重建的温度、降水序列以及大量极端气候事件案例（表现为气象灾害），已经可以为中国历史社会发展历程构建出一个相当完整的气候背景。进一步展开的“过去气候变化如何影响人类社会发展”相关研究也为环境史学者提供了新的思路，即在充分吸收自然科学领域研究成果的前提下，将气候变迁与人类社会发展过程相互参照；充分发挥自身在史学素养和史料分析方面的优势，识别出气候与社会相互作用的高风险时段、敏感地区和关键环节，从而对气候影响社会的过程机制做出更为全面的解读，避免简单化的倾向。如此，则可以期待类似法国年鉴学派史学家勒华·拉杜里（Emmanuel Le Roy Ladurie）的《人类气候比较史》这样将气候变化融入长尺度人类社会发展史的工作（所谓“气候史”研究）①，未来也在中国出现。

另一个值得注意的新动向是数字人文的兴起及其在历史研究中的应用。数字人文的定义为“充分运用计算机技术开展的合作性、跨学科的研究、教学与出版的新型学术模式和组织形式”②，其核心在于计算机技术与人文学科（如文学、历史、哲学、艺术）的结合。仅就字面意义而言，计算机技术的介入改变的主要是传统的研究手段，但伴随大数据、可视化、虚拟仿真、人工智能等方面技术的飞速发展，未来人文学科中计算机技术的介入程度将持续加深，随着应用场景的不断增多，其“学术模式和组织形式”也必将逐步重塑。

在国内史学领域，较早大规模应用计算机技术的代表性事件包括1999年香港迪志文化出版有限公司推出的“文渊阁四库全书全文检索数据库”，以及2001年启动的中国历史地理信息系统建设（CHGIS，哈佛大学与复旦大学合作开发）；近十年来发展迅速，各类数据库（如主要供检索用的文本型数据库、用于量化分析的关系型数据库、用于空间分析的地理信息数据库等）纷纷建成，并已有一批历史学者开始利用大数据进行案例分析，并开展理论建构和范式探索。

目前来看，数字人文在历史研究中的应用主要集中在检索资料、提出

---

① 勒华拉杜里《人类气候比较史》（*Histoire humaine et comparée du climat*）法文版三卷本分别出版于2004、2006和2009年，全面考察了过去千年气候波动对人类社会的影响，关于其气候史研究工作的介绍可参考周立红《气候变迁的历史维度——勒华拉杜里的气候史研究》一文（《史学月刊》2014年第6期）。

② ［美］安妮·伯迪克、［美］约翰娜·德鲁克、［美］彼得·伦恩费尔德，等：《数字人文：改变知识创新与分享的游戏规则》，马林青、韩若画译，北京：中国人民大学出版社，2018年，第121页。

议题、统计分析三个方向，由于各方面因素的制约（如数据库功能不够强大，计算机逻辑无法替代人类思考），目前还存在不少问题，也引发了许多学者对其前景的疑虑。包伟民在指出问题的同时，认为“如何在符合学科特点的基础之上，更有效地利用信息技术，以推动历史学研究的深化发展，对史学从业人员来说，的确是一个新课题、新挑战”①。历史学者不应被动地等待计算机技术的发展解决掉所有 bug，而是应该积极行动起来，在研究中运用数字人文理念对传统范式进行创新，充分发挥计算机技术在可视化、定量分析等方面的优势；同时，基于自身实践经验对计算机学科不断提出技术需求和改进意见，这样才能有效推动数字人文与历史研究的深入结合。

三、跨学科研究的可行途径：区域综合

跨学科研究是上述几个新兴研究领域的共同要求——历史气候变化及其影响研究要求自然科学研究者将其视角深入到人类社会内部，分析其组织与运行机制；环境史则要求研究者将包括人类在内的天地万物全数纳入研究框架，这使他们从一开始就强调“多学科”的方法论；而数字人文要真正成为一种崭新的史学研究范式，更离不开广大历史学者对计算机技术的充分掌握与灵活运用。无论哪一个方面的要求，对于学科背景普遍比较单一的研究者来说，都不是一个轻松的任务。选定一个特定时空背景下的研究区域，基于有限的研究目标，在一定程度上实现研究对象（人类社会、自然环境及其互动关系）、研究方法（文献判读、数学统计、空间分析）的综合，再从一个个局部上升到整体，不失为一条可行的途径。

区域一般有明确的边界，如政区由行政边界划定，流域由分水岭界定，每个区域相对于邻区都具有一定的独立性，区内的资源环境特征与自然景观组合相对固定。在此前提下，区域内的人地关系，常常由那些变化最为活跃、且与人类活动密切相关的少数几类环境要素所主导，这样研究者就可以从主要矛盾入手，不必面面俱到，从而精简研究内容，降低研究风险。例如，在西北内陆干旱地带，人地关系集中体现在沙漠的进退与上游来水的多寡②；在北方农牧交错地带，伴随不同时期生产方式（农业、牧业）的转换，区域典型景观（田园、牧场）与其代表的人地关系也会发

① 包伟民：《数字人文及其对历史学的新挑战》，《史学月刊》2018 年第 9 期，第 11 页。

② 李并成、张力仁主编：《河西走廊人地关系演变研究》，西安：三秦出版社，2011 年。王培华：《清代河西走廊的水资源分配制度——黑河、石羊河流域水利制度的个案考察》，《北京师范大学学报（人文社科版）》2004 年第 3 期。

生根本性变化[1]。

中东部广大地区历史上一直是传统农业区，自然环境与人类社会之间的互动集中围绕农业开发展开。人类对自然的改造（如清理植被、平整土地、兴修水利）是为了获得更多的耕地资源和更稳定的产量，而自然环境主要通过光照、热量、水分、土壤等要素的组合限制农业开发的资源禀赋。气候和水文是其间最大的变数，每当它们发生突变，农业资源要素组合便会重组，重组的过程对于区域社会往往意味着灾害的发生。考虑到历史时期人类生产、生活环境的“亲水”特性，由区域水环境背景和与之相关的水患切入，将其对社会的影响以及人类的应对（水利和救灾）作为人与自然互动的主要方面，融入区域社会发展历程之中，是一个十分常见的研究思路。研究区域多限定为某一河湖流域范围（或大河流域的一部分），以保证其水环境的相对独立性，例如山西境内的汾河流域[2]、历史上长期受黄河下游影响的淮河流域[3]、以太湖流域为中心的江南地区[4]，都受到研究者的重点关注。选题虽涉及经济史、社会史、灾害史、历史地理学等多个方向，但都是将流域内居于中心地位的河湖水体作为与人类社会相对的矛盾一方。这方面研究的流行，还促使王尚义等学者提出“历史流域学”这一概念框架，倡导在流域尺度开展历史时期区域人地关系综合研究。[5]

相比于水文环境，研究者们对于气候环境没有给予足够的关注。尽管在开篇介绍区域自然环境概况时都会涉及气候，但除了李伯重等少数学者留意到气候会在研究时段内发生变化，并影响到区域社会系统的运转[6]，大部分学者都仅是将气候状况作为区域社会发展的一个固定背景，并不考虑其影响。与气候变化有关的气象灾害虽然也受到研究者的重视，但由于缺乏长期灾害频次与强度变化的定量分析，难以对不同灾害事件产生的社会影响与响应进行充分对比，这样在研究时段内发生的多次灾害看上去便

---

① 邓辉等：《从自然景观到文化景观：燕山以北农牧交错地带人地关系演变的历史地理学透视》，北京：商务印书馆，2005年。韩茂莉：《草原与田园：辽金时期西辽河流域农牧业与环境》，北京：生活·读书·新知三联书店，2006年。

② 孟万忠著，王尚义主编：《汾河流域人水关系的变迁》，北京：科学出版社，2015年。

③ 吴海涛：《淮北的盛衰：成因的历史考察》，北京：社会科学文献出版社，2005年。马俊亚：《被牺牲的“局部”：淮北社会生态变迁研究（1680—1949）》，北京：北京大学出版社，2011年。张崇旺：《淮河流域水生态环境变迁与水事纠纷研究（1127—1949）》，天津：天津古籍出版社，2015年。

④ 李伯重：《江南农业的发展1620—1850》，王湘云译，上海：上海古籍出版社，2007年。谢湜：《高乡与低乡：11—16世纪太湖以东的区域结构变迁》，北京：生活·读书·新知三联书店，2015年。孙景超：《宋代以来江南的水利、环境与社会》，济南：齐鲁书社，2020年。

⑤ 王尚义、张慧芝：《历史流域学论纲》，北京：科学出版社，2014年。王尚义：《历史流域学的理论与实践》，北京：商务印书馆，2019年。

⑥ 李伯重：《江南农业的发展1620—1850》，王湘云译，第42—44页。

彼此孤立，难以成为一个持续变动的人地关系的组成部分。其间原因，一是跨学科的学术交流和数据分享机制不畅，自然科学领域的历史气候变化重建成果往往不能及时为历史学者所掌握，甚至许多学者对于中国过去气候变化的认识仍只基于竺可桢重建的序列；二是气候变化（特别是长尺度气候变化）如何影响社会在史料中留下的直接证据不够丰富，历史学者对于气候影响的过程机制也缺乏了解，对于分析社会发展过程中的气候因素会感到无所措手，气候学者一些简单化的论断也使历史学者心生疑虑；三是气候变化的影响因时因地而变，其间差异的辨识往往需要借助数学统计方法和空间分析技术，而这也不是历史学者的强项。

事实上，历史时期气候变化不仅极为活跃，而且在自然环境诸要素中起着主导作用，包括水文环境的变化也在相当程度上是气候变化的结果。无论是长尺度的冷暖、干湿波动，还是短尺度的极端事件（热浪、冷害、水旱灾害），都会通过对农业生产的影响波及社会系统的方方面面。挑选一个典型研究区域（本书为清代华北平原，对其典型性的论证详见下节），以气候、灾害作为来自环境的压力因素，观察其影响在人类社会中传导的过程以及人类对其做出的响应行为，从而构建起气候与社会相互作用的因果链条，进而分析这种互动关系随时间推移发生的变化、在空间上表现出的差异，既是必要的，也是可行的。此即本书的选题缘起。

这一选题有以下几方面的价值：一是相比于以往历史时期气候变化影响研究中常见的宏观时空尺度，本书在区域尺度上开展研究，有利于构建更加完整的影响和响应链条，从而深化对过去气候变化影响人类社会的过程机制的科学认识；二是以往国内在环境史（生态史）框架下开展的区域研究很少以气候变化为切入点，本书将华北平原作为一个完整的社会生态系统来看待，重点关注其在一个生态系统演进的生命周期（清代）中与气候变化之间的互动关系，以及这种关系的时空差异，可以丰富环境史的选题；三是本书从一开始就立足于定量与定性分析相结合，通过对区域社会生态系统中那些与气候、灾害联系密切的方面进行指标序列的定量重建，实现社会发展过程的可视化，并大量应用统计方法来分析气候影响社会的程度和路径，对于推动数字人文与历史研究的结合具有一定探索意义。

第二节　研究内容

一、研究区域：清代华北平原

自然地理区划意义中的华北平原又称黄淮海平原，涵盖了燕山以南、大别山以北，滦河、海河、黄河、淮河等水系冲积而成的广大平原地带。[①]本书中的“华北平原”则专指其北部，在113°23′—120°11′E、34°38′—41°22′N，包括燕山以南、太行山以东、山东丘陵以北、渤海以西的平原地带，由滦河、海河、黄河水系冲积而成，因此亦称黄海平原。[②]在现代政区图上，这一区域覆盖北京、天津市全境、河北省大部和山东省、河南省各一部；而在清代政区图上，这一区域包括直隶省大部（长城以南各府州）、山东省西北部及河南省东北部。[③]本书综合考虑自然地理区划与历史行政区划，以府（州）为基本地理单元，将“清代华北平原”的范围界定为直隶、山东、河南三省的22个府（州）（直隶顺天、保定、永平、遵化、宣化、易州、正定、冀州、赵州、深州、定州、天津、河间、大名、顺德、广平；河南彰德、卫辉；山东济南、东昌、临清、武定）政区范围，总计198个县（州）（行政区划及政区名称以清末为准）。[④]

这一区域三面依山，一面傍海，地理环境相对独立，内部地貌特征较为一致，起伏不大。气候上均属暖温带半湿润季风气候[⑤]，大部分区域年均温在11—14℃，年降水量在500—700mm，夏秋季节集中了全年的大部分降水[⑥]；尽管水热同期的气候条件有利于农业的开展，但降水在年内、年际分配不均，加之地势低平，处河流下游，也使其饱受水旱灾害之

---

① 邹逸麟主编：《黄淮海平原历史地理》，合肥：安徽教育出版社，1997年，“前言”。尤联元、杨景春主编：《中国地貌》，北京：科学出版社，2013年，第599页。

② 李世奎、侯光良、郑剑非，等主编：《中国农业气候资源和农业气候区划》，北京：科学出版社，1988年，第223页。

③ 谭其骧主编：《中国历史地图集·第八册（清时期）》，北京：中国地图出版社，1987年，第3—4页。

④ 牛平汉主编：《清代政区沿革综表》，北京：中国地图出版社，1990年，第1—40、186—227页。傅林祥、林涓、任玉雪，等著，周振鹤主编：《中国行政区划通史：清代卷》，上海：复旦大学出版社，2013年，第99—129、193—209、233—246页。

⑤ 丁一汇主编：《中国气候》，北京：科学出版社，2013年，第404页。

⑥ 顾庭敏主编：《华北平原气候》，北京：气象出版社，1991年，第25—49页。

苦[①]。相似的地理环境特征，使得区内各地要面对的自然灾害种类及灾害过程具有高度的一致性，灾害的影响范围以及后续社会响应行为（如救灾、迁徙）往往会跨越省界，这也是本书打破省级政区界线，以县级政区为基本研究单元的主要原因。

二、社会生态学视野下的清代华北平原

所谓“社会生态学”，系将人类社会代入生态学范畴发展出的新领域。[②]生态学研究的是生物及其环境（生态系统）的组成结构和功能作用的一般规律；社会生态学的研究对象则是社会生态系统——人类社会子系统与其环境子系统在特定时空的有机结合。社会生态系统的一系列基本特征（如复杂性、层次性）中，特别要强调的是其与有机生命体具有许多共性，如同样存在机体的新陈代谢，时时发生物质、能量、信息的内部流动与外部交换。当系统中各类成分的组合方式和相互联系得到充分优化，维持系统运行的各类物质、能量、信息流转实现良性循环，整个系统便处于相对平衡或稳定有序状态；反之，各项功能逐步削弱，结构逐步瓦解，整个系统便走向崩溃。由此，一个社会生态系统的发展演变亦如生命体一般呈现阶段性特点，可以辨识出初始期、成长期、强盛期、衰亡期等。

在社会生态学视野下，清代（1644—1911 年）的华北平原同样可以视为一个时空界线十分明确的社会生态系统。区内人类社会子系统与其所处的地理环境子系统之间、系统内与系统外之间，存在着广泛而深刻的相互作用，这些过程支撑着整个系统的运转；作为中国漫长的中央集权制帝国时代的尾声，清廷统治下的 268 年也是当地社会生态系统演进史上一个极具典型意义的生命周期。基于关键要素和过程的重建，从不同侧面还原清代华北平原社会生态的演进，不仅有利于社会生态学领域中相关科学认识的深化，也可以为区域社会发展史方面的研究提供新的视角。这方面比较有代表性的成果来自王建革的《传统社会末期华北的生态与社会》，其率先在生态史学视野下认识华北过去数百年（晚明至民国）间的社会变迁，先介绍当地“水”“土”环境背景，再论及与之相关的农作、畜牧、民食、生态循环、生产关系、灾害应对、乡村聚落等，多以具体案例作为支撑，侧重对不同时空断面的深入剖析。[③]

① 李克让、徐淑英、郭其蕴，等：《华北平原旱涝气候》，北京：科学出版社，1990 年，第 80—111 页。
② 叶峻、李梁美：《社会生态学与生态文明论》，上海：上海三联书店，2016 年，第 3—11 页。
③ 王建革：《传统社会末期华北的生态与社会》，北京：生活·读书·新知三联书店，2009 年。

本书以华北平原社会生态系统内部的人地关系作为研究的出发点。人地关系是地理学的核心研究命题之一，关注的是人类与其赖以生存的自然环境之间的相互作用关系。而在社会生态系统中，“人”代表了社会子系统，“地”代表了环境子系统，两者之间的关系是整个系统运转的基础。清代华北平原仍处在“以农为本”的中国传统社会时期，社会运转高度依赖农业，特别是粮食生产。因此人地关系中最重要的方面是人口数量对主要生产资源即耕地所产生的压力。

以清代华北平原的主体——直隶省为例，根据人口史学者的重建成果，其在清代的人口起点是730万人（1644年）[①]，至清末（1910年）增长至3730余万[②]，增长了4倍；据经济史学者的估算，其在清初（1661年）耕地面积约9000万亩[③]，至清末（1911年）增长至约1.46亿亩[④]，增长约60%。由于耕地增速跟不上人口增速，人均耕地面积在清代发生显著下降（降幅超过65%）。而另一方面，农业生产技术在此期间也并未产生革命性进步，研究者对粮食亩产数据的估测虽有差异，但普遍认为有清一代因技术进步导致的单产增幅并不明显；唯一的积极因素是美洲作物（如玉米、甘薯）的引种，但直至民国其播种面积都十分有限，高产的甘薯播种面积尤少，对单产影响甚微。[⑤]由此推测，清代华北平原人地关系可能随着人口持续增加而日趋紧张，并成为社会生态系统演进过程的重要背景。

除了系统内部的自我循环之外，其与外部的物质、能量、信息交换同样值得关注。例如，当华北平原人地矛盾发展到一定程度，难以通过自身生产得到缓解时，能否从外部（其他区域）获得足够的支持便成为关键。外部支持又可以分为两个方面：一是能否有足够的粮食输入来增加供给；二是能否通过人口迁出来减少需求。

在前一个方面，清代华北平原具有一个得天独厚的优势。这里是清代都城所在地，被称为“畿辅重地”，其粮食供给受到朝廷的特殊关注。每年从各省征集的漕粮，经京杭大运河运送入京，数量可达数百万石。[⑥]除了供京城消费，还大量存贮于运河沿途粮仓中，遇到天灾、减产严重时，这些仓储常常直接用于政府赈灾，此外还有直接截取运途中的漕粮、或赴

---

① 曹树基著，葛剑雄主编：《中国人口史·第四卷 明时期》，上海：复旦大学出版社，2000年，第434页。
② 曹树基著，葛剑雄主编：《中国人口史·第五卷 清时期》，上海：复旦大学出版社，2001年，第703页。
③ 1亩≈666.7m^2。
④ 史志宏：《清代农业的发展和不发展（1661—1911年）》，北京：社会科学文献出版社，2017年，第46页。
⑤ 徐秀丽：《中国近代粮食亩产的估计——以华北平原为例》，《近代史研究》1996年第1期。
⑥ 李文治、江太新：《清代漕运（修订版）》，北京：社会科学文献出版社，2008年，第38—39页。

境外采买粮食等多种增加供给的形式。此外，在运河沿途，因货物和商贾随漕船北上，兴起了不少商业市镇，其中的粮食交易也十分活跃。不过这些主要是为了保障为数有限的城市居民生活所需，而在华北平原广大农村地区仍以自给自足的小农经济为主，区域分工有限，粮食商品化率不高。百姓遇到灾年，除了动用自家存粮，能够从市场获得的帮助有限，主要还是仰仗中央和地方两级政府的赈济。政治上的特殊地位，使得灾后政府对粮食的筹措调度能力可以在很大程度上反映当地社会经济的兴衰。

在后一个方面，清代华北平原的人口流动也十分活跃。主要的迁徙方向，在区内表现为“向心流动”，即从农村向城市（特别是京师）流动，多为饥民逃荒就食，至晚清亦不乏破产农民进城就业，据池子华估计，至19、20世纪之交，直隶境内的流民数以十万计①；在区际则是跨越长城，向口外、关外地区迁徙，清代早期规模尚小，至晚清亦汇入“闯关东”的滚滚洪流之中。流民的出现本身就是人地矛盾激化的产物，清代华北平原的流民问题是何时浮出水面，又终至不可收拾的？在不同时期，政府对于以流民为主导的区内、区际人口迁徙的管理政策进行过哪些调整？其效果如何？也是值得探讨的题目。

社会生态系统的运转平衡被打破，进入不稳定状态的重要标志是社会秩序的破坏所引发的社会动荡。对于华北平原社会，其在晚清时代的社会失序便表现为频发的动乱事件，至1900年义和团运动达到顶点。以往研究多偏重晚清时段，尤其是义和团运动，这当然是可以理解的。但将整个清代的动乱事件放在一条时间序列上统一观察，进一步对比不同动乱事件发生的自然与社会背景，对于我们认识社会动乱的发生机制，并进一步加深对社会生态系统运转机制的理解，也不无裨益。

本书对于清代华北平原社会生态系统演进的复原，将以人地关系为主线，重点关注人口和粮食的供需动态平衡及其相关过程（如粮食调度、人口迁徙），并对这些过程中政府与民众层面的不同行为方式及其互动关系进行讨论；社会动乱的数量、规模和影响，则可以作为判断平衡是否被打破、社会上下互动关系是否良性的标志。相比于前人更多侧重于案例分析，本书特色体现在将清代作为一个完整的生命演化周期看待，对这一时段内华北平原社会生态系统的人地关系变化进行完整复原，并基于对演进历程的定量描述，在时间序列上识别出不同的生命周期演化阶段。

---

① 池子华：《中国流民史·近代卷》，武汉：武汉大学出版社，2015年，第233—234页。

三、社会生态变迁中的气候和灾害要素

社会生态系统中的环境子系统为社会子系统的运转提供了必要的物质基础，空气、光照、热量、水分是其中最为基本的几类资源要素。在清代的华北平原，这些要素并非一成不变，特别是热量和水分，很容易随着气候系统的变化而改变其数量和分布。当波动幅度超出社会的承受范围，无论资源的短缺或过剩都可能导致自然灾害的发生。本书的另一重要目标，就是将社会生态系统的演进过程与气候、灾害要素进行更为细致的结合，进一步对后者在区域社会发展中所扮演的角色做出更为全面的评价。

清代华北平原社会发展的气候背景相比现代有较大差异，由于处在“明清小冰期”的后半段，气候相对寒冷。[①]当时的华北平原作物熟制为一年一熟和二年三熟，主要作物为粟（小米）、冬小麦和高粱，由于纬度偏高，热量条件不算充裕，寒冷的气候对农业生产相对不利。同时，气温在不同时间尺度（100 年、10 年）上都有较大幅度的波动，波动幅度在 1℃以上。[②]而根据现代（20 世纪 50—70 年代）气温变化与粮食产量的关系推算，温度升高 1℃，仅积温变化带来的作物熟级调整，即可产生 10%的增产潜力；如果考虑到升温可能减少冷害，则幅度可能更大；反之亦然。[③]这就意味着，在不同的时段，仅因温度波动导致耕地生产潜力的变化幅度就可能在 10%以上，由此对人地关系产生不容忽视的影响。

同时，已有研究显示，历史上的寒冷期中，控制中国东部降水的东亚季风系统往往显得更不稳定[④]，由此导致降水的年际、年内分配更加不均，后果是极端水旱灾害更为多发。此外，区内水系格局在清代还曾发生重大变化，特别是南部的冀鲁豫三省交界地带，早期这里主要受海河（滹沱河、子牙河）、运河（卫河、南运河）及一些独流入海的水系（马颊河、徒骇河、大清河）的影响；1855 年黄河决口铜瓦厢，夺大清河入海，黄河下游由此连年水患，每每波及三省。[⑤]

由于清代华北平原的农业生产方式在相当大的程度上仍要“靠天吃饭”，水利工程与灌溉设施不足，对多发于春夏季的旱灾与集中在夏秋季

---

① 张德二：《中国的小冰期气候及其与全球变化的关系》，《第四纪研究》1991 年第 2 期。王绍武、叶瑾琳、龚道溢：《中国小冰期的气候》，《第四纪研究》1998 年第 1 期。

② 王绍武：《公元 1380 年以来我国华北气温序列的重建》，《中国科学 B 辑》1990 年第 5 期。葛全胜、郑景云、方修琦，等：《过去 2000 年中国东部冬半年温度变化》，《第四纪研究》2002 年第 2 期。

③ 张家诚：《气候变化对中国农业生产的影响初探》，《地理研究》1982 年第 2 期。

④ 郑斯中、冯丽文：《我国冷的时期气候超常不稳定的历史证据》，《中国科学 B 辑》1985 年第 11 期。

⑤ 邹逸麟主编：《黄淮海平原历史地理》，第 100—104 页。

的水灾缺乏抵御能力，往往造成粮食严重减产，并在短时间内对粮食供给和百姓生计产生巨大冲击。如何应对频发的自然灾害（尤以水旱最为突出），成为清代华北平原社会维系稳定运转的重要挑战。前文所述的社会生态系统中的关键过程（与人口、粮食有关）及互动关系（发生在不同主体之间），放在灾害发生的极端情景之下观察，就可能变得更为清晰。不同种类、不同强度的灾害，其对社会的影响程度与过程会有所不同；而强度相近的同类灾害，在不同的时空背景下也可能产生不同的后果。

来自不同学科领域（主要是气候变化、灾害史、经济史）的学者针对气候、灾害对清代华北平原社会的影响已经展开了卓有成效的研究，涉及作物收成①、生产方式调整②、政府救灾③、聚落分布④、流民迁徙⑤、社会动乱⑥等各个方面，共同构成了本书的研究基础。其中，在研究思路和方法层面对本书启发较大的是李明珠（Lillian M. Li）的专著《华北的饥荒：国家、市场与环境退化（1690—1949）》，主要论述过去300年间华北社会与灾害、饥荒的长期斗争，侧重于政府层面的治河、救荒等活动以及粮食市场的整合，书中融合了大量计量经济原理和方法，主要体现在对历史粮价数据的挖掘和使用上，定量重建的时间序列使读者可以更为直观地认识清代社会发生的变迁。⑦

本书将在前人研究的基础上，利用历史气候变化重建工作的最新成果，首先对清代华北平原气候与灾害（主要是水旱灾害）的变化进行更为全面准确的评估，再将其作为关键参考变量引入社会生态系统演进过程，与粮食安全、人口迁徙、社会动乱等不同方面建立联系，分析其影响程度及时空差异，讨论其影响在社会系统中传递扩散的过程机制。

---

① 龚高法、张瑾瑢、张丕远：《应用史料丰歉记载研究北京地区降水量对冬小麦收成的影响》，《气象学报》1983年第4期。

② 王加华：《清季至民国华北的水旱灾害与作物选择》，《中国历史地理论丛》2003年第1辑。孟祥晓：《清代华北平原易涝地区的农业生产》，《中州学刊》2016年第8期。

③ 王秀玲：《嘉庆六、七年直隶地区水灾和政府的救灾活动述评》，《中国社会历史评论》2007年第8卷。池子华、李红英：《晚清直隶灾荒及减灾措施的探讨》，《清史研究》2001年第2期。

④ 孙冬虎：《明清以来文安洼的水灾与聚落发展》，《中国历史地理论丛》1996年第3辑。

⑤ 池子华、李红英：《灾荒、社会变迁与流民——以19、20世纪之交的直隶为中心》，《南京农业大学学报（社会科学版）》2004年第1期。

⑥ 康沛竹：《灾荒与晚清政治》，北京：北京大学出版社，2002年。

⑦ L. M. Li, *Fighting Famine in North China: State, Market, and Environmental Decline, 1690s-1990s*, Stanford, CA: Stanford University Press，2007. 中译本题为《华北的饥荒：国家、市场与环境退化（1690—1949）》（石涛、李军、马国英译，北京：人民出版社，2016年）。

第二章 研究框架：指标选取与量化方法

本书的基本研究原则是定量与定性分析相结合，而以前者为基础。要想尽可能全面而清晰地呈现清代华北平原社会生态系统演进脉络，并探讨气候变化与水旱灾害在其中扮演的角色，就必须先将一系列社会经济相关指标放在时间序列上进行定量化分析。由于研究时段处在尚未实现“数目字管理”[①]的农业社会时期，除了极少数指标（如李明珠使用的粮价）外，我们无法像现代社会生态学研究那样，对系统要素和过程直接以统计数据进行描述；因此在很多情况下必须借助所谓“代用指标”来实现定量分析。这些代用指标首先要具有足够代表性，即能够准确反映社会生态系统的运转情况；其次要便于从历史文献记载中识别和提取出来，并通过一定技术方法从定性文字描述转为量化指标。

在以往的历史气候变化影响研究中，研究者已经总结出许多行之有效的历史社会经济代用指标的提取与定量化分析方法，可作为本书的参考。其中比较有代表性的是方修琦等学者提出的“基于粮食安全的历史气候变

① 黄仁宇：《万历十五年》，北京：生活·读书·新知三联书店，1997年，第274—275页。

化影响与响应”研究框架[①]，将气候影响问题归结为粮食安全/风险问题，具体分解为粮食生产安全、粮食供给安全、粮食消费安全3个层次；气候的影响与人类的响应在每一层次上的互动关系都有不同的体现，并构成不同的影响与响应传递路径：

（1）在粮食生产层次，气候变化影响的是耕地面积（常发生在对于热量、水分资源比较敏感的区域，如农牧交错带）和粮食产量（收成，常与灾害相联系），结果是导致人均粮食产量发生波动，人类采取的响应措施通常是挖掘生产潜力，如扩大耕地面积、改变种植结构、更换作物品种、改进生产和防灾技术等。

（2）当气候影响主要表现为消极影响（降低人均产量），而响应措施又不奏效时，则进一步影响到粮食供给（配给）的安全，历史上常表现为灾害背景下的粮食大量减产与粮价上升。对于作为整体的区域社会或国家来说，可以采取的措施包括动用区内仓储、从区外调运或购买粮食来平衡供给、平抑粮价，同时减免赋税；对于民众个体而言，此时的粮食供给是否安全取决于是否有足够的粮食或资金储备。

（3）个体粮食占有量存在一个下限，即“生存阈值”（现代粮食安全概念体系中将其定为人均300 kg/a）[②]；低于阈值时，气候的消极影响便上升到粮食消费安全层次。消费的不安全导致广泛的饥荒，由此催生所谓“气候难民”，从历史上看，他们主要有三种：留在原地等待救济的饥民、向外迁徙寻求收容的流民、铤而走险的乱民。对于政府来说，此时如果不能采取有力措施对饥民进行赈济、对流民进行安置，其后果便是大量的人口死亡与严重的社会动荡（更多的饥民、流民转为乱民），甚至可能导致整个社会秩序的混乱与政权统治的崩溃。

这一研究框架内涵十分丰富，基本涵盖了历史时期中国所有可能与气候变化发生联系的社会方面（或事件、现象）。本书将从该框架出发，筛选适合清代华北平原社会生态系统的代用指标进行定量重建，基于关键指标的数值变动和不同指标的组合关系，在时间序列上对生命周期演化的不同阶段展开识别和对比；在此基础上，结合典型案例剖析，研究气候变化与极端灾害对社会生态系统过程的影响，重点关注压力之下的民众行为与政府决策机制的差异及两者之间的互动。以下对本书将要用到的代用指标、数据资料及其提取量化方法过程依次进行介绍。

---

① 方修琦、郑景云、葛全胜：《粮食安全视角下中国历史气候变化影响与响应的过程与机理》，《地理科学》2014年第11期。

② 殷培红、方修琦：《中国粮食安全脆弱区的识别及空间分异特征》，《地理学报》2008年第10期，第1066页。

第一节　气候变化与水旱灾害

本书使用的与清代华北平原相关的历史气候与灾害数据主要引用自前人成果。华北地区向来是历史时期气候变化重建研究的重点区域，再加上这里是中华文明的核心区，保存了丰富的历史文献资料，利用文献中的天气、物候等方面的记录来重建历史温度、降水变化的研究，具有较高的精度。

其中比较早的尝试是王绍武重建的1380年以来华北四季及年均气温变化序列（分辨率10年）[①]和汤仲鑫等重建的海河流域近500年四季冷暖特征分析[②]。葛全胜等重建的过去2000年东部地区（105°E以东，25°—40°N之间）冬半年气温变化序列（分辨率10—30年，清代时段内为10年）是过去20年间国内最具代表性的历史气候重建成果之一；序列中的冬半年温度以正负距平值表示，代表该时段温度均值与1951—1980年（现代标准时段）均值之差。[③]这一序列的研究区域包括了本书的华北平原，以下分析清代宏观气候变迁特征时主要以该序列作为依据（图2-1a）。闫军辉等基于异常初、终霜记录重建的清代华北冬半年温度变化序列进一步将分辨率提升至5年，其研究区域亦包含华北平原[④]；还有张德二等重建的北京1724—1903年夏季月温度序列（分辨率为年）[⑤]，都可以作为分析更小时空尺度上的温度变化特征及其社会影响时的参考依据。

历史降水重建方面，研究者的主要参考资料包括地方志（主要是水旱灾害资料）和政府档案（特别是包含系统降水观测记录的“晴雨录”和“雨雪分寸”）。前者系利用水旱灾害来间接反映降水，精度稍低，但时空覆盖面较广，如荣艳淑等重建的华北地区500年滑动平均降水场序列[⑥]；后者精度较高，但往往受制于档案记录的地点和时段，无法覆盖清代华北

---

① 王绍武：《公元1380年以来我国华北气温序列的重建》，《中国科学B辑》1990年第5期。
② 汤仲鑫、赖叔彦、李敬芬，等编著：《海河流域旱涝冷暖史料分析》，北京：气象出版社，1990年。
③ 葛全胜、郑景云、方修琦，等：《过去2000年中国东部冬半年温度变化》，《第四纪研究》2002年第2期。
④ 闫军辉、葛全胜、郑景云：《清代华北地区冬半年温度变化重建与分析》，《地理科学进展》2012年第11期。
⑤ 张德二、刘传志：《北京1724—1903年夏季月温度序列的重建》，《科学通报》1986年第8期。
⑥ 荣艳淑、屠其璞：《华北地区500年滑动平均降水场序列重建》，《气象科技》2004年第3期。

平原全境，如张德二等利用“晴雨录”重建的1724—1904年北京逐年降水量序列[①]。郑景云等利用清代“雨雪分寸”资料重建的过去300年（1736年以来）黄河中下游17个站点逐年降水量序列在地域范围上覆盖了本书的华北平原[②]，其降水重建站点位于区内的有石家庄、河间、安阳、济南4站（以下简称南部4站），提取1736—1911年间4站逐年降水量，以其平均值描述区内清代年际降水变化（图2-1b）。

关于清代华北平原自然灾害及其社会影响的研究成果很多，其中大部分为某次具体灾害的案例研究。本书重点考察水灾和旱灾这两类最重要的自然灾害，为此需要构建定量化的灾害强度指标序列，以分析不同时段中灾害总体分布特征以及对比不同灾害之间的强度差异。这方面最常被引用的一套历史灾害整编资料是《中国近五百年旱涝分布图集》（简称《旱涝图集》），其是在中央气象局气象科学研究院主持之下，集全国30多家单位之力，在广泛整理历史文献资料（特别是方志）的基础上完成的。[③]《旱涝图集》重建了全国120个站点1470—1979年间的逐年旱涝等级值（分为5级，1级—涝、2级—偏涝、3级—正常、4级—偏旱、5级—旱），其中位于华北平原范围之内的有10个站点，分别为北京、天津、唐山、保定、沧州、石家庄、邯郸、安阳、德州、济南。提取10站1644—1911年逐年旱涝等级值，分别计算华北平原逐年水灾指数（P）和旱灾指数（图2-1c、2-1d）。公式如下：

$$P = N_1 \times W_1 + N_2 \times W_2$$

式中，N_1为重灾站点数，即旱涝等级为1或5者；N_2为轻灾站点数，即旱涝等级为2或4者；W_1和W_2为权重，赋值分别为0.8和0.2。

将水灾、旱灾指数相加得到灾害指数，作为反映当年总体灾害强度的指标。在定量化的气候要素、灾害强度指标序列之外，书中还会大量引述历史文献（包括实录、档案、地方志等）原文来直接对当时的气候、灾害状况进行刻画，特别是在对典型案例进行剖析的过程中，具体出处会在文中随时标注，在此不做赘述。

---

① 张德二、刘月巍：《北京清代“晴雨录”降水记录的再研究——应用多因子回归方法重建北京（1724—1904年）降水量序列》，《第四纪研究》2002年第3期。

② 郑景云、郝志新、葛全胜：《黄河中下游地区过去300年降水变化》，《中国科学D辑》2005年第8期。

③ 中央气象局气象科学研究院主编：《中国近五百年旱涝分布图集》，北京：地图出版社，1981年。

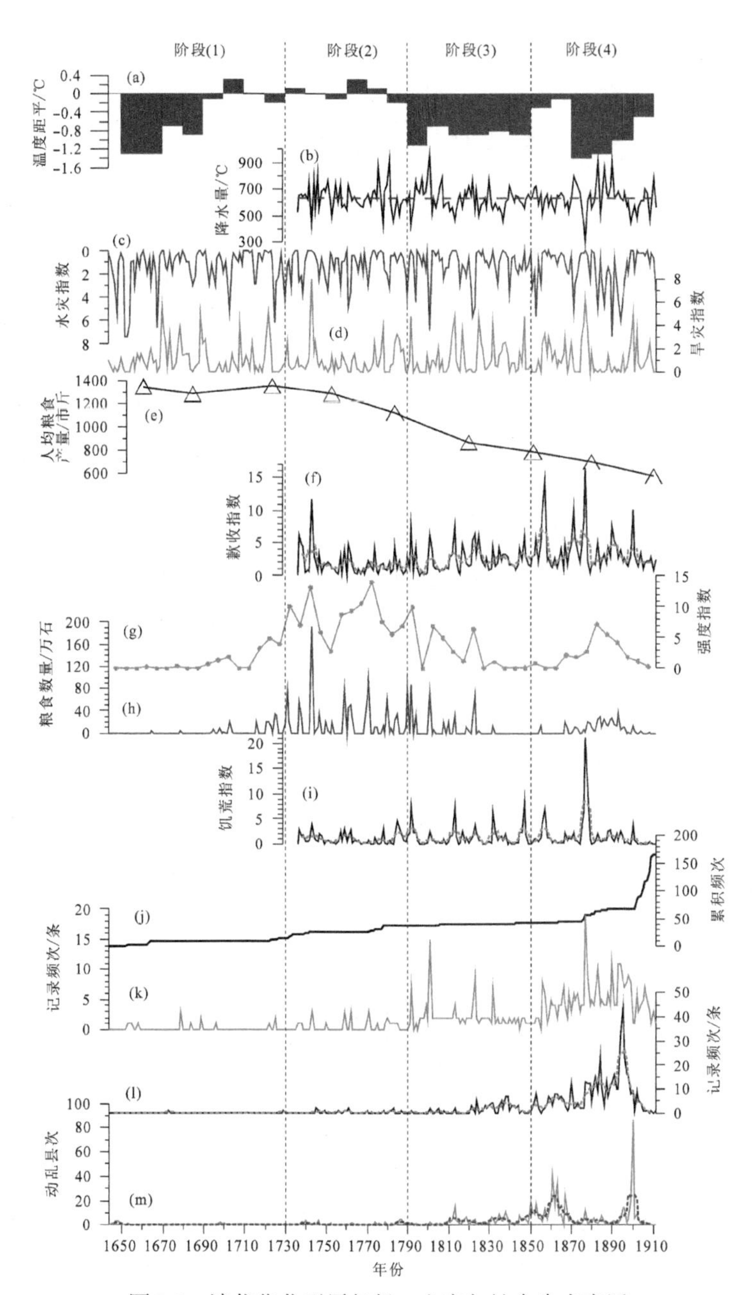

图2-1　清代华北平原气候、灾害与社会生态变迁

（a）中国东部冬半年温度距平（分辨率10年）；（b）石家庄、河间、安阳、济南4站逐年降水量平均值（虚线为1736—1911年均值）；（c）华北平原逐年水灾指数；（d）华北平原逐年旱灾指数；（e）不同时间节点直隶人均粮食产量；（f）华北平原逐年秋粮歉收指数（虚线为5年滑动平均，下同）；（g）朝廷粮食调度强度指数（每5年粮食调度总数与水旱灾害指数之和的比值）；（h）逐年朝廷粮食调度数量；（i）华北平原逐年饥荒指数；（j）逐年边外（东蒙及东北）政区调整累积频次；（k）逐年京城煮赈记录频次；（l）逐年京城治安记录频次；（m）华北平原逐年动乱事件县次

第二节 人地关系状况

无论是在社会生态史视野下，还是在历史气候变化社会影响与响应研究框架中，“人地关系”都是研究者关注的核心。不同的人地关系水平下，政府决策与民众行为很可能会有不同的走向。评估清代华北平原人地关系的总体状况，人口与耕地的比例关系是基本指标。清代华北平原由于农业生产技术缺乏显著革新，粮食单产波动幅度有限，人均耕地面积在相当程度上决定了区域人均粮食产量。清代不同时段上人口与耕地面积的变化，会导致人均耕地面积发生变化。本书将利用前人相关研究成果，对不同时间点上的直隶省（华北平原主体）人均耕地面积进行估算，再结合当时的粮食单产数字来估算人均粮食产量，作为判断当时华北平原人地关系总体状况的依据。

一、人口和耕地

清代虽有相对系统的人口统计数字保存至今，但正如许多人口史学者指出的那样，其早期（乾隆朝以前）所谓“人口”数据实际为“丁”数，后者是一种纳税单位，而与人口无关[①]；乾隆以降的人口统计数据也存在较多错讹，或需要加以订正，或完全难于采信[②]。曹树基采取自下而上的方式（由县到府、由府到省）重建清代人口变化，包括多个时间节点（1644年、1776年、1820年、1851年、1880年和1910年）上的分省人口数据，是目前比较有代表性的清代人口史研究成果（图2-2a）。本书提取上述6个节点直隶省人口数字，并基于不同节点之间的平均人口增长率来推算其他节点的人口数。

相比于人口，清代保存的耕地面积统计数据更为丰富和系统，如《清实录》《大清一统志》《大清会典》《清朝文献通考》等文献资料均记录了不同时间节点的各省及全国田地面积，为地方官员清查上报汇总而成，此即所谓“册载田亩”数据。梁方仲《中国历代户口、田地、田赋统计》一

① [美] 何炳棣：《明初以降人口及其相关问题 1368—1953》，葛剑雄译，北京：生活·读书·新知三联书店，2000年，第28—41页。
② 曹树基著，葛剑雄主编：《中国人口史·第五卷 清时期》，第10—14页。

书汇总了 8 个时间节点的册载数字（1661 年、1685 年、1724 年、1753 年、1812 年、1851 年、1873 年和 1887 年）①；此外还有 1766 年、1784 年和 1820 年的册载数字，也为研究者所广泛引用②。但学界基本取得的一点共识是，与人口数字一样，册载田亩数字同样不能准确反映实际耕地面积。其间原因，据史志宏归纳，主要有以下几点：一是清代实际从未进行过全国性土地清丈，各省册载田亩数字变动的基础是继承自晚明万历年间的“原额”数字，达到“原额”之后（乾隆以降）的耕地面积变动很小，而这并不符合实际情况；二是受“折亩”制度（将肥瘠等次不同的土地按一定比例折算成划一的征税单位）的影响，册载田地亩数实际大大低于真实面积；三是民间存在大量隐匿、瞒报土地的现象，包括“山头地角”的零星土地按清代政策可以“听民开垦”“永免升科”；四是还有大量边疆、民族地区的土地不在册载田亩数字统计范围之内。上述原因共同造成清代耕地面积的失真，且随着时间推移日趋严重，造成清代后期的册载数字整体难以采信。③

对清代册载数字的订正工作已有许多成果，研究者把重点放在对由“折亩”“隐漏”两方面因素造成的失真进行修正上。例如史志宏认为 1724 年直隶省册载数字的“修正系数”为 1.8（即实际耕地面积=册载数字×1.8），就是由其估测的“折亩系数”（1.5）和“隐漏系数”（1.2）相乘得到。④对于其他时间节点真实耕地面积的估算，史志宏采用了不同的方法，有的按上述修正系数进行订正，有的以两个节点之间的平均年增长率进行推测，有的基于清代之后相对可靠的耕地面积数据（1952 年）进行反推，最终获得 8 个时间节点的分省耕地面积修正数。⑤其研究虽已相当全面，但仅就直隶而言仍存在一些问题，如对清初的册载耕地数没有考虑抛荒因素（对其他省份则有考虑），造成其估计值可能偏高（如 1661 年直隶官民田合计超过 9000 万亩⑥）；此外直隶省清初曾大量圈占旗地，总面积达 1000 余万亩⑦，因不缴纳赋税而未包含在册载耕地数内（史志宏亦未考虑），但其占直隶耕地总面积的 10%以上（清初占比更高），产出的粮食在分析人地关系时无法忽略。

针对清代直隶的研究中，近期魏学琼等人的工作具有一定代表性，其

① 梁方仲编著：《中国历代户口、田地、田赋统计》，上海：上海人民出版社，1980 年，第 380—381 页。
② 史志宏：《清代农业的发展和不发展（1661—1911 年）》，第 13 页。
③ 史志宏：《清代农业的发展和不发展（1661—1911 年）》，第 15—17 页。
④ 史志宏：《清代农业的发展和不发展（1661—1911 年）》，第 21 页。
⑤ 史志宏：《清代农业的发展和不发展（1661—1911 年）》，第 46—47 页。
⑥ 此处面积单位“亩”为清亩，1 清亩=0.9216 市亩=614.4m^2。
⑦ 李辅斌：《清代前期直隶山西的土地复垦》，《中国历史地理论丛》1995 年第 3 辑，第 74 页。

主要利用清代省、府、州、县等各级政区地方志中的田赋数据，综合考虑折亩、隐漏、抛荒、圈占等因素，自下而上重建了清代 3 个时间节点（1677 年、1755 年和 1884 年）的耕地面积数据（图 2-2b）。①据此指出清代前期（1755 年前）耕地面积增加较快，年增长率约 0.56%，后期（1755—1884 年）较慢，年增长率约 0.2%；清末耕地有微弱下降趋势，民初的 1916 年耕地面积占 1884 年的 96%，折算为年均负增长 0.13%。根据这些数据，亦可以大致估算清代不同时间节点的耕地面积数。

选取清代 9 个间隔大致相等的典型时间节点，分别为 1661 年、1685 年、1724 年、1753 年、1784 年、1820 年、1851 年、1880 年和 1910 年，基于曹树基和魏学琼等人成果，估算不同节点人口和耕地面积数据（图 2-2）。

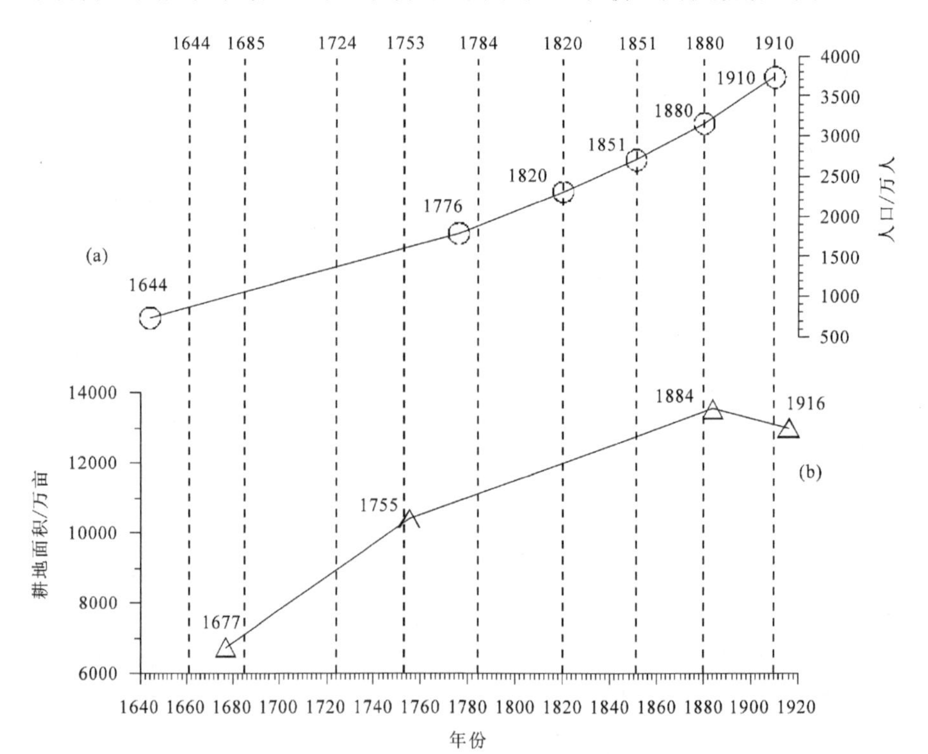

图2-2　清代直隶人口和耕地面积变化

（a）曹树基重建人口数据；（b）魏学琼等重建耕地面积数据（“亩”为市亩）；虚线为本书选定的9个时间节点，根据虚线与两条曲线的交点推算该节点上的人口和耕地面积数据

① X. Q. Wei，Y. Ye，Q. Zhang，et al. Methods for cropland reconstruction based on gazetteers in the Qing Dynasty（1644-1911）：A case study in Zhili province，China. *Applied Geography*，2015，65：82-92. X. Q. Wei，Y. Ye，Q. Zhang，et al. Reconstruction of cropland change over the past 300 years in the Jing-Jin-Ji area，China. *Regional Environmental Change*，2016，16：2097-2109.

二、粮食单产

另一个重要参数是粮食单产（亩产）。历史时期粮食单产的估算历来是经济史的研究热点，但由于历史文献中直接保存的单产数据较少，且只能反映某一具体区域的某种具体作物的单产情况，研究结果的不确定性较大。其中清代保存的粮食单产数据相对丰富（多保存在地方志和私人文献中），且当时的农业生产力水平与民国时期相差不大，因此产生两类估算思路：一是利用清代文献记载的亩产直接估算；二是利用民国时相对准确的调查或统计数据进行反推。对本书研究的华北平原来说，可供参考的比较有代表性的粮食单产估算数据有以下几个：

（1）郭松义对清代北方各省粮食亩产的估计[①]，综合考虑了不同粮食作物类别、不同生产条件（复种地、水浇地）和不同地区的单产差，其中直隶省平均粮食亩产量为 1.01 石/亩[②]，折合 159 市斤/市亩。河南（161 市斤/市亩）、山东（165 市斤/市亩）两省稍高于直隶，差距不明显。

（2）史志宏对清代北方旱作农业平均亩产的估计[③]，亦考虑了不同作物的亩产差异及复种因素，估测在 0.9—1.1 石/亩，中值为 1 石/亩，合 157 市斤/市亩。此外北方尚有少量水田稻作（占总面积 1%以下），对平均亩产会有微弱的提升。总体与郭松义结果比较相近。

（3）薛刚对直隶中部清代（主要是基于乾隆时的数据）粮食作物亩产的估计[④]，综合了谷子（粟）、麦、高粱、水稻等作物单产，并考虑复种因素，得出常年粮食亩产量在 165—207 斤/亩[⑤]，中值为 186 斤/亩，合 241 市斤/市亩，大大高于前两者。其主要原因：一是作者对清代文献中部分粮食亩产记载的“斗”以“大斗”（1 斗=30 斤，相当于 1 石=300 斤）处理；二是倾向于采用清代中期相对较高的粮食单产记载。

（4）徐秀丽对 20 世纪 20—30 年代华北平原（冀鲁豫三省）粮食亩产的估算[⑥]，主要采用了当时的调查统计数据，基于各类粮食作物的单产和播种面积进行折算，再乘以复种指数，得到河北省亩产量为 212 市斤/市亩（山东、河南分别为 282 市斤/市亩、270 市斤/市亩）。作者还结合前人

---

① 郭松义：《清代北方旱作区的粮食生产》，《中国经济史研究》1995 年第 1 期。

② “石”为旧制容积单位，1 清石=0.10355m^3，对于不同种类的粮食，1 石的重量有一定差异，郭松义文中统一以 1 石=140 市斤=70kg 折算。

③ “亩”为清亩，以下不标注“市亩”者均为清亩。

④ 薛刚：《从人口、耕地、粮食生产看清代直隶民生状况——以直隶中部地区为例》，《中国农史》2008 年第 1 期。

⑤ 该文中的“斤”为旧制，按吴承洛《中国度量衡史》（上海：上海书店，1984 年，第 74 页），1 清斤=1.1936 市斤=0.5968kg。

⑥ 徐秀丽：《中国近代粮食亩产的估计——以华北平原为例》，《近代史研究》1996 年第 1 期。

研究分析认为，清代至民国的数百年间，清中叶的乾隆时期是当地粮食单产的顶点，此后呈下降趋势，至鸦片战争后显著低于峰值时段，但至20世纪20—30年代，单产又基本恢复到清中叶的水平。

上述研究结果中，郭松义和史志宏是对整个清代单产平均值的估计，但清代华北平原粮食单产并非固定不变，而是存在一定幅度的波动，统一使用一个单产数值可能影响到对不同时段人地关系状况的判断；薛刚的研究结果大致代表了乾隆朝的单产水平，但其对数据的处理方法可能造成对单产的高估；徐秀丽计算得到的民国时期单产数相对准确，并可大致反映清代较高的单产水平（乾隆朝）。本书取212市斤/市亩作为直隶清代中叶的粮食单产数，再以此为基准，结合气候影响因素，对其他时段的单产数进行修正。

根据葛全胜等的重建结果，清代华北平原温度变化可以分为3个显著阶段：1641—1690年为冷期，距平均值为-0.84℃；1691—1790年为暖期，距平均值0.02℃；1791—1910年为冷期，距平均值为-0.83℃；在世纪尺度上，冷暖波动幅度约为0.8℃（图2-1a）。在不同的冷暖阶段内，耕地生产潜力会存在差异，根据张家诚温度升高1℃可产生10%的增产潜力的结论近似推算，0.8℃的温度波动也会导致单产水平8%的波动。上述9个时间节点中，对于暖期内的3个节点（1724年、1753年、1784年），单产水平按照100%（212市斤/市亩）取值；其余冷期内的6个节点，单产水平按92%（195市斤/市亩）取值。

在计算粮食产量时，还需要考虑一部分耕地并不用于粮食生产，史志宏认为随着时间推移，清初粮食生产用地比例最高（92%），此后逐渐下降，至清末为85%，在此判断基础上对不同时段取不同的比例。本书中9个时间节点的粮食生产用地比例即参考其研究结果进行取值。最终得到9个时间节点的人均粮食产量数据，作为人地关系状况的参照依据（图2-1e）。

第三节　粮食收成

上文基于长期气候冷暖状况，对清代不同时段华北平原粮食单产水平给出了不同的参考值，不过这也只代表一个较长时段（数十年至上百年）

内的平均状况。在更短的时间尺度上，粮食单产水平会因为收成的丰歉而产生波动，极端年景下（灾年）其波动幅度更是巨大，甚至可能绝收。在整个社会生态系统中，气候变化和水旱灾害对粮食生产的影响，是后续一系列影响（经济、财政、人口等方面，直至社会稳定性）的起点。

要定量分析历史时期粮食收成变化及其与气候、灾害的关系，首要技术问题是如何对历史文献中保存的各类收成记录进行整理，并将其中的定性文字描述（“丰”“歉”）转化为定量指标。清代保存的收成记录极为丰富，主要有两大类，首先是收成分数奏报。清代建立了一套完善的收成奏报制度（始创于康熙晚期，至乾隆以降成为定制），地方官上报的收成统计分省、府、县三级，按十分制对收成进行评定汇总，10 分最高（大丰收）、1 分最低（基本绝收），这套资料在定量研究方面具有无可替代的优势。20 世纪 70—80 年代，中科院地理研究所对中国第一历史档案馆藏收成奏报进行了整理，此后陆续产出了不少有代表性的成果，与华北平原有关的如北京地区冬小麦收成序列（1736—1910 年）①、中国 87 站点夏秋两季平均收成序列（1730—1915 年）②、光绪大旱（1876—1878 年）期间华北 14 站点逐季粮食收成空间分布③。不过，如一些研究者所指出的那样，奏报中的收成数据可能难以避免官员瞒报因素，特别是到了晚清，灾害多发，加上制度约束机制的废弛，导致普遍性的匿灾行为出现。如光绪年间（1875—1908 年）山西省上报的收成数据中大量的“五分有余”收成记录，就很可能是地方有意识匿灾（因“五分有余”既可以向朝廷申请缓征赋税，又可以回避蠲免赋税和赈济灾民的责任）的结果。这无疑会导致重建的收成分数序列对于极端灾害的影响产生低估（如旱灾灾情最为严重、几近绝收的 1877—1878 年，山西省上报秋收“五分有余”的州县仍多达 1/3）。④

另一类收成记录来自清代丰富的地方志（主要集中在“灾异志”“五行志”等部分），绝大多数都是关于丰歉的定性描述。由于具有空间覆盖面广（遍及全国）、辨识度高（精确到县级政区）等优点，也很早就引起了研究者的关注，并形成了一套有效的将定性描述转换为定量等级的方

① 龚高法、张瑾瑢、张丕远：《应用史料丰歉记载研究北京地区降水量对冬小麦收成的影响》，《气象学报》1983 年第 4 期。

② 葛全胜、王维强：《人口压力、气候变化与太平天国运动》，《地理研究》1995 年第 4 期。

③ 郝志新、郑景云、伍国凤，等：《1876—1878 年华北大旱——史实、影响及气候背景》，《科学通报》2010 年第 23 期。

④ 马国英：《晚清粮食收成分数研究（1875—1908）——以山西省为例》，《西北师大学报（社会科学版）》2015 年第 3 期，第 60 页。

法。[①]本书将首先对方志收成记录进行整理，在此基础上提取定量指标。

书中使用的收成记录主要来自张德二主编的《中国三千年气象记录总集》（简称《总集》），该书收录了中国历史时期涉及天气、气候、大气物理现象及其相关事件（如灾害、收成、饥荒）的各类文字记述，最重要的文献来源是地方志（全书引用史籍 7835 种，其中地方志 7713 种）。[②]《总集》中对原始文献的摘录以年为单位，每年内分省排列，省内最小空间单元为县级政区（县、市辖区、县级市等）。本书在清代华北平原地域范围内对《总集》记录进行提取，提取时段为 1736—1911 年。时间起点选在 1736 年（乾隆元年）而非清初，主要是考虑到这一年清政府最终确立以“成灾五分”（即减产 50%）作为报灾和蠲免赋税、赈济的起点，此前由于荒政草创，地方上报成灾和朝廷免除赋税的标准一直不尽统一。[③]这一标准的确定势必会对后来一段时期内官方和民间对于“成灾”“歉收”等概念的理解和操作产生影响，进而影响到地方志中对于灾歉的记录标准。本书除提取《总集》中的方志记录之外，还从其他途径收集到少量为《总集》所遗漏或简略的收成记录，将两者合并，建立包含时间（年）、地点（县）以及文本内容的原始记录信息库。

清代华北平原粮食作物收获分为两季，即夏收和秋收。夏收粮食作物主要是小麦（因此夏收在地方志记载中基本等同于麦收），秋收则包括小米、高粱、豆类及其他杂粮。考虑到研究区内复种指数较低（民国时期河北省复种指数也只达到 122.56%）[④]，夏粮对全年产量的贡献不到 1/4，书中主要考察秋粮收成情况。将提取记录中的夏收记录剔除，并将全年收成情况概述（如“岁歉”“大有年”）近似作为秋粮丰歉处理（其更多是基于秋粮收成做出的全年丰歉判断，甚至其中很大一部分本就是对秋粮收成的描述）。基于语义差异法[⑤]，对每条记录描述的某地某年秋粮收成进行丰歉等级赋值。具体分为 5 级（1 级-严重歉收、无收；2 级-偏歉、一般歉收；3 级-平年；4 级-偏丰、一般丰年；5 级-大丰收），赋值所参考的原始记录关键词及其他标准如表 2-1 所示。

---

① 郑斯中：《1400—1949 年广东省的气候振动及其对粮食丰歉的影响》，《地理学报》1983 年第 1 期。
② 张德二主编：《中国三千年气象记录总集》，南京：凤凰出版社、江苏教育出版社，2004 年，“凡例”。
③ 李向军：《清代荒政研究》，北京：中国农业出版社，1995 年，第 24 页。
④ 徐秀丽：《中国近代粮食亩产的估计——以华北平原为例》，《近代史研究》1996 年第 1 期，第 178 页。
⑤ 方修琦、苏筠、尹君，等：《历史气候变化影响研究中的社会经济等级序列重建方法探讨》，《第四纪研究》2014 年第 6 期。

表 2-1　清代华北平原秋粮丰歉等级赋值标准及代表性关键词

丰歉等级	1	2	3	4	5
一般描述	颗粒无收、赤地无禾、百谷无成、秋无禾/获、大歉/减	荒、歉、减/俭/薄收、禾半收/登、秋禾受伤/淹没/被食、仅杂粮有收	中稔、中丰、稍获、中平、不为灾	有年、有秋、有禾、丰/熟/登/稔	岁/秋大稔/有/收/熟、五谷丰登、禾稼倍登/收
对应收成分数/减产幅度	减产 80%（八分）以上	减产 50%及以上（五至七分）	收成六、七分	收成八分左右	收成九分及以上
蠲免赋税	蠲免当年赋税 40%及以上	蠲免当年赋税 10%及以上，或缓征	无	无	无

除了 3 级（平年）记录极少（符合地方志“记异不记常”的原则），可以忽略不计之外，反映丰收的 4 级和 5 级记录也存在一些异常之处。对整个华北地区的研究显示，清代方志中的丰收记录数量比例不正常，理应出现概率低的 5 级（大丰收）偏多，而 4 级（一般丰收）偏少；此外，往往在严重歉收的灾年过后紧接着（一般为次年）出现丰收记录的异常增加。[①]据分析，这种现象可能与收成记录的采集方式（以民间访问“耆老”为主，辅以地方所存灾赈档案）有关。由于丰收与大丰收的区分度不高（八分与九分），当年对于丰收程度的判断就可能受到外部因素的干扰，时隔多年之后人们的记忆也容易出现偏差。具体来说，在收成较好的时段出现的一般丰收年景，相对更易受到忽视或淡忘；反之，严重的歉收却会在相当程度上强化人们对于丰收的记忆。民众嗷嗷待哺，甚至饿殍遍野之时出现的难得的丰收年景，在人的记忆中是很难被磨灭的，时隔多年之后还会被反复提及，甚至夸张为罕见的大丰收年。如果漏记和夸大问题普遍存在，便会在一定程度上影响丰收指数序列的准确性。相比之下，对于歉收的记忆，由于有相对明确的判断依据（报灾、勘灾流程是否执行，以及蠲免、赈济的不同标准），不易出现偏差，再加上存档（方志中常有引用蠲免、赈济相关上谕的记录）的辅助，记录的可靠性和重建序列的准确率相对较高。方志记录的这一特点（歉收记录相对更可靠）恰与收成奏报（6 分以上的收成记录相对较为准确）形成对照。

参考上述结论，本书中主要采用华北平原方志中保存的歉收记录（1 级和 2 级），构建逐年秋粮歉收指数序列，并以之与气候、灾害序列进行

① 萧凌波、闫军辉：《基于地方志的 1736—1911 年华北秋粮丰歉指数序列重建及其与气候变化的关系》，《地理学报》2019 年第 9 期。

对比。歉收指数的量化是以当年华北平原范围内出现歉收记录的县级政区频次为基础（1736—1911 年间共有 1 级记录 203 县次①、2 级记录 1514 县次），参考前文重建旱涝指数序列的思路，采取加权平均法而不是直接用频次相加来计算歉收指数，公式如下：

$$H = C_1 \times W_1 + C_2 \times W_2$$

式中，H 为某年华北平原境内秋粮歉收指数；C_1 为当年严重歉收（1 级）的县级政区数；C_2 为偏歉（2 级）的县级政区数；W_1 和 W_2 为权重，分别赋值 0.8 和 0.2。由此建立的歉收指数兼顾了当年秋粮出现歉收的范围和程度，能够比较完整地代表当年的总体歉收状况及其随时间的变化，同时也能在一定程度上对总体秋粮收成情况进行描述（歉收指数越低，意味着收成越好）（图 2-1f）。

第四节　粮食调度

当境内因灾害导致严重歉收后，如何保障粮食供给便成为首要问题。除了通过市场手段增加商品粮的输入（例如减轻或免除关税），华北平原社会还有一项不同于其他地区的重要粮食供给方式。由于其“畿辅重地”的特殊政治地位，这里的救灾活动实际上置于朝廷直接管理组织之下，其救灾物资（资金和粮食）中相当大的一部分是来自国库和中央仓储系统。后者即朝廷在京城、通州（大运河的终点）及山东临清、德州（大运河中段重要码头）等地建立的一系列粮仓，用于储存各省（以南方长江流域各省为主）向京城运送的漕粮（漕粮定额约为每年 400 万石，历年起运多在 300 余万石，供宫廷、政府部门及八旗使用）。②每当遇到严重灾害，由朝廷直辖的各粮仓下拨，或在当年沿运河运输的漕粮中就地截留粮食，是当地平粜、赈济用粮最重要的来源之一。考虑到当时华北平原小农经济的脆弱性，农户购买力极为有限，直接发放到个人的粮食无疑对避免小农破产、稳定灾后秩序起到无可替代的作用。朝廷向灾区调度粮食的数量与强度，因此成为政府应对是否得力、以至社会运转是否有序的风向标。

本书用于提取清代华北平原朝廷粮食调度信息的主要文献资料是《清

① 歉收 1 县次，即 1 年内有 1 个县级政区范围内发生秋粮歉收。

② 李文治、江太新：《清代漕运（修订版）》，第 36—39 页。

实录》。[①]《清实录》全称《大清历朝实录》，是清代官修的编年体史料长编，包括从清太祖努尔哈赤至清德宗（光绪）共计 11 朝史料，连同清亡后续编的《宣统政纪》，共 4433 卷。其资料来自内阁及各部院衙门所存档案、清史馆所藏资料和著作，以及皇帝的文集、御笔等，是清史研究中重要的原始文献资料。作为政府档案汇编，《清实录》详细记录了每一笔由中央仓储系统下拨的粮食，以及由朝廷组织采买的粮食（主要来自长城以外各地，如东北）。从原始记录中提取这些粮食的来源、去向、时间、数量（以万石为单位）等相关信息，首先辨识其中用于华北平原救灾者（拨发直隶者全额计入，拨发山东、河南两省者，根据原始文献描述，按一定比例折算计入），获取 1644—1911 年逐年朝廷调度粮食数量；然后将部分显系对上一年灾害进行响应的粮食调度记录（赈济活动会持续至次年春季）的时间订正至灾害发生当年，以便于进行不同序列的对比分析，由此建立逐年朝廷粮食调度数量序列（图 2-1h）。

粮食调度数量不能完全反映清政府应对灾害的力度，因为数量的多少还与灾害本身强度有关（受灾越重，应调拨的粮食越多），为此还要引入粮食调度强度指标来进行刻画。其大小利用调度粮食数量和水旱灾害指数进行计算，公式如下：

$$I = G / (P_{\mathrm{d}} + P_{\mathrm{f}})$$

式中，I 为强度指数；G 为调度粮食数量（万石）；P_{d} 和 P_{f} 分别为旱灾和水灾指数，两者之和即灾害指数。不过，粮食调度活动并不完全对应于当年的灾害，有些是对上一年灾害的响应（已做订正），有些是兼顾上年与本年的灾害（无法进行订正），更有少数是灾害发生一两年之后的响应（如用于补充地方粮仓因救灾而减少的储备），在极端情况下可能发生当年未发生灾害（或灾害较轻）而有较多粮食调度的现象，从而导致强度指数的反常偏高。为减少误差，书中不在年际尺度上计算强度指数，而以更长时段（如 5 年、10 年）内的平均值来对不同尺度上清政府对灾害响应力度进行评估。从 1646—1650 年开始，以每 5 年时段内的粮食调度总数与灾害指数之和的比值，作为该时段的调度强度指数值，从而建立 5 年尺度的强度指数序列（图 2-1g），与逐年粮食调度数量共同描述朝廷粮食调度的变化。

需要指出的是，清代华北平原灾后用于赈济的粮食，除了来自中央仓储系统和朝廷亲自筹措之外，还有一些其他来源，例如地方常平仓本身的

---

① 《清实录（全 60 册）》，北京：中华书局，1987 年影印本。

储备、地方政府的跨境采买等；在直接发放赈粮（“本色”）之外，比较常见的赈灾手段还有发放银钱（“折色”）由灾民自行采购粮食，由于数据资料的可得性、连续性方面的缺陷，以及用于定量分析方面的困难，不用于上述指标的重建，但在具体案例分析时会予以考虑。

第五节 饥 荒

当政府和民间的救灾活动未能有效改善粮食短缺的情况，饥荒便随之发生。饥荒是气候、灾害因素与社会相互作用过程中的一个关键环节。当饥荒发展到一定程度，就可能衍生一系列影响社会稳定性的严重后果，如人口大规模迁徙与死亡、社会动乱以至区域衰落。①以往对华北平原地区历史饥荒以个案研究为主，多是在灾害史研究视野下的灾害个案重建中作为社会后果之一予以提及，在长时间尺度上定量重建并分析历史饥荒频度和强度变化的成果尚不多见。不过已有研究者注意到了历史文献中饥荒记载的价值，并在其他地区（如西北②、黄河中游③）进行了历史饥荒频次序列重建的尝试。根据前人经验，史料中关于饥荒的不同描述（如“吃糠咽菜”“饿殍甚众”“人相食”）代表了不同的严重程度，如果计算频次时对其以等权重处理（无论程度轻重统一记为 1 次），会导致对饥荒严重程度的估计出现较大偏差。

本书仍以《中国三千年气象记录总集》为主要数据源，从中提取华北平原境内 1736—1911 年间县级政区尺度上的饥荒记录，并利用笔者所掌握的方志文献资料，对其进行少量增补。从原始记录可以看到，清代华北平原的饥荒带有强烈的季节性，多发于冬春，特别是灾害发生的次年春季青黄不接之时；而方志中记载的饥荒是以自然年为单位的，这就导致文字记录中饥荒的发生常常与灾害存在 1 年的时间差，也导致前一年冬季与次年春季的同一次饥荒事件可能在记录中被分为 2 条。由此对饥荒记录的发生时间进行适当修正——凡原始记录中明确记载为春季（麦收之前）发生

---

① 方修琦、苏筠、尹君，等：《冷暖-丰歉-饥荒-农民起义：基于粮食安全的历史气候变化影响在中国社会系统中的传递》，《中国科学：地球科学》2015 年第 6 期。

② 袁林：《甘宁青历史饥荒统计规律研究》，《兰州大学学报（社会科学版）》1996 年第 4 期。袁林：《陕西历史饥荒统计规律研究》，《陕西师范大学学报（哲学社会科学版）》2002 年第 5 期。

③ 仇立慧、黄春长：《古代黄河中游饥荒与环境变化关系及其影响》，《干旱区研究》2008 年第 1 期。

的饥荒，其时间均向前修正一年，如前一年冬季亦有饥荒记录，则合并处理。最终获得饥荒记录1259条，每1条记录对应该县级政区当年发生饥荒事件1次，记为1县次。

由于直接以饥荒事件发生频次相累加可能导致较大的误差，需要以饥荒影响范围的大小或社会后果的严重性来对其进行一定的修正。重建的逐年饥荒指数实质是经过加权平均的频次指数，其中频次以当年饥荒发生县次进行量化；但考虑到不同县级政区饥荒的严重程度不同，首先采用语义差异法，对原始记录描述的饥荒严重程度进行等级划分（表2-2）。

表2-2 基于语义差异的饥荒等级划分标准

等级	1	2	3
原始描述	饥、荒、赈（给种籽）、民艰于食（乏食）、路有流民等	大饥、大荒（奇荒）、民不聊生（民不堪命、饥民众多）、人食树皮（草根、观音土）、民有菜色（饥色）、流离（较大规模的迁徙）、流亡载道（哀鸿遍野、十室九空）、卖儿鬻女、聚众抢夺（吃大户、求赈）、间有死者（死者无几）	人相食、饿死者无算（转沟壑者无算、瘗尸无算、死者枕藉）、死××人（有具体数字）、饿死者十之四五（二三、七八）、亘古（近古、百余年）未见此奇荒
严重程度判断	发生粮食短缺，民众节衣缩食、政府发放赈济、零星的人口迁徙	普遍而严重的饥荒，区内所有人口都受到波及，开始造成零星的人口死亡与一定程度的社会秩序混乱，更多的人则通过寻找代食品、跨区迁徙以至卖儿鬻女来求得生存	最重要的关键词是人相食，代表饥荒已经发展到极端严重程度，造成大量人口损失以及伦理道德、社会秩序的崩溃

注：历史资料中常见的“饿殍载道（道殣相望）”等词语需做具体分析。如果从字面理解，“饿殍”或“殣”都指饿死者，但如果联系上下文来看，这类描述在很多情况下都是对饥荒景象的夸张性描述，更多反映的是人口迁徙而非真正的大量死亡现象。因此如果没有确切的大量人口死亡记录作为参照，对其按第2级处理。

对不同程度等级的饥荒事件频次（总计1级809县次，2级361县次，3级89县次）分别赋以不同的权重，再进行累加，最终得到逐年华北平原饥荒指数序列（图2-1i），这一指数综合考虑了饥荒事件在两个维度上的严重程度（社会后果和波及范围）。公式如下：

$$F = C_1 \times W_1 + C_2 \times W_2 + C_3 \times W_3$$

式中，F为某一年的饥荒指数；C_1、C_2、C_3分别为当年发生1级、2级、3级饥荒的县数；W_1、W_2、W_3为权重系数（$W_1+W_2+W_3=1$，且$W_1<W_2<W_3$），基于对不同饥荒等级严重程度的判断，分别赋值为0.1、0.3、0.6。

第六节　人口迁徙与政策应对

在清代的华北平原，人口迁徙可以分为区内和跨区迁徙两大类别，大多数情况下都与灾害和饥荒有着密切联系。区内迁徙的主要路线是“向心流动”，即由广大农村向城市（县城、府城、省城、京城）迁徙，平时规模有限且多为短期性质，主要是农闲或青黄不接时贫民进入城市谋生或寻求救济；但在灾荒背景下其规模会成倍增大。区内迁徙最重要的落脚点无疑是京城，作为华北平原的中心城市，这里能够提供的谋生机会和救济物资都显著高于其他城市。跨区迁徙最重要的路线是通过长城各关口向北，进入内蒙古东部[①]和东北地区（所谓“满洲”）[②]，流民身份主要是口内破产贫民，前往边外的目的是短期或长期佃种土地以谋生，许多流民在此过程中逐渐转为当地的永久居民。这一迁徙活动贯穿整个清代，一个重要驱动力来自华北平原本地的灾荒。灾荒加速了贫民的破产，并推动其向外迁徙，而地广人稀的满蒙地区则对流民具有天然的吸引力。本书将重点考察区内流向京城和跨区流向边外的人口迁徙活动，并尝试以不同的定量指标来对迁徙规模和政府管理进行描述。

对于向京城流动的考察从京城煮赈切入。煮赈是清代荒政的重要组成部分，各地均有，京城为首善之区，城内和城郊开设的粥厂数量多、规模大、连续性好，规章制度也最为完善。[③]每年秋冬季节（秋收之后、次年春耕之前）京城内外的粥厂开放，收容周边（以华北平原地区为主）前来就食的流民、饥民（也对城市贫民开放），至开春发给路费遣返。由于京城煮赈是在中央政府的直接支持下开展，《清实录》中有大量相关记录。

提取《清实录》中关于京城设厂煮赈的记录[④]，1644—1911 年间总计

---

① 简称“东蒙”，书中定义这一区域为清初设置的卓索图、昭乌达、哲里木三盟及察哈尔辖境，其政区范围可参考谭其骧主编：《中国历史地图集・第八册（清时期）》第 57—58 页图；其管辖各旗名称及政区沿革可参考《清代政区沿革综表》（第 69—78 页）及《中国行政区划通史：清代卷》（第 615—626、635—636 页）相关部分内容。

② 清代东北行政制度变动幅度较大，逐步从清代早期的“旗民双重管理体制”过渡到清末的行省制（参见《中国行政区划通史：清代卷》第 71—82 页），政区范围也有剧烈变化，本书中将清代“东北”限定为八旗驻防和理民官员共同管辖下的区域（以区别于蒙古各盟旗辖境），包括盛京（奉天）、吉林、黑龙江等地，后文涉及不同时段东北行政区划制度发生调整或政区名称发生变化时，会随时加以说明。

③ 李向军：《清代荒政研究》，第 33—34 页。王林：《清代粥厂述论》，《理论学刊》2007 年第 4 期。

④ 文中的“京城”大致为清代北京城墙以内区域，特殊情况下（灾后）增设的部分煮赈设施位于各城门以外的近郊，统计记录时一并计入。

476 条，可分为三类：

（1）“常例”记录（258 条）：按照常年惯例进行煮赈的相关记录，如按期开厂、撤厂，按数给米、给银等。常例记录频次一般会在一段时间内保持稳定，其增减可反映政府对煮赈重视程度的变化。

（2）“特例”记录（191 条）：遇到荒年或者聚集京城流民过多时，打破常例进行煮赈的记录，如提前开厂、推迟撤厂、添设粥厂、增给银米等。特例记录的多寡，可反映流民数量与灾情程度。

（3）其他记录（27 条）：与煮赈事务相关的记录，如巡视粥厂秩序、统计粥厂人数等，多出现在荒年。

对历年煮赈记录分类整理，以条/年为单位统计煮赈记录频次，用以定量分析流入京城的难民规模，以及朝廷对其的管理政策和执行力度（图 2-1k）。考虑到煮赈记录相对于灾荒发生有一定时滞（当年冬至次年春），如上文饥荒记录一样，将发生在次年春季的煮赈记录修正至上一年。如康熙十九年（1680 年）春，“巡视中城御史洪之杰疏言：饥民自去冬流集京师，五城赈粥全活，且复屡宽赈限，至三月终停止。今为期已满，请将五城赈余银米酌给遣回。得旨：今非麦熟之时，若资遣还乡，仍恐失所。着添设赈厂，于五城关厢外再行赈粥两月”[①]。此条记录属于对上一年灾荒的响应，因此将其时间修正至 1679 年，以便于序列之间的定量对比。

清代华北平原向满蒙地区的人口迁徙活动很难通过人口统计数据来定量还原其进程，书中以当地的行政区划变动来近似反映。东蒙境内清代初期的居民主要为蒙古族牧民，而东北则主要为满族，为管理之后涌入当地垦荒的华北汉族移民，清政府陆续建立了一系列与口内州县制匹配的行政单元，不同时期行政单元建置及调整的频度，可以反映出移民政策管理力度的差别——频繁的行政区划调整，往往发生在移民政策较为宽松的时段。移民政策上的调整，往往是政府与来自华北的移民相互妥协的结果；而跨区移民的增多，又常常是在华北灾荒驱动之下发生。[②]基于牛平汉《清代政区沿革综表》统计，清代东蒙境内发生行政区划调整 54 次（包括府、厅、州、县等行政单元的新设，及随人口增多而发生的政区升级），东北则为 112 次，根据历次政区调整发生的年份，建立边外政区调整累积频次序列（图 2-1j）。

考虑到政区调整相比于人口的迁徙与垦殖活动往往存在一定时滞，因

① 《清圣祖实录》卷 89，康熙十九年三月己未，《清实录》，第 4 册，第 1127 页。

② Y. Ye，X. Q. Fang，M. A. U. Khan. Migration and reclamation in Northeast China in response to climatic disasters in North China over the past 300 years. *Regional Environmental Change*，2012，12：193-206.

而只能反映一段时期内的情况，而不是即时性的描述，书中将结合清代对东蒙和东北地区移民管理政策（集中体现在“封禁”政策）变动的重要时间节点以及一些具体案例中的政策执行情况，来对跨区迁徙活动与政策管理之间的互动关系展开进一步阐述。

第七节　社会稳定性

区域社会生态系统的运转情况，最终要落脚到其社会秩序的稳定性上来考察。本书主要从两个方面考察社会稳定性：一是作为区域中心城市和重要流民迁入地的京城治安状况；二是整个华北平原境内的社会动乱情况——京城治安不受控制的败坏与遍及全区的大规模动乱，可以作为区域社会全面失序的关键标志。这两方面的历史记录主要从《清实录》中提取，资料整理时段均为1644—1911年，并分别以不同的指标来进行量化分析。

一、京城治安

对于京城治安状况，首先提取《清实录》中与京城治安事务相关的各类记录，总计567条，包括以下几类：

（1）治安状况：关于当前治安形势的大致描述，例如“京师盗案叠出，请饬整顿捕务”①、“近畿一带现在明火盗墓抢劫之案层见叠出”②。

（2）治安案件：斗殴（如“正蓝旗宗室敏学与卖白薯之吉祥争殴”③）、聚赌（如“肃亲王府轿夫葛三等开局聚赌”④）、罢工请愿（如“钱局匠役辍工出厂，聚集东直门外三里屯炉神庙内，胁众停炉”⑤）等。

（3）刑事案件：盗窃（如“南苑遗失陈设，赃犯无获”⑥）、抢劫

①《清德宗实录》卷270，光绪十五年五月甲戌，《清实录》，第55册，第626页。
②《清德宗实录》卷67，光绪四年二月己丑，《清实录》，第53册，第33页。
③《清仁宗实录》卷196，嘉庆十三年闰五月庚辰，《清实录》，第30册，第592页。
④《清宣宗实录》卷288，道光十六年九月癸未，《清实录》，第37册，第443页。
⑤《清宣宗实录》卷309，道光十八年闰四月甲戌，《清实录》，第37册，第807页。
⑥《清德宗实录》卷410，光绪二十三年九月己酉，《清实录》，第57册，第355页。

（如“东华门外北池子匪徒抢劫……首犯李一子尚未弋获”[①]）、杀人（如“中城地面商人王远来、贾钰桢被毒身死”[②]）等。

（4）政治事件：如邪教活动、武装暴动（如天理教起义）、革命运动（清末义和团、革命党的活动）等。

治安记录的多寡，是京城治安形势好坏的直接反映，逐年统计频次，可大致反映清代京城治安状况的变化趋势（图 2-11）。

二、社会动乱

对于华北平原境内的社会动乱，首先从《清实录》中提取相关原始记录，对动乱事件的发生地点、波及范围、起止时间、动乱性质等信息进行辨识。由于历史原因，《清实录》中关于义和团运动的记录很不完整（义和团运动是在清政府默许下进入高潮的，这一事实由于八国联军的入侵和辛丑条约的签订而被清政府视为耻辱并加以否认，在编修《清实录》时进行了掩盖），这一时期（1899—1901 年）有关义和团的动乱事件据《义和团运动史事要录》[③]进行补充。各类动乱事件按性质可分为以下 3 类：

（1）民变

民变记录主要包括以下几类：首先是各种群体性事件，如聚众抗税、抗租、抗粮、诉冤告状，饥民强借或强抢钱粮，民众械斗，官兵闹饷、索粮等，例如，“井陉县革生李望春、梁绿野等集众抗官殴差，……梁文进等复敢哄诱典史拦入空房，纠集村众殴伤差役”[④]。其次是民间秘密拜会、传教，例如，“滦州民人董怀信……传习金丹八卦教，……入教男妇名册，乾隆年间有二千二百余人，嘉庆年间有二千九百余人”[⑤]。再次是流氓恶棍盘踞乡里、聚赌讹诈、私设公堂、鱼肉百姓等活动，例如，“武清县属大长亭村有恶棍杜一即杜元瑞，绰号东霸天，带领伊子及手下多人捏充王府庄头，并有伙匪李国泰、顾章，串通县役人等，在本村地方以收取地租为名扰害居民，在本村关帝庙内私立班房，滥行拷打”[⑥]。

综合来看，民变事件与政府的对抗程度较低，有些群体事件虽声势较大，也仍是将希望寄托在官府秉公处理上；民间结社或传教事件有清一代

---

① 《清德宗实录》卷 96，光绪五年六月壬子，《清实录》，第 53 册，第 433 页。
② 《清德宗实录》卷 412，光绪二十三年十一月庚寅，《清实录》，第 57 册，第 376 页。
③ 李文海、林敦奎、林克光编著：《义和团运动史事要录》，济南：齐鲁书社，1986 年。
④ 《清高宗实录》卷 1077，乾隆四十四年二月乙亥，《清实录》，第 22 册，第 459 页。
⑤ 《清仁宗实录》卷 257，嘉庆十七年五月戊子，《清实录》，第 31 册，第 475 页。
⑥ 《清宣宗实录》卷 317，道光十八年十二月戊子，《清实录》，第 37 册，第 955 页。

不曾断绝，晚清的多场大规模农民起义均与民间秘密宗教、会党有关，但当其初起之时，只是百姓因生存环境恶化而寻求互助的一种手段而已，其教主、会首也多以惑众敛钱为目的，并不寻求推翻政府，这在清代前中期破获的多起“邪教案”中可以看得很明显①；至于那些土棍，更是会通过与官府的合作来巩固自己在当地的特权。

（2）盗匪

主要包括抢劫、杀人、越狱等恶性刑事案件，涉及案犯多为团伙作案的盗贼、占山为王的土匪、四处流窜的游匪；例如，“前任湖南江华县叶为珪，在山东恩县被骑马贼匪劫掠一空”②；“香河县属回子营地方……逃犯王景瀊聚众抢掳，拥集数百人，白昼横行”③。

此类事件性质要更加严重，表现为公然对抗官府权威，践踏社会秩序，其规模往往不大，多为十数人至百十人不等的小股，单纯以破坏者的面目出现，满足于从事打家劫舍、武装贩毒贩盐等犯罪活动，缺乏政治上的诉求。

（3）起义

包括各种规模的农民起义，规模小者影响一个或数个州县，大者波及整个地区，如义和团运动，一般都具有较为严密的组织和鲜明的政治诉求，为动乱的最高表现形式。华北平原境内清代规模较大的农民起义主要有：1774 年王伦起义（鲁西北）、1813 年林清、李文成天理教起义（京城、冀南、豫北）、1854—1855 年“联庄会”起事（豫北）、1861—1863 年以宋景诗黑旗军为代表的丘莘教军起义（冀南、豫北、鲁西北）、1899—1900 年义和团运动（全境）、1902 年景廷宾起义（冀南）等。

以县次/年为指标，分别统计 3 类动乱事件的爆发频次——某年某县级政区（包括县和散州）境内发生动乱事件 1 次，即记为 1 县次/年（1 县 1 年发生不同事件多起，1 起记为 1 次；1 县 1 年同一事件波及多次，统一记为 1 次）。1644—1911 年间，华北平原境内爆发动乱 679 县次，其中民变 108 县次、盗匪 364 县次、起义 207 县次（图 2-1m）。

相对于其他指标，京城治安、社会动乱与气候、灾害的关系显得不是那么直接，或者说，在其间发挥作用的因素要更为复杂一些。不过，中国历史上底层社会的变乱，生计所迫向来是最重要的驱动因素之一，而天灾

---

① 参见赫治清：《清代“邪教”与清朝政府对策》，中国社会科学院历史研究所明清史研究室编：《清史论丛（2003—2004 年号）》，北京：中国广播电视出版社，2004 年，第 121—159 页。

②《清文宗实录》卷 48，咸丰元年十一月癸酉，《清实录》，第 40 册，第 651 页。

③《清文宗实录》卷 335，咸丰十年十一月壬辰，《清实录》，第 44 册，第 986 页。

又是对生计最严重的威胁之一。许多动乱事例都或直接或间接地可以与灾荒联系在一起。在历史时期气候变化影响与响应框架中，社会稳定性是整个相互作用链条的最终一环。也就是说，当此前一系列环节中人类的响应措施都无法发挥作用时，气候恶化与极端灾害带来的消极影响会最终体现在社会稳定性层面。以京城治安来说，灾荒背景下涌入京城的流民数量激增，如其未能得到妥善救济或其保持长期滞留，便形成对社会治安的巨大威胁，许多恶性案件（如抢劫、杀人、盗墓）都可能与之有关。对于整个华北平原，许多小规模动乱事件，如抗税、抢粮，本身与灾荒直接相关；大规模的农民起义固然要经过长期酝酿，但灾荒同样可能起到推动和触发作用，这在历史上不乏其例。本书将基于序列对比与案例剖析，探讨气候、灾荒在其中发挥的作用及不同时段的差异。

第八节　小　结

综上所述，本书构建了一个在气候、灾害影响之下的区域社会生态系统演进历程的研究框架。首先基于人口、耕地和粮食单产数据，估算清代9个不同时间节点（1661年、1685年、1724年、1753年、1784年、1820年、1851年、1880年和1910年）的人均粮食产量，作为评价当时人地关系状况的基本依据。然后从社会生态系统中选取5个与气候、灾害关系密切的方面（粮食收成、粮食调度、饥荒、人口迁徙和社会稳定性）进行重点考察，并提炼出8个可供量化分析的指标：秋粮歉收指数（逐年）、朝廷粮食调度数量（逐年）、朝廷粮食调度强度（5年均值）、饥荒指数（逐年）、京城煮赈记录频次（逐年）、边外政区调整累积频次（逐年）、京城治安记录频次（逐年）和华北平原动乱事件县次（逐年）。建立的时间序列长度除秋粮歉收指数和饥荒指数为1736—1911年之外，其余均覆盖整个清代（1644—1911年）（图2-1）。

这5个方面在气候、灾害的影响传递过程中组成了一个完整的链条：气候变化与水旱灾害首先影响粮食生产，造成收成的波动，区域粮食供给发生变化；如果粮食减产无法通过民间自发响应（如动用余粮）得到缓解，政府通过粮食调度提升供给便成为重要响应措施；民间、政府扩大粮食供给的手段如果失效，饥荒便无法避免；民众为免于饥荒，自发进行区内、跨区迁徙，政府通过京城煮赈、调整移民政策等方式进行应对；当上述措施均告失灵，民众生计无着，响应手段趋于暴力，京城治安随之败坏、整个区域社会陷入动荡。整个过程如图 2-3 所示。

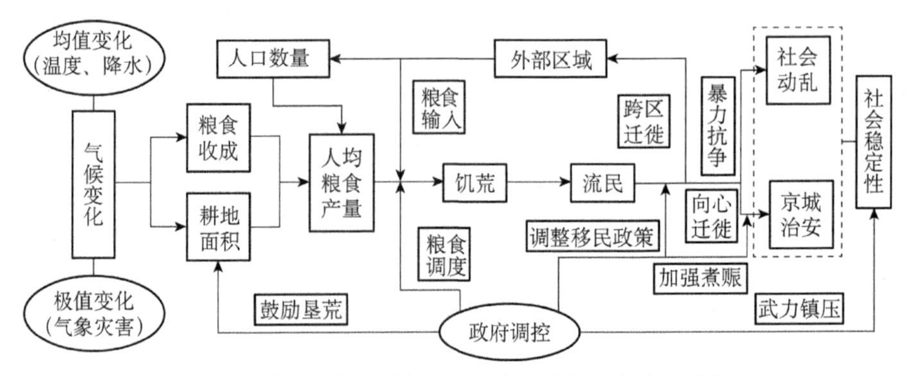

图2-3　清代华北平原气候、灾害影响与社会响应过程

基于人均粮食产量所反映的人地关系状况，以及各定量指标的变化趋势和组合方式，本书将整个清代华北平原社会生态系统的演进历程划分为 4 个阶段：恢复阶段（1644—1730 年）、兴盛阶段（1731—1790 年）、衰落阶段（1791—1850 年）和崩溃阶段（1851—1911 年）（图 2-1）。4 个阶段构成了一个完整的生命周期。在每个阶段中，人地关系和政治经济状况存在很大不同，社会应对气候和灾害挑战的主要方式会有很大差异，在此过程中民众和政府的行为方式及其互动关系同样千差万别。以下将分章节对每个阶段进行具体分析，力争完整呈现这一动态过程。

第三章 鼓励垦荒的恢复阶段（1644—1730年）

经历明末大乱之后，清初的华北平原社会残破不堪，人口剧减、生产凋敝；与此同时，晚明以来以寒冷为主、大灾频发的气候背景也仍在延续，对农业生产十分不利。对此，清政府的政策以稳定秩序、恢复生产为中心，鼓励百姓垦辟荒地，并减免赋税以利休养生息。耕地面积的扩展有效缓和了人地矛盾，较高的人均粮食产量增强了民众对于灾害的抵御能力，成为在时间序列上辨识出本阶段的典型特征。其他一些灾害响应方式，如政府粮食调度和人口区内/区际迁徙，在本阶段也逐步显现。

第一节 清初的气候与灾害

清朝建立之时，正处在明清小冰期一个显著的寒冷时段中。根据葛全胜等重建的中国东部过去2000年冬半年温度序列，此次寒冷时段始于16

世纪 60 年代（晚明），至清初降温达到顶点，1651—1680 年是过去 2000 年间最冷的 30 年，温度距平为-1.1℃（即比 1951—1980 年平均值低 1.1℃）。[①]闫军辉等重建的清代华北冬半年温度序列亦显示清初为显著寒冷时段，最冷的 5 年是 1656—1660 年，低于 1951—1980 年均值 1.42℃。[②]寒冷的气候背景对农业生产极为不利，积温的减少意味着生长季的缩短，迫使农民进行被动适应（如变更熟制、播种早熟作物品种），从而导致单产的下降；不期而遇的冷害（寒潮、霜冻、冰雪，多发于早春和晚秋）则往往造成大幅度的减产。生活在晚明至清初的北直隶真定（今河北正定）人梁清远（1606—1683）的记录可以提供一定的旁证：

> 昔人有记：嘉靖时垦田一亩，收谷一石；万历间不能五斗。粪非不多，力非不勤，而所入不当昔之半。大抵丰亨之时土宜畅遂，叔季之世物力凋耗，有不知其所以然而然者。乃今五十年来，去万历时又不同矣，亩收二三斗耳。始信昔人所言之果然也，古人所谓上农下农岂不足凭耶！[③]

也就是说，在同等肥料、劳力投入下，嘉靖年间（1522—1566 年）真定一带的平均亩产 1 石，万历年间（1573—1620 年）不足 5 斗，减产幅度超过 50%；至明清之际（大致在 1621—1670 年间）更下降至 2—3 斗，再减产约 50%。这几个亩产数字当然是概数，如此高的减产幅度也很可能发生在极端灾害背景下（明末大灾频发），而未必是普遍现象，但这段文字仍有其值得注意之处，即从晚明到清初的百余年间，不同时段的平均亩产确实发生了可以为时人所感知的显著变化，这种变化并不能完全由灾害进行解释（“有不知其所以然而然者”）。梁清远引述的“昔人”从传统的“天人感应”观念出发，将其归因为“丰亨之时土宜畅遂，叔季之世物力凋耗”，并不能令人信服。耕地生产潜力的变化，从气候变化的角度进行解释可能更为合理——从嘉靖年间到万历年间再到明清之际，平均温度同样呈阶段性下降趋势，与亩产变动同步。不同温度背景下，即使不考虑极端灾害的影响，粮食单产水平也会有所差异，这是本书中对清代不同冷暖时段的平均单产参考 18 世纪的高值分别进行校正的基本依据。

寒冷的气候持续至 17 世纪末，逐步开始转暖，进入小冰期中一个难

---

① 葛全胜、郑景云、方修琦，等：《过去 2000 年中国东部冬半年温度变化》，《第四纪研究》2002 年第 2 期。

② 闫军辉、葛全胜、郑景云：《清代华北地区冬半年温度变化重建与分析》，《地理科学进展》2012 年第 11 期。

③（清）梁清远：《雕丘杂录》卷 15《晏如斋檠史》，《四库全书存目丛书》，济南：齐鲁书社，1995 年，子部第 113 册，第 772 页。

得的温暖时段。17 世纪 90 年代已显著转暖（温度距平−0.1℃），至 18 世纪初平均温度已高于现代（距平 0.3℃）。对于这一增暖趋势当时人已有感受，最常被引用的一条证据是康熙五十六年（1717 年）皇帝对臣下说的一段话："天时地气，亦有转移。……黑龙江地方从前冰冻有厚至八尺者，今却和暖，不似从前；又闻福建地方向来无雪，自本朝大兵到彼，然后有雪。"[①]17 世纪中期的寒冷，和 18 世纪初的转暖，在这段话中都有所体现。

清朝建立时，肆虐华北长达十余年的大旱灾终于接近尾声，但随即进入一个极端水灾多发的时段。重建的 1644—1911 年水灾指数序列均值为 1.36，标准差 1.58（反映数据集个体之间离散程度的变量，标准差越大说明偏离平均值的程度越高，即极端年份越多）；而 1644—1730 年水灾指数均值为 1.45，标准差 1.75，均高于清代平均。如果将某一年份水灾指数＞2.94（序列均值+1 个标准差）定义为一个极端水灾年，则本阶段内共有 11 个年份发生极端水灾；整个清代水灾指数排前十位的年份，有 5 个处在本阶段（1652 年、1653 年、1654 年、1668 年和 1725 年），这其中 1652—1654 年连续 3 年大水，在整个清代极为罕见。本阶段旱灾威胁相对较轻，1644—1911 年旱灾指数序列均值为 1.05，标准差 1.33；1644—1730 年间均值 1.01，标准差 1.27，均略低于前者。定义旱灾指数＞2.38（标准同水灾）为一个极端旱灾年份，位于本阶段内的共 12 个，其中 1670 年、1689 年和 1722 年的旱灾指数值可列入清代前十位。

如同温度一样，水旱灾害的频度和强度在本阶段内也有前后之分。以 1690 年（冷暖交替）为界，前半段（1644—1690 年）水灾指数均值 1.60，标准差 1.96，极端水灾年份 7 个；旱灾指数均值 1.18，标准差 1.33，极端旱灾年份 7 个。后半段（1691—1730 年）水灾指数均值 1.27，标准差 1.49，极端水灾年份 4 个；旱灾指数均值 0.82，标准差 1.20，极端旱灾年份 5 个。如此鲜明的前后反差说明，随着气候的转暖，水旱灾害的威胁也大为减轻。从中国历史经验来看，影响中国大部分地区的东亚季风气候系统在寒冷时期相比温暖时期要更不稳定，由此带来降水的时空分布更加不均，从而导致极端水旱灾害更加多发[②]，清代早期的气候与灾害的变化趋势也印证了这一观点。

总之，从清初到 17 世纪 80 年代，华北平原社会系统受到来自气候和灾害系统的压力相比于明末并未减轻，气温一度降至小冰期（甚至过去

① 《清圣祖实录》卷 272，康熙五十六年四月庚子，《清实录》，第 6 册，第 669 页。
② 郑斯中、冯丽文：《我国冷的时期气候超常不稳定的历史证据》，《中国科学 B 辑》1985 年第 11 期。

2000年）内的谷底，极端水旱灾害交替发生，对农业生产极为不利；17世纪90年代之后，气候的增暖与灾害的减轻，则有利于当时农业生产的恢复与社会的休养生息。

第二节　人地系统的早期演变

一、人口与耕地的起点

明末（特别是崇祯年间）的华北平原经历了严重的社会动荡与人口损失。首先是战争——清（后金）军在与明朝的战争中曾多次越过长城，在当时的北直隶、山东各地转战杀掠，仅掳去人口即数以十万计，明末农民战争中这里也多次成为战场；然后是大旱与饥荒——崇祯年间大旱席卷北方各地，华北平原为重灾区，《中国近五百年旱涝分布图集》显示以石家庄、邯郸、沧州3站受旱最重（相当于北直隶中南部），在1637—1643年间几乎无年不旱（旱涝等级值≥4），并在至少3个年份中出现“人相食”的惨状[①]；再次是鼠疫，先是伴随旱灾在北直隶南部、河南北部、山东西北部一带蔓延（1640—1642年间），后又随李自成起义军在向北京进军的过程中从山西北部传入北直隶北部（1644年），再加上其他自然灾害（如蝗灾、水灾），仅北直隶一省即损失人口1/3以上[②]。曹树基认为，崇祯十七年（1644年）北直隶人口约730万，此即清代人口发展的基础。

需要指出的是，这一数字代表的是清军入关前的当地人口，而随清军入关的大量人口并未包括在内。而据其他学者研究，当时在辽东的几乎所有家属、民人、奴仆都被带入关内，其总数可达192万，并估算经过移民补充之后直隶总人口应超过900万。[③]但192万移民的数字是根据圈地面积估算的，而据曹树基估计，入关前满洲八旗壮丁及家属合计不超过27万，辽东汉人（含汉军旗）不超过30万，即便加上奴仆（主要来自从关内掳去人口），总数亦不可能达到192万之巨。这些人口虽大部入关，但其中很多又投入到南下征服战争中，并未定居直隶；最终安置在京畿一带

---

① 陈玉琼：《近500年华北地区最严重的干旱及其影响》，《气象杂志》1991年第3期。

② 曹树基：《中国人口史·第四卷 明时期》，第434页。

③ 路遇、滕泽之编著：《中国人口通史（下）》，济南：山东人民出版社，2000年，第815—816页。

的主要是25万满洲八旗及其奴仆。[①]同时，清军占领直隶过程中镇压明军和起义军余部导致的人口损失，以及后续大规模圈地造成的百姓流离、死亡等因素亦未加以考虑，这会在相当程度上抵销关外移民带来的人口增加。根据曹树基重建的清代不同时间节点的人口数字及节点间的年均人口增长率，可以对清初直隶人口的不同估算值进行可靠性验证。如取清初直隶人口为900万，则其到1776年（1779.9万）的年均增长率约为5.18‰，不仅远低于1776—1820年间的年均增长率（5.98‰），甚至低于晚清1851—1910年间的年均增长率（5.47‰）；而取730万计算的年均增长率约为6.77‰，高于其他时期。就一般认识来说，清代早中期为人口高速增长时期，其增长率不应低于中晚期，因此900万的数字显然偏高。在没有更为可靠的重建数据之前，本书仍取清代直隶人口起点为730万。按6.77‰的年均增长率，至顺治十八年（1661年，本书考察人地关系的第一个时间节点）增至约818.8万人。

清代耕地面积的变化建立在明末册载数据的基础之上，即所谓“原额”田地数。梁方仲基于明万历朝《会典》记载给出万历六年（1578年）北直隶田地数为49 256 844亩[②]；但这一年由张居正主持的“万历清丈”工作刚刚开始，册载耕地数字后续发生较大变化。樊树志汇总截止万历十一年各督抚的清丈报告，得到北直隶丈量所得总额61 575 451亩[③]。入清以后，直隶首先经历了三次大规模的土地圈占，分别发生在顺治元年（1644年）、二年（1645年）和四年（1647年），大批民田被占为旗地。虽然顺治四年三月下诏“永行禁止”圈地，但小规模的圈地活动仍时有发生，直至康熙初年才彻底停止，前后圈占的土地面积在15万顷（1500万亩）以上。[④]这批旗地并不包括在顺治十八年的册载田地数（45 977 245亩[⑤]），将两项相加，便接近明末的“原额”数。但正如前文指出的那样，册载田地数字一方面没有剔除折亩、隐漏影响（导致低于实际值），另一方面其中还有不少土地处在抛荒状态（导致高于实际值），并未完成复垦，并不能准确反映实际开垦耕地面积。因此本书利用魏学琼等重建的1677年直隶耕地面积（449.3万公顷，约合7312.8万清亩）[⑥]，以清代前

---

① 曹树基：《中国移民史（第6卷 清、民国时期）》，福州：福建人民出版社，1997年，第23—37页。
② 梁方仲编著：《中国历代户口、田地、田赋统计》，第334页。
③ 樊树志：《万历清丈述论——兼论明代耕地面积统计》，《中国社会经济史研究》1984年第2期。
④ 曹树基：《中国移民史（第6卷 清、民国时期）》，第50页。
⑤ 梁方仲编著：《中国历代户口、田地、田赋统计》，第391页。
⑥ X. Q. Wei，Y. Ye，Q. Zhang，et al. Methods for cropland reconstruction based on gazetteers in the Qing Dynasty（1644-1911）：A case study in Zhili province，China. Applied Geography，2015，65：82-92.

中期耕地面积年增长率 0.56%反推，得到 1661 年直隶实际开垦耕地面积为 66 929 807 亩，略高于册载与圈地之和。

二、人地关系状况及招民垦荒政策的影响

基于上述估计，经历明末清初的大灾与大乱，至社会秩序基本稳定的 1661 年，人口与耕地数字仍未恢复到明末的最高水平，此时直隶人均耕地面积约为 7.5 亩/人，经过修正的人均粮食产量约 1352 市斤（676kg）。

在现代中国粮食安全语境中，一般认为人均粮食占有量 400kg 为小康水平（除口粮外，还有一部分粮食可作为饲料，以提供肉、蛋、奶产品）的下限，而 300kg 则是满足温饱水平的下限（所有产出全部作为口粮，不能提供饲料）。[①]从清代文献记录来看，正常情况下成年人（“大口”）每日消耗口粮为 1 升，即“岁约食米三石六斗”[②]，按 60%加工率折合 6 石原粮（折合 420kg），未成年人（“小口”）减半。如果按大口占总人口 60%，小口占比 40%，则年人均口粮需求量为 336kg 原粮，与现代温饱水平阈值相近。在极端情况（饥荒）下，有大口日消耗 1 升原粮（0.6 升米），小口减半的记载[③]，据此推算，在仅能勉强维持生存的条件下年人均口粮需求量可以降至约 200kg 原粮。

对比上述标准，可以看到清初华北平原（以直隶为代表）人地关系状况总体较为和谐，人均粮食产量远高于现代温饱与小康水平。对于自耕农而言，除了上缴赋税、扣除口粮、种籽、饲料及日常开支，仍能留出相当数量粮食作为灾荒发生时的储备。

清初的华北平原百业凋敝，大量土地因灾害和战乱抛荒，圈占旗地又进一步加剧人口流失，“逃丁荒地”比比皆是，如顺治六年（1649 年）二月一次就免去直隶“无主荒地四万四千四百八十余顷、有主荒地八千一百九十余顷未完额赋”[④]。大规模圈地于顺治三年（1646 年）告一段落之后，清政府将主要精力放在恢复生产上，其重中之重就是复垦荒地、招徕流民。顺治六年（1649 年）四月，清廷颁布上谕，旨在全面推行垦政：

---

① 殷培红、方修琦：《中国粮食安全脆弱区的识别及空间分异特征》，《地理学报》2008 年第 10 期。贺一梅、杨子生：《基于粮食安全的区域人均粮食需求量分析》，《经济理论研究》2008 年第 5 期。

②（清）江永：《群经补义》卷 5《杂说》，《景印文渊阁四库全书》，台北：商务印书馆，1986 年影印本，第 194 册，第 58 页。

③ 道光二十七年（1847 年）河南封丘县“饥民嗷嗷，知县郭景偁多方请赈募捐，大口月给谷三斗，小口减半。”（民国《封丘县续志》卷 1《通纪》，转引自张德二主编：《中国三千年气象记录总集》，第 4 册，第 3066 页）

④《清世祖实录》卷 42，顺治六年二月癸卯，《清实录》，第 3 册，第 340 页。

谕内三院：自兵兴以来，地多荒芜，民多逃亡，流离无告，深可悯恻。着户部都察院传谕各抚按，转行道、府、州、县有司，凡各处逃亡民人，不论原籍别籍，必广加招徕，编入保甲，俾之安居乐业。察本地方无主荒田，州县官给以印信执照，开垦耕种，永准为业。俟耕至六年之后，有司官亲察成熟亩数，抚按勘实，奏请奉旨，方议征收钱粮。其六年以前，不许开征，不许分毫佥派差徭，如纵容衙官、衙役、乡约、甲长借端科害，州县印官无所辞罪。务使逃民复业，田地垦辟渐多。各州县以招民劝耕之多寡为优劣，道府以责成催督之勤惰为殿最。每岁终，抚按分别具奏，载入考成，该部院速颁示遵行。①

这条上谕的核心内容是就地招徕流民入籍，并发给无主荒地垦种，新开荒地6年免征钱粮，并将“招民劝耕之多寡”纳入地方官员的考成指标。此后康熙、雍正两朝也都大力推行与招民垦荒相关的各类政策，如出台对地方官员垦荒实效的奖惩细则、鼓励绅衿地主带头垦荒、加大新垦田地免税力度、保障垦荒者土地所有权利等，取得显著成效②；康熙二十四年（1685年）颁布的“永停圈地”令也有利于保护民众垦荒的积极性③。直隶册载耕地数（不含屯田、学田）从1661年的4597万余亩，增至1685年的5434万余亩④，再增至1724年的6259万余亩⑤，虽然不能视为精确的耕地面积数，但其体现的强劲的增长势头则无可怀疑。

荒地的大量垦辟在相当程度上抵销了人口的增加，在本阶段用于考察人地关系的3个时间节点中，人均耕地面积只有小幅下降，从1661年的约7.5亩，降至1724年的约7亩；同时，由于气候增暖带来耕地生产潜力的提升，校正单产后，1724年的人均粮食产量反而较1661年有微弱的上升，达到约1361市斤（680.5kg）。考虑到本阶段早期灾害多发的背景，在很多情况下，实际单产未必能达到正常年景的平均值；而晚期灾害频度和强度都大幅下降，获得丰收的概率更高，因此实际单产水平相比于（只考虑冷暖背景的）校正值要更高。招民垦荒政策的推行，对于缓和人地矛盾无疑大有好处。

---

①《清世祖实录》卷43，顺治六年四月壬子，《清实录》，第3册，第348页。

② 彭雨新编著：《清代土地开垦史》，北京：农业出版社，1990年，第43—80页。

③“上谕大学士等曰：凡民间开垦田亩，若圈与旗下，恐致病民，嗣后永不许圈。”（《清圣祖实录》卷120，康熙二十四年四月戊戌，《清实录》，第5册，第265页）

④ 梁方仲编著：《中国历代户口、田地、田赋统计》，380页。

⑤ 史志宏：《清代农业的发展和不发展（1661—1911年）》，第21页。

第三节　荒政的重建与完善

清代荒政“集历代之大成”，以救灾措施完备、救灾力度大、赈灾组织严密著称。[①]但在开国之初，统一战争尚在进行，财政状况高度紧张，漕运亦不通畅，与荒政相关的各类机构组织、规章制度也在草创之中，这令清廷对于赈灾显得力不从心。此时的华北平原虽处在一个灾害多发时段，但能从朝廷获得的救灾物资（特别是粮食）十分有限，从粮食调度数量序列来看，1690 年以前只有极少数年份出现了用于赈灾的粮食调拨记录，数量平均下来仅为 0.15 万石/年，聊胜于无；之后的 40 年间数量明显增加，平均 4.77 万石/年。粮食调度数量的增加、力度的增强，也体现了清初荒政体系逐步完善的过程。以下就分别发生在本阶段早期和晚期的两次典型极端灾害（1652—1654 年水灾、1725 年水灾）来具体分析朝廷救灾措施与赈济力度的差异。

一、1652—1654年水灾：草创中的荒政

1652—1654 年，华北平原连续三年遭受大水侵袭，每年水灾指数均可列入清代前十。其成灾原因都是夏秋季节反常多雨，如 1652 年文安县“夏，霪雨四十日”[②]，1653 年唐县“夏六月，大雨水四十日不止”[③]，1654 年武邑县“秋霖弥月”[④]，过多的雨水导致各条主要河流水位暴涨、决溢成灾，灾区覆盖全境，以相对低洼的海河下游地区灾情最重。虽然重建的秋粮歉收指数序列未覆盖本阶段，但现存方志中不乏“无禾”“田禾淹没殆尽”等方面记载，反映连续三年水灾都造成秋粮的大面积严重歉收。

从《清实录》相关记载看，在这场清代罕见的连年大水中，清政府的应对总体显得迟缓而乏力，但也出现了一些积极因素。1652 年水灾之后，政府并未组织赈灾，只在第二年分批蠲免直隶、河南、山东受灾州县赋税。1653 年水灾更甚，并波及京师，“霪雨匝月，岁事堪忧，都城内外

---

① 李向军：《清代荒政研究》，第 101—104 页。

② 康熙《文安县志》卷 1《方舆》，转引自张德二主编：《中国三千年气象记录总集》，第 3 册，第 1707 页。

③ 康熙《唐县新志》卷 2《灾异》，转引自张德二主编：《中国三千年气象记录总集》，第 3 册，第 1717 页。

④ 康熙《武邑县志》卷 1《祥异》，《故宫珍本丛刊》，海口：海南出版社，2001 年，第 72 册，第 149 页。

积水成渠，房舍颓坏，薪桂米珠”，终于引起清廷重视，皇帝“躬先修省”，并要求“大小臣工各宜尽职补过，以图感格天心”[①]；后又暂停乾清宫工程，并以“宫中节省银八万两赈济满汉兵民”[②]。1654年春，清廷又组织了更大规模的赈灾：

> 去年水荒特甚，尤为困苦。朕夙夜焦思，寝食弗宁，亟宜拯救，庶望生全。但荒政未修，仓廪无备，若非颁发内帑，何以济此急需！兹特命户、礼、兵、工四部，察发库贮银十六万两；昭圣慈寿恭简皇太后闻知，深为悯恻，发宫中节省费用并各项器皿，共银四万两；朕又发御前节省银四万两，共二十四万两。差满汉大臣十六员，分赴八府地方赈济，督同府、州、县、卫、所各官，量口给散。[③]

这段上谕透露出此时的清政府因“荒政未修，仓廪无备”，救灾能力十分有限，筹措的两笔赈银一半来自各部库银，一半来自宫中内帑；而灾民最为急需的粮食则无从筹措。顺治年间漕运制度和运河沿线的仓储体系都在重建之中，加上南方战火未熄，运抵京师的漕粮常常难以足额，如顺治三年（1646年）北运京师的漕粮合计不过90万石[④]；在此情况下仓储亦很难充实，因此清初朝廷调拨粮食用于赈灾的记录极其罕见。

由于政府救灾力度不足，华北平原灾区在1653年水灾过后出现大量流民，许多人前往受灾较轻的山东就食，但当地慑于“逃人法”（清初实行的用于惩处逃亡旗人奴仆的法令，其中对收留逃人的所谓“窝家”处罚极为严厉[⑤]）而不敢收留，致“流民啼号转徙”，有官员为此上奏，提出由“该督抚行文各属，使流民各投供单，明书籍贯家口、无隐匿逃人甘结。该管官照单安置，庶可救此数万生灵”[⑥]。除了赴邻省就食，京师也是饥民迁徙的重要目的地。也是在这一年冬季，清廷“命设粥厂，赈济京师饥民”[⑦]，这是《清实录》中第一条明确涉及京城煮赈事务的记录。而根据光绪朝《大清会典事例》，其章程在此前一年就已拟定：“顺治九年（1652年）题准五城煮粥赈贫，每年自十一月起，至次年三月中止，每城日发米二石，柴薪银一两。”[⑧]无论官方组织下的京城煮赈活动始于1652年

---

① 《清世祖实录》卷76，顺治十年闰六月庚辰，《清实录》，第3册，第604—605页。
② 《清世祖实录》卷77，顺治十年七月丙午，《清实录》，第3册，第608页。
③ 《清世祖实录》卷81，顺治十一年二月丙戌，《清实录》，第3册，第638页。
④ 李文治、江太新：《清代漕运（修订版）》，第34页。
⑤ 孟昭信：《清初“逃人法”试探》，《河北大学学报（哲学社会科学版）》1981年第2期。
⑥ 《清世祖实录》卷77，顺治十年七月壬寅，《清实录》，第3册，第607页。
⑦ 《清世祖实录》卷78，顺治十年十月乙酉，《清实录》，第3册，第619页。
⑧ 《清会典事例》卷1035《都察院·五城·饭厂》，北京：中华书局，1991年影印本，第11册，第384页。

还是1653年，其动因都很可能与当年严重水灾导致的生计困难有关。其赈济的对象不仅是居住在京城内的贫民，更多的还是远近入京求赈的灾民。此后1654年又发水灾，当年冬季户部便援引前例上奏“畿辅水灾，请煮粥拯恤，以广皇仁”[①]。再下一年冬季，户部又奏“今年虽云小丰，而京师尚有饥民，请照十年例，每日每城发米二石、银一两，自本年十二月至次年三月，煮粥赈饥”[②]。连续三年的3条记录，反映出在连年大水的背景之下，京城煮赈从一项临时性措施逐步制度化的过程。此后每年冬春季节，京师五城粥厂开放，赈济远近饥民、贫民，便成为畿辅荒政的重要组成部分。

二、1725年水灾：日趋完善的荒政

70多年后的1725年，直隶各地再次遭受严重水灾，起因仍是夏秋多雨，如中部的定兴县“雨六十日”[③]，南部的东光县“六月二日大雨至八月，计四十余日”[④]，全省成灾州县多达75个，重灾区仍集中在海河、滦河的下游。相比于顺治年间的举步维艰，此时的清廷对于救灾的组织就显得游刃有余，在粮食调度方面显得尤为突出。

由于六七月间雨水过多，意识到直隶成灾不可避免，雍正帝八月初即下令“截留漕粮二十万石贮天津新仓”以备赈灾。[⑤]这一决策后续又有调整，先是因天津仓廒“地势卑湿”，截留漕粮不易储存，于是截留漕米（来自两湖）仍然运往通州仓，只将其中的3万石用于省城（保定）平粜和沿途救急，同时从通州仓运变色陈米10万石往天津，用于平粜和赈济[⑥]；而后地方官员又奏称，虽然天津仓廒无法使用，但可将漕粮分发各州县备赈，因此仍请截漕，朝廷随即改为将“河南小米截留二十万石”[⑦]。在随后的赈济活动中，发现之前从通州仓发出的10万石陈米成色“高者不过三四成，低者全属灰土”，有名无实，雍正帝又下谕要求通州仓“另发六成以上米十万石”[⑧]。这样直隶灾区灾害发生当年就从中央

---

①《清世祖实录》卷87，顺治十一年十月壬午，《清实录》，第3册，第682页。
②《清世祖实录》卷96，顺治十二年十二月癸亥，《清实录》，第3册，第751页。
③ 乾隆《定兴县志》卷12《祥异》，转引自张德二主编：《中国三千年气象记录总集》，第3册，第2219页。
④ 光绪《东光县志》卷11《祥异》，《中国地方志集成·河北府县志辑》，上海：上海书店，2006年，第45册，第284页。
⑤《清世宗实录》卷35，雍正三年八月戊辰，《清实录》，第7册，第526页。
⑥《清世宗实录》卷35，雍正三年八月辛卯，《清实录》，第7册，第535—536页。
⑦《清世宗实录》卷36，雍正三年九月丁酉，《清实录》，第7册，第538页。
⑧《清世宗实录》卷38，雍正三年十一月乙巳，《清实录》，第7册，第554—555页。

仓储系统获得33万石粮食（不含第一批通州仓米），主要用于十月开始的赈济（为期3个月）。次年一月，朝廷又“发通仓米十万石运至天津”，加赈直隶水灾饥民1个月[①]；二月再发“通仓米二万五千石运往保定减价出粜”[②]；至四月，灾情虽已平息，但直隶地方仓储在此次赈灾中把存谷发放一空，朝廷“运奉天米十万石至天津，又截南漕米十万石分贮河间、保定两府适中之地备用”[③]。

纵观此次水灾期间，朝廷前后向直隶灾区调拨粮食多达75.5万石（可用者65.5万石），分别来自漕粮（从运河北上的漕船就地截留）、仓储（通州仓）和边外（奉天），力度之大可谓空前。清初以来全国生产的逐渐恢复与漕运的畅通，使得朝廷掌握的粮食储备较为充裕，为大规模赈粮调度奠定了基础。康熙六十年（1721年）京仓、通州仓合计储量已达580余万石，经过雍正帝的进一步整顿，至雍正七年（1729年）更是急剧上升至1354万余石。[④]1725年水灾后，雍正帝也有意利用救灾的契机来清理仓储亏空，同时整顿吏治。在这次水灾中，中央与地方政府在粮食调度方面的决策与执行都能根据实际情况随时调整，体现了很高的效率。从方志记录来看，作为基层的州县一级赈粮发放工作也执行得比较到位，如任邱县（今河北任丘）受灾合计48村，知县“先赈一月，米一千五百一十石；又冬春四个月，共赈米八千八百八十三石一斗四升八合”[⑤]；深州（今河北深县）“发粟六千五百余石，赈饥四月，民赖以生”[⑥]；重灾区文安县更是“赈粟数万”[⑦]。

尽管如此，当年冬季还是有大量饥民涌入京师求赈，“数至盈万”[⑧]，京城煮赈随之加强。先是当年十月，雍正帝下谕：“五城煮赈，旧例自十月初一日起，至次年三月二十日止，每城每日发米二石、柴薪银一两。今岁直隶……来京就食之民尚多，每城日给米二石或不敷用，着每日各增米二石，柴薪银亦倍之。”[⑨]次年一月又“增给五城饭厂米石，并于东直、西直、安定、右安、广宁五门增设饭厂”[⑩]。相比于直接发放赈

---

①《清世宗实录》卷40，雍正四年正月丙申，《清实录》，第7册，第587页。
②《清世宗实录》卷41，雍正四年二月丙子，《清实录》，第7册，第609页。
③《清世宗实录》卷43，雍正四年四月乙亥，《清实录》，第7册，第631页。
④ 李文治、江太新：《清代漕运（修订版）》，第43页。
⑤ 乾隆《任邱县志》卷3《蠲赈》，《中国方志丛书·华北地方》，台北：成文出版社，1976年，第521号，第368页。
⑥ 雍正《直隶深州志》卷7《事纪》，《故宫珍本丛刊》，第71册，第324页。
⑦ 民国《文安县志》卷10《恩恤》，《中国地方志集成·河北府县志辑》，第29册，第289页。
⑧《清高宗实录》卷206，乾隆八年十一月己酉，《清实录》，第11册，第647页。
⑨《清世宗实录》卷37，雍正三年十月戊子，《清实录》，第7册，第552页。
⑩《清世宗实录》卷40，雍正四年正月壬戌，《清实录》，第7册，第601页。

粮，煮赈是一种较为经济和高效的赈济手段，例如本年朝廷每日拨给五城粥厂粮食20石，以时长5个月计，总数不超过3000石，便可以安置上万名流民。但大量流民涌入京城并长期滞留，无疑对社会秩序构成巨大冲击，因此当雍正四年（1726年）春来京城觅食之民仍络绎不绝时，雍正帝便急令京城内外地方官员劝谕、资遣流民回籍，并令直隶地方官员切实组织春耕和以工代赈。①

总体而言，此次灾后赈济活动组织得比较成功，对此雍正帝本人也颇为自得。不久之后，在其历数允禩、允禟、允禵等政敌罪行的上谕中，还特意将此次水灾作为自己爱民如子、施行仁政的论据："如直省去岁偶值水灾，朕即发粟数百万石赈救；又令修治堤塘，大开水利，因轸念元元之故，动用数百万帑金。使直省数百万黎民竟若无灾，不致艰食。"②所谓"发粟数百万石"，使"数百万黎民竟若无灾"，自然不无夸张，但从方志记录来看，此次水灾过后，灾区并未出现普遍的饥荒，仅少数州县有"饥"或"大饥"的记载，也确实要在相当程度上归功于政府赈灾得力。

本阶段初期和末期的两次典型灾害，折射出伴随政府财政和仓储状况的好转，明末遭到严重破坏的荒政体系得以重建并逐步完善的过程，而朝廷对地方荒政事务的掌控程度也显著提升，并突出体现在赈粮调度中。从早期的无粮可拨，到1725年水灾中，由朝廷组织调运的粮食成为灾区最主要的赈粮来源。朝廷粮食调度的强度指数，也从清初的0提升至1721—1730年间的4.43。同时值得注意的一点是，两次灾害对华北平原社会的影响均未上升到失控的程度，体现在灾后没有发生严重的生存危机（大量人口死亡）和社会动荡。特别是前一次，即便连续三年遭受严重水灾，且政府赈济力度有限，但除第二年出现规模较大的流民之外，华北平原社会仍保持了总体稳定。灾后虽然出现普遍的饥荒，但并未导致明末旱灾中那样严重的人口死亡，也没有出现"人相食"的记载。这反映出清初华北平原社会系统对于自然灾害具有较强的承受能力。

---

①《清世宗实录》卷41，雍正四年二月甲戌，《清实录》，第7册，第606页。
②《清世宗实录》卷44，雍正四年五月戊申，《清实录》，第7册，第658页。

第四节　与边外联系的建立

本书中所谓“边外”，顾名思义是指明代修建的长城（边墙）以外地区。对于清代华北平原社会而言，与之联系最为紧密的边外地区可以分为两大区域：一是清初属于蒙古游牧地的卓索图、昭乌达、哲里木盟（合称“东三盟”）及察哈尔辖境（大致相当于现代内蒙古东部，及河北、辽宁、吉林、黑龙江各省一部），来自华北平原的流民主要是通过直隶北部长城各关口（如独石口、古北口、喜峰口）向北迁徙，因此在清代文献中常称其为“口外”；二是清朝的“龙兴之地”东北地区，清初为奉天（盛京）、宁古塔（吉林）、黑龙江将军辖地（包括现代东北三省大部地区），华北平原流民主要通过山海关向东北方向迁徙，多称其为“关外”。

两大区域之间的界线是清初修筑的“柳条边”。据清初浙江山阴（绍兴）人杨宾（1650—1720）记述：“今辽东皆插柳条为边，高者三四尺，低者一二尺，若中土之竹篱，而掘壕于其外，人呼为‘柳条边’，又曰‘条子边’。”[①]其法是先掘壕沟，将挖出的土翻至沟内侧筑成土堤，再在堤上植柳以防翻越，从而起到标识政区界线、限制人口流动的作用。柳条边分新旧两条：1653—1661年间完成“老边”（或“旧边”，亦称“盛京边墙”），在明末的辽东边墙基础上修筑，由山海关向东北延伸至威远堡（在今辽宁开原东北），再折向西南至凤凰城（今辽宁凤城南），全长980km，共设16个边门以供出入稽查；1670—1681年间完成“新边”，南接威远堡，向东北延伸至法特哈（今吉林市北法特），接松花江而止，全长345km，设4个边门。[②]柳条边呈“人”字形排布，一方面将蒙古与满洲地区隔开；另一方面也划分了盛京与宁古塔将军辖区，从而限制了三块区域之间的人口流动，特别是限制了汉人从农业开发较为充分的辽东（盛京）向开发较少、地广人稀的宁古塔（吉林）、黑龙江等地流动，以保证这一区域内的自然资源为旗人所专有、专享。

由于地理位置紧邻，口外和关外两大区域与华北平原之间在整个清代

---

① （清）杨宾：《柳边纪略》卷1，《续修四库全书》，上海：上海古籍出版社，1996年，第731册，第255页。

② 吕患成：《对柳条边性质的再认识》，《松辽学刊（自然科学版）》1990年第4期。薛洪波、肖钢：《浅谈清代柳条边》，《吉林师范大学学报（人文社会科学版）》2004年第5期。

存在活跃的人口与物质流动，其流动方向、规模大小及其随时间的变化也成为观察华北平原社会生态状况的重要窗口。清初边内与边外间的联系正处在逐步建立之中，首先发生显著变化的是关外即东北方向，这里与华北之间的人口流动一度显得十分活跃。

一、关外：辽东招垦的起落

由于顺治初年辽东汉民几乎全数随清军入关，导致大量土地抛荒，严重影响当地旗人生计，也不利于巩固边防，迫使清政府采取鼓励招民垦荒的政策。特别是顺治十年（1653年）颁布《辽东招民开垦例》，对辽东官员招民开垦实绩予以奖励（如“招民开垦至百名者，文授知县，武授守备”），对前往开垦的民人予以一定补助（“每名给月粮一斗，每地一晌给种六升，每百名给牛二十只”）。[①]不过，由于华北此时也有大量荒芜土地待垦，加上前往辽东路途遥远，这一政策对关内百姓吸引力有限。直到顺治十八年，据奉天府尹张尚贤疏言，此时辽河东西的广大区域内仍是“荒城废堡，败瓦颓垣，沃野千里，有土无人”[②]的萧条景象。该年奉天、锦州二府合计纳税丁数仅为5557，民地60 933亩[③]，印证张尚贤所言非虚。

不过这一情况在康熙年间出现较大变化。乾隆元年（1736年）成书的《盛京通志》对顺治晚期到康熙早期各州县历年新增人丁数和起科地亩数有详细记载，其中丁数至康熙二十年（1681年）增至28 724[④]，年均增长率8.6%；地亩数至康熙二十二年（1683年）增至312 859亩[⑤]，年均增长率7.7%。人丁与地亩的增加是人口增殖的结果，两者的增速均远远高于正常的人口自然增长率（年均0.7%），说明康熙早期盛京人口增加属于以移民为主导的机械增长。同时可以发现，部分年份人丁增加数目较高，形成了几个移民垦殖的峰值时段，分别发生在1662—1664年（合计增加5488丁）、1668—1671年（合计增加10 923丁）、1673年（增加1873丁）[⑥]，再与同期发生在华北的一连串极端水旱灾害（1661年大旱、1662年黄河流域大水、1665年水旱交加、1668年海河流域大水、1670—1671

---

① （清）阿桂、刘谨之等撰：《钦定盛京通志》卷35《户口》，《景印文渊阁四库全书》，第502册，第2页。
② 《清圣祖实录》卷2，顺治十八年五月丁巳，《清实录》，第4册，第65页。
③ 乾隆元年《盛京通志》，卷23《户口》，第2页、卷24《田赋》，第2页，日本早稻田大学图书馆藏咸丰二年刻本。
④ 乾隆元年《盛京通志》，卷23《户口》，第6页。
⑤ 乾隆元年《盛京通志》，卷24《田赋》，第6页。
⑥ 乾隆元年《盛京通志》，卷23《户口》，第2—5页。

年大旱）对比，可以看到两者存在较好的对应关系。有研究者据此判断，华北水旱灾害后出现的流民是东北垦荒的重要劳动力来源，只是由于长途迁徙和人丁编审滞后，使丁数增加年份较水旱灾害发生年份有时存在1—2年的时滞，因此发生在东北的移民开垦可以视为对华北水旱灾害的“异地响应”。[①]可见，在顺治年间招垦政策“引力”不足的情况下，康熙初年华北严重的水旱灾害扮演了“推力”的角色。

在这20余年间，一个引人注目的政策调整发生在康熙七年（1668年），即《辽东招民开垦例》的停止。对此有学者认为原因在于招垦条例实行效果不佳，所以颁布15年后即告废止[②]；也有人将其与同期柳条边（“新边”）的拓展联系在一起，认为条例的废止是清政府的一个重大政策调整，实际意味着东北封禁的开始[③]。从1668年前后盛京人丁和起科地亩的变化来看，上述两种观点都有值得商榷之处。有学者认为，康熙帝停止的只是“招民授官之例”，并无禁止招民开垦之意[④]，此说似较公允。根据《清实录》记载，条例废止的直接原因可能在于对官员招民垦荒的奖励过于丰厚：

> 工科给事中李宗孔疏言：各官选补，俱按年分轮授，独招民百家送盛京者选授知县，超于各项之前。臣思此辈骤得七品正印职衔，光荣已极，岂在急于受任。请以后招民应授之官，照各项年分，循次录用。上是之，随谕吏部，罢招民授官之例。[⑤]

李宗孔上疏本意是可以暂缓对盛京招民垦荒百家者实授知县之任，“循次录用”，而康熙帝则更进一步，直接将其废止。此议发生在康熙六年（1677年）七月，按照《盛京通志》等记载，条例正式废止是在康熙七年。在此前后数年，正是盛京人丁、地亩增加最为迅猛的时段，康熙七年至十年增加人丁数达万余；起科地亩数在康熙九至十一年增加最多，合计起科近14万亩，按照清初盛京新垦荒地“三年后起科”[⑥]的政策倒推3年，可知康熙六至八年是开垦荒地的高潮。康熙帝废止条例的决定，可能就是基于上述现实而做出。否则，以人丁飞速增加的趋势来看，盛京很快

---

① 方修琦、叶瑜、曾早早：《极端气候事件-移民开垦-政策管理的互动——1661—1680年东北移民开垦对华北水旱灾的异地响应》，《中国科学D辑》2006年第7期。

② 日人稻叶岩吉观点，转引自张璇如：《清初封禁与招民开垦》，《社会科学战线》1983年第1期。

③ 参见范立君、谭玉秀：《清前中期东北移民政策评析》，《北方文物》2013年第2期。

④ 张璇如：《清初封禁与招民开垦》，《社会科学战线》1983年第1期。

⑤《清圣祖实录》卷23，康熙六年七月丁未，《清实录》，第4册，第314页。

⑥ 乾隆元年《盛京通志》，卷24《田赋》，第1页。

就会面临无可授之官的局面。正是由于康熙初年严重的自然灾害引发流民浪潮，使得顺治年间一度十分棘手的盛京空虚问题迎刃而解，自然也就不需要对官员的招民开垦行为予以额外奖励。

尽管康熙帝废止《辽东招民开垦例》并不是为了禁止招民开垦，但17世纪80年代之后，盛京人丁与地亩增速显著放缓。至雍正二年（1724年）人丁总数为42 210[①]，1681—1724年间年均增长率约0.9%；同年田土合计580 639亩[②]，1683—1724年间年均增长率1.5%，间接反映出这一时期当地人口已经接近自然增长，移民不再是人口增长的主要动力。其间原因可能有以下几个方面：首先是条例废止打消了东北地方官吏招民开垦的热情，考虑到汉人前往关外本就有种种限制，须先“呈请兵部或随便印官衙门起汉文票，至（山海）关，……赴通判南衙记档验放……进关者如出时记有档案，搜检参貂之后查销放进”[③]，在这样严格的管理之下，如无东北地方官吏给予便利，汉人前往垦荒和定居的难度可想而知；其次，17世纪末华北自然灾害的频次和强度有所降低，政府救灾力度又持续增强，灾害产生的“推力”作用不再显著；最后，这一时期华北平原流民有了新的迁徙方向，即农垦初兴的口外（东蒙地区）。

二、口外：农垦逐渐兴起

清初内蒙古东部各地仍延续明朝以来的势态，长城各口外以游牧文化为主，口内百姓向口外的流动十分有限。顺治年间，除了少数因八旗圈地而失去家园的畿辅百姓，极少有汉人越边进入口外生活。其间原因，一方面是自明朝以来这里一直是明蒙对峙的前线，鲜少汉民涉险在边墙外开垦，清初维持原状可以解释为历史发展的惯性使然；另一方面气候的影响亦不容忽视。东蒙地区由燕山山地、坝上草原、科尔沁沙地等地貌单元组成，总体水分、热量、土壤条件相比于口内都有较大差距，适宜开垦的土地面积有限，且易受气候变化影响。历史上这里属于典型的农牧交错地带，表现为时间上“时农时牧”、空间上“半农半牧”，农业开发相对活跃的时段往往集中在气候暖湿期。[④]而清初气候较为寒冷，1651—1680年是过去2000年间最冷的30年，口外热量条件不佳，无霜期短，不利于农业

① 乾隆元年《盛京通志》，卷23《户口》，第9页。
② 乾隆元年《盛京通志》，卷24《田赋》，第8页。
③（清）杨宾：《柳边纪略》卷1，《续修四库全书》，第731册，第274页。
④ 邹逸麟：《明清时期北部农牧过渡带的推移和气候寒暖变化》，《复旦学报（社会科学版）》1995年第1期。韩茂莉：《中国北方农牧交错带的形成与气候变迁》，《考古》2005年第10期。

发展，也会限制口内百姓的移民意愿。

但到康熙年间，情况发生了变化。随着一系列与口外农垦相关的政策的推行，自明初以来维持近 300 年的以长城为农牧分界线的态势终于被打破，口外农耕区显著扩展、农事蓬勃兴起。作为农垦活动的主力，大量汉民随之出口，其中许多人永久定居口外，彻底改变了当地的自然景观与社会风貌。康熙帝决定在口外大力推行农垦，主要是基于两方面的考虑，并由此形成了口外开垦田地的两大主体（土地所有者）。

首先是为了解决旗人的生计问题。顺治年间八旗圈占田地基本位于口内，顺治十二年（1655 年）明确规定“各边口内旷土听兵垦种，不得往口外开垦牧地”[①]。至康熙八年（1669 年）皇帝下谕“自后圈占民间房地永行停止，其今年所已圈者悉令给还民间”，旗人生计自然也应有所考虑，因此紧接着又提出“应否以古北等口边外空地拨给耕种”[②]。次年二月户部议覆：“以古北口外地拨与镶黄旗、正黄旗，罗文峪外地拨与正白旗，冷口外地拨与镶白旗、正蓝旗，张家口外地拨与镶红旗、镶蓝旗。”[③]口外的庄田开发由此兴起，包括内务府庄田（皇庄）、宗室庄田、八旗官兵地等多种形式。以皇庄为例，初期每庄壮丁 10 名（含庄头 1 名），给地 130 晌（1 晌=6 亩）；康熙二十四年（1685 年）设置粮庄（口外皇庄均属粮庄），每庄给地 18 顷，壮丁增至 15 名；至雍正七年（1729 年）全面丈量口外地亩，发现各庄“自垦地亩甚属过多”，决定重新分配，每庄给地 39 顷之外，剩余土地又新设庄 53 所，总计 138 所。[④]皇庄数目最初仅有约 40 个[⑤]，按照 130 晌的给地标准，占地总数约 312 顷；由上条文献可知雍正七年前口外皇庄总数为 85 所，如以此为康熙二十四年的皇庄数量，按照当时重定的给地标准（每庄 18 顷），共占地 1530 顷；而到雍正七年，皇庄占地已达 5382 顷，由此可见口外旗地拓垦速度之快。即以早期每庄 130 晌的给地标准来看，就已远超 10 名庄丁的开垦能力（每人 78 亩），其后却发现各庄开垦田地数量不断突破原额，导致给地标准一再提高，这就说明有大量土地的实际垦种者并非庄丁，而是来自口内的汉民，皇庄严禁民人租种的界限事实上早已被打破。皇庄如此，其余旗地的情况亦可以想见。

其次是为了解决蒙古地区的粮食自给问题。清初口外蒙古各部遭受的

---

① 《清会典事例》卷 166《户部・田赋・开垦》，第 2 册，第 1109 页。

② 《清圣祖实录》卷 30，康熙八年六月戊寅，《清实录》，第 4 册，第 408 页。

③ 《清圣祖实录》卷 32，康熙九年二月癸未，《清实录》，第 4 册，第 432 页。

④ 《钦定八旗通志》卷 68《田地》，《景印文渊阁四库全书》，第 665 册，第 371—374 页。

⑤ 陈肖寒：《清代直隶口外皇庄的管理特点》，《青海师范大学学报（哲学社会科学版）》2018 年第 1 期。

自然灾害极为频繁、灾情十分严重，游牧经济的脆弱性使其不断向清廷求救，对于后者造成沉重的财政负担。在此情况下，康熙帝倾向于在蒙古当地发展农业，就地解决。[①]如康熙三十七年（1698年）派遣原任内阁学士的黄茂等官员前往“教养蒙古”，主要任务便是教其耕种：

> 朕适北巡，见敖汉、奈曼等处田地甚佳，百谷可种，如种谷多获，则兴安等处不能耕之人就近贸易贩籴，均有裨益。不须入边买内地粮米，而米价不致腾贵也。且蒙古地方既已耕种，不可牧马，非数十年草不复茂。尔等酌量耕种，其草佳者应多留之，蒙古牲口惟赖牧地而已。[②]

敖汉、奈曼均在东蒙境内（属昭乌达盟），同期蒙古其他各部也多有派遣官员前往“教养”农垦之事者，但指望世代游牧的蒙民立刻转变为定居农耕显然不现实，清廷便允许蒙古王公招民开垦，让来自口内的汉人百姓完成这一任务。如卓索图盟境内最接近边墙的喀喇沁三旗“自康熙年间（有研究者认为发生在康熙五十五年[③]）呈请内地民人前往种地，每年由户部给予印票八百张，逐年换给”[④]。发给印票意在限制出口人数，“逐年换给”则意在限制民人在口外的垦种时间，不使其转成常住居民。乾隆年间曾追述此事：“康熙年间，喀喇沁扎萨克等地方宽广，每招募民人，春令出口种地，冬则遣回。”[⑤]由此出现了所谓“雁行人”现象，即口内民人如同秋去春来的大雁，定期前往口外垦种。

不过，这一时期清廷对于长城各口内外的人口流动稽查并不甚严，除了凭票出入者正常放行之外，对大量口内民人私越边墙，在口外私垦或佃种旗地、蒙地，甚至长期定居等违禁行为，政策口径也比较宽松。如康熙五十一年（1712年）上谕：

> 山东民人往来口外垦地者多至十万余。伊等皆朕黎庶，既到口外种田生理，若不容留，令伊等何往？但不互相对阅查明，将来俱为蒙古矣。嗣后山东民人有到口外种田者，该抚查明年貌姓名籍贯，造册移送稽察。由口外回山东去者，亦查明造册，移送该抚对阅稽查。则

---

① 张永江：《粮食需求与清初内蒙古农业的兴起》，《清史研究》2003年第3期。
②《清圣祖实录》卷191，康熙三十七年十二月丁巳，《清实录》，第5册，第1028页。
③ 珠飒：《18—20世纪初东部内蒙古农耕村落化研究》，呼和浩特：内蒙古人民出版社，2009年，第18页。
④《清会典事例》卷978《理藩院・户丁・稽查种地民人》，第10册，第1125页。
⑤《清高宗实录》卷348，乾隆十四年九月丁未，《清实录》，第13册，第799页。

百姓不得任意往返，而事亦得清厘矣。①

口外垦地民人仅来自山东者即“多至十万余”，显然绝大多数都系违禁出口，但康熙帝并不欲对其追究或将其遣返，仅要求此后地方官员对往返两地的民人查明造册，便于稽查而已。由于口外农垦的发展既有利于满洲八旗生计（包括内务府用度）和蒙古地方粮食自给，也有利于吸纳口内破产流民、缓解救灾压力，这使得清廷即使明知流民大量出口并在此长期居住，将在事实上造成蒙汉杂居的局面，仍采取了默许，甚至近乎鼓励的态度。

同时需要指出的是，康熙帝对于口外垦地汉民人数（十万余）和来处（山东）的估计未必精确，应是基于康熙四十六年（1707 年）他巡行口外见闻所做的判断：“前年山东饥馑，朕发帑金、遣旗员赈济，民乃安堵如故。今巡行边外，见各处皆有山东人，或行商，或力田，至数十万人之多。”②这里的“数十万人”自然也是概数，康熙帝见口外“各处皆有山东人”，便将其与华北此前的一场水灾联系起来。这场水灾发生在康熙四十一至四十二年，前一年重灾区集中在山东境内，次年波及直隶（当年华北平原水灾指数为 5.2），由于地方官员救灾不力且隐匿灾情，灾后山东发生严重饥荒，大量灾民流离失所，许多进入京师求赈。康熙帝随即亲自组织了大规模的赈灾活动，对此事自然印象十分深刻，但因此判断口外汉人都来自山东、且都与此次灾荒有关，显然证据不足。以喀喇沁左旗为例，珠飒整理的乾隆四年（1739 年）汉人情况档案显示，232 户汉人中，来自直隶的占 47.4%，来自山东（以原籍登州、莱州二府为多，但也不乏原籍为本书研究区范围内的济南、武定、东昌等府者）的占 39.2%；而天海谦三郎收集的两份乾隆十七年（1752 年）人口调查表显示，792 户汉人原籍为直隶者多达 705 户，占 83.8%。③可见以直隶为主体的华北平原为口外最重要的移民来源地，此外来自胶东半岛者亦为数不少。口外汉人既非全部来自山东，其迁徙行为也并非全部由某一次灾荒引发，而是在过去数十年中不断发生，只是极端灾害背景下的流民出口更为集中，更易引起朝廷的关注。如 1702—1703 年水灾后山东饥民的大规模迁徙，便为康熙帝的判断提供了依据。

除了极端灾害产生的“推力”之外，此时的口外地区对于华北平原百

① 《清圣祖实录》卷 250，康熙五十一年五月壬寅，《清实录》，第 6 册，第 478 页。
② 《清圣祖实录》卷 230，康熙四十六年七月戊寅，《清实录》，第 6 册，第 303 页。
③ 珠飒：《18—20 世纪初东部内蒙古农耕村落化研究》，第 42—64 页。

姓的“引力”作用也很明显。除了地理位置接近、关口稽查不严为迁徙提供了便利，更重要的是在此从事农垦确实有利可图——随着17世纪末的气候转暖，口外的农业气候条件大有好转，热量资源不再成为制约农业发展的关键因子，这使得口外（特别是滦河流域）一跃成为北方重要的农业开发中心和粮食生产基地。

对于口外地区开展农垦的优越条件，康熙帝曾多次论及。如康熙三十年（1691年）底下达的关于在蒙古达尔河、呼儿（尔）河及席喇穆伦三处[①]开垦积谷的上谕中提到口外土地肥沃，谷物产量高：

> 边外积谷，甚属紧要。达尔河地方着交与内务府派各庄壮丁耕种，呼儿河地方令五旗王等庄屯人前往耕种，其籽粒、耒耜、耕牛皆令豫备，着派谙练农事官员前往监管。布种完时，酌留耘田之人收获。其农夫所食米谷，着于古北口所贮米谷计口带去。席喇穆伦地方仍照前议，令盛京人役前往耕种。秋收之时，有收获多者，该部将监管官员议叙具奏。朕观各处地亩肥瘠不同，朕巡视南方，见彼处稻田岁稔时一亩可收谷三四石，近京玉泉山稻田一亩不过一石；又见古北口谷田丰收之年一穗约三千粒，口外近边地方丰收之年穗几万粒，此皆土脉不同，故收获亦异。以此观之，达尔河等三处垦种所费无几，而所获必多矣。[②]

又如康熙四十五年（1706年），康熙帝在收到福建巡抚报台湾受旱的疏奏时提到：“洼下之地，旱则不收，水亦鲜获，不若蒙古田土高而且腴、雨雪常调、无荒歉之年，更兼土洁泉甘，诚佳壤也。”[③]不仅土地肥沃，气候也是风调雨顺，因此无“荒歉之年”。次年又说：“边外地广人稀，自古以来从未开垦。朕数年避暑塞外，令开垦种植，见禾苗有高七尺，穗长一尺五寸者。……内地之田，虽在丰年，每亩所收止一二石，若边外之田所获更倍之。”[④]

康熙帝的这些话当然不免有所夸大，但其间反映出的历史事实是，17、18世纪之交的口外地区，农垦活动确实处在一个蒸蒸日上的时期。温暖的气候与适宜的降水，使得这里甚少水旱灾害；地广人稀的环境与耕地的迅速垦辟，使这里保持了较高的劳动生产率水平。至18世纪初，口

---

① 三处地点均在内蒙古东三盟范围内，达尔河、呼儿河确切位置难以考证，应在直隶北部边外不远地方，席喇穆伦即西拉木伦，应位于今内蒙古东部的西拉木伦河流域。

②《清圣祖实录》卷153，康熙三十年十二月丁亥，《清实录》，第5册，第695—696页。

③《清圣祖实录》卷224，康熙四十五年三月己未，《清实录》，第6册，第253页。

④《清圣祖实录》卷231，康熙四十六年十月己亥，《清实录》，第6册，第310页。

外输出的余粮已经成为京城粮食市场的重要补充："今京城米价甚贵，朕闻小米一石须银一两二钱，麦子一石须银一两八钱。……大都京城之米，自口外来者甚多。口外米价虽极贵之时，秫米（高粱）一石不过值银二钱，小米一石不过值银三钱，京师亦常赖之。"[①]成效如此显著，也就无怪康熙帝对口外农垦之事津津乐道并大力推动了。

康熙、雍正两朝之交的 1721—1723 年，华北连续三年大旱，加之 1721 年、1722 年黄河在河南境内数次决口，淹及直隶、山东，使得雍正帝即位伊始便面临严重的流民问题。雍正元年（1723 年）春，京城煮赈结束时仍有千余名各省流民滞留于此，无力回籍，需要政府发给路费[②]；几年间越边前往口外就食、谋生者亦不在少数。正是在此背景下，雍正帝谕令蒙古王公可容留内地灾民，并对"欢迎入殖"者"特许其吃租"[③]，此即著名的"借地养民"之例，或称"一地养二民"[④]。尽管这项政策具有一定临时性，执行时间不长，但其意义在于对过去数十年口内百姓越边私自佃种蒙地、进而定居于此的行为正式给予合法地位。同时，清廷开始着手对定居口外的汉民设立专门的行政机构进行管理，并处理日益增多的旗汉、蒙汉交涉或纠纷。最先设置的是热河厅（1723 年设立，设理事同知 1 名，驻地在今河北承德），其后几年又设立张家口厅（1724 年设立，驻地在今河北张家口）、八沟厅（1729 年设立，驻地在今河北平泉）。由此，口外地区出现管理蒙人的盟旗制和管理汉人的府厅州县制交错分布的政区格局。[⑤]

于是，17 世纪末至 18 世纪初，在气候转暖的天气背景下，在口外富饶田土的吸引下，在华北水旱灾害的推动下，在清廷政策的默许下，向口外的移民浪潮方兴未艾。从此，封闭于长城以内长达数百年的农耕区又开始向长城各口以外扩展，农牧交错带东段进入了新一轮的活跃期。

---

① 《清圣祖实录》卷 240，康熙四十八年十一月庚寅，《清实录》，第 6 册，第 393 页。

② "查五城有直隶、山东、河南流民共一千二百九十六名口，计伊等回籍之远近，每口每程给银六分，老病者加给三分，委员管送。"（《清世宗实录》卷 5，雍正元年三月丁酉，《清实录》，第 7 册，第 120 页）

③ 民国《凌源县志》卷头 3《纪略》，转引自王玉海：《发展与变革——清代内蒙古东部由牧向农的转型》，呼和浩特：内蒙古大学出版社，2000 年，第 13 页。

④ 成崇德：《清代边疆民族研究》，北京：故宫出版社，2015 年，第 351 页。

⑤ 颜廷真、陈喜波、韩光辉：《清代热河地区盟旗和府厅州县交错格局的形成》，《北京大学学报（哲学社会科学版）》2002 年第 6 期。

第五节　小结：以恢复生产为主的阶段

1644—1730年间，华北平原社会面对的气候背景总体较为严酷，温度处在冷谷，极端水旱灾害频发，同时又存在显著的前后差异，17、18世纪之交气候增暖，水旱灾害威胁减轻。本阶段社会从明清交替的大动荡中逐渐恢复，并在圈地活动告一段落之后快速进入生产恢复阶段，社会秩序也逐步稳定下来。重建的动乱事件频次序列显示，本阶段动乱集中在前10年，多与抗清、反清活动有关，此后则只有零星发生的盗匪事件。社会与气候、灾害的互动主要集中体现在政府赈灾活动、人口跨区迁徙等方面，这也是本节讨论的重点。

从一头一尾的两次极端水灾（1652—1654年、1725年）中，可以看到清朝荒政体系在灾害的压力之下逐步完善的趋势。不仅体现在朝廷可以拨发灾区的粮食、资金越来越充裕，更体现在与救灾相关的规章制度、组织机构的完善，以及从中央到地方各级政府在救灾中的高效运转，从报灾、勘灾，到核算、决策，再到转运、发放，最终将赈灾物资及时、足额发放到数以万计的灾民手中，使之不至流离失所。尽管这套体系随着时间的推移难免在一些环节出现失灵，但处在上升期的清朝尚有较强的纠错能力。如1702—1703年水灾后，山东省赈灾不力，康熙帝迅速议处山东巡抚以下官员（后将巡抚解职），并直接从朝廷派遣大批官员携救灾物资前往灾区赈济，"计口授粮"，"民间始尽沾实惠"[①]；又如1725年水灾中，雍正帝一面组织赈灾，一面雷厉风行地清理整顿仓储亏空问题，惩治渎职官员，终于使"数百万黎民竟若无灾"。由此出现一个灾害强度与救灾力度的"倒挂"现象，即早期灾害多、灾情重，但政府救灾力度严重不足；晚期灾害趋于减少、减轻，救灾力度反而日渐上升。这反过来说明，正是明末清初严重的天灾威胁，促使清政府认真吸取了明朝亡国的教训，对于荒政体系的建设给予了足够的重视。这套体系的良好运转，对于促成"康

[①] "四十二年春，……命官民愿效力者百余人，星速前赴山东、计口授粮，给衣济用，兼量助牛、种等物。……夏月……东省果告潦灾，秋禾失收，民滋困苦。……下谕增益多员，分往被水失收处，再加赈济。……八旗满洲、蒙古、汉军每三佐领各派一人，计得四百余人，此所派人员每佐领领帑金一千两给之，并备车辆、驼马等物，令分往山东各州县，照前遣人员赡养，以至来年七月为期。……又遣大臣三员，分三路往来巡视，稽核散赈事宜，酌定平粜价值，而民间始尽沾实惠。"（《清圣祖实录》卷217，康熙四十三年十月辛巳，《清实录》，第6册，第199页）

乾盛世”的局面也是功不可没。

灾后流民迁徙早期尚无固定方向，临时性的迁徙多为向邻区无灾处流动，如1653年水灾后大量灾民由直隶进入山东，前往京城就食者亦不少。京城煮赈活动便在此次水灾背景下兴起并逐步制度化，每年冬春季节都会吸引周边生计存在困难的贫民向京城流动。灾后涌入京城的流民数量往往成倍增加、来源地可能遍及整个华北平原（如1723年春滞留京城流民来自直隶、山东、河南三省），政府便扩大煮赈规模、延长煮赈时间来进行应对，成为清代的惯例。

永久性的跨区域迁徙方向主要是向北越过长城一线，有东北方向的关外（辽东）和正北方向的口外（内蒙东部）两个目的地。在政府政策、气候变化、自然灾害等因素综合作用下，流民迁徙的方向与规模在不同时期存在此消彼长的变化。早期清廷更倾向于引导华北流民前往辽东，以充实当地人口，复垦抛荒耕地，为此曾出台《辽东招民垦荒例》，但顺治年间效果并不显著。至康熙初年，由于华北连年遭受严重水旱灾害，引发流民迁徙，短短十余年间辽东当地统计的人丁数与地亩数激增数倍。清廷随即于1668年将条例废止，辽东招民垦荒活动告一段落，17世纪80年代之后人口增长趋于平缓。几乎是在同时（1670年），清廷为解决大规模圈地停止后的旗人生计，开始在口外地区垦辟荒地，发展庄田。至17世纪末，口外农垦日渐兴盛，不仅旗地面积迅速扩大，蒙古各旗也在清廷引导下发展农垦，以解决粮食自给问题。无论旗地还是蒙地，开垦的主力都是来自口内的流民。由于同期气候显著增暖，口外实施农垦的条件较为优越，加上地广人稀，有利可图，对口内失业贫民有较强的吸引力。尽管大部分汉民都属于违禁出口，但其一方面满足了口外农垦对劳动力的需求；另一方面也有利于缓解华北平原救灾压力，清廷对此实际持乐见其成的态度。每逢水旱灾后流民增多，政府还会进一步放松禁令，事实上将口外地区变为华北平原释放人口压力以及应对天灾的可靠后盾。

同时需要指出的是，本阶段华北平原由水旱灾害造成的流民问题相对而言不算严重，无论是区内还是区际迁徙，规模都比较有限。例如康熙初年连年大灾，但向辽东迁徙的流民前后20年合计数量至多不过10万余①；17世纪晚期至18世纪早期（1670—1730年）移入口外的汉民总数难以确估，但根据曹树基重建的1776年承德府（集中了绝大部分口外汉

① 1661—1681年间盛京人丁增加数约23000，按照1丁=5口概略折算（参考曹树基著、葛剑雄主编《中国人口史·第五卷 清时期》第453页观点），则为11.5万人，而且还要扣掉原有人口自然增殖部分。

民）人口数（50 万）反推，其总数亦不会太多（可能 10 万—20 万人），而且上述两个数字中都有相当一部分并非来自华北平原区内（例如胶东半岛）。

总的来看，1644—1730 年间虽气候状况不佳，极端灾害频发，但对华北平原社会秩序的冲击不算严重，即便在前半段灾情最为严重且政府无力救灾的情况下，也未出现如明末那样严重的饥荒（普遍的“人相食”）与社会动荡。这固然与大乱之后政府对社会管控能力加强、民众心理承受阈值上升有关，更重要的原因是随着生产的逐步恢复，本阶段人地矛盾有所减轻，耕地迅速复垦使人均粮食产量始终保持在一个较高的水平上。基于第二章开头中提到的分析框架，当民众个体拥有较多余粮时，气候和灾害因素造成的减产可以通过动用余粮进行抵消，就不会导致生产层次的消极影响进一步传导到其他层次，社会整体对于气候、灾害的敏感性不高。对于少数比较贫困的个体，当其可以通过短期就食或永久移居等方式解决灾害带来的生计困难，也不会诉诸更为暴力的手段。因此本阶段动乱事件少发，且与灾害并无明显联系。

第四章 荒政主导的兴盛阶段（1731—1790年）

本阶段覆盖了雍正帝在位的后期及乾隆帝在位的大部分时段，从各种意义上来说，这60年都堪称清代的鼎盛期，而同期气候、灾害对社会的压力相对较轻，也可谓天公作美。重建的社会生态指标序列显示，本阶段最显著的特征是粮食调度数量与强度均达到清代的最高水平，在强大的国力支持下，大规模赈济成为华北平原社会灾害响应的主导形式。由于荒政体系运转良好，与边外的活跃互动也有力缓解了压力，本阶段灾后流民问题尚不突出，社会秩序大体稳定，但到了阶段末期，也开始出现一些难以忽视的消极信号。

第一节 气候相对适宜

1731—1790年间的气候延续了始于17世纪末的增暖趋势，中国东部冬半年平均温度与现代（1951—1980年）相近，且波动较小，在整个小冰期中是一个显著的温暖时段。[①]闫军辉等重建的华北冬半年温度序列则显示整个18世纪是相对暖期，其中70年代是清代最温暖的10年。[②]稳定的温暖气候对华北平原当地农业生产的有利之处在于积温增加，无霜期延长，春秋两季的霜雪冷害减少，农民可以有意识地调整作物熟制（如一年一熟改为二年三熟）、改变下种和收获时间、选择喜热或晚熟作物品种，以便更充分地利用热量资源，从而提升粮食单产上限。

另一个有利条件是本阶段水旱灾害也相对少发。从重建的1736—1911年华北平原南部4站年平均降水量序列来看，1736—1790年间的年均降水量（635.2mm）略高于序列均值（629.6mm），总体偏丰（图2-1b）。[③]1731—1790年间水灾指数达到水灾标准（＞2.94）的年份有9个，从出现频率来看要高于前一阶段，也与降水偏多的气候背景相符。但60年水灾指数均值（1.21）及标准差（1.24）都显著低于清代平均，反映本阶段的水灾威胁并不严重，多为轻灾，极端水灾事件少发。上述9个水灾年份的水灾指数均排不进清代前十，只有1761—1762年连续两年水灾灾情稍重。

本阶段旱灾指数均值（0.96）和标准差（1.30）同样低于清代平均，60年间有8年发生旱灾，属于相对少发的时段，特别是中间连续28年（1746—1773年）没有出现一个旱灾年份，为清代所仅见。但分别发生在本阶段初期和末期的两次旱灾比较引人关注。前一次发生在1743年，就全国而言灾区范围不广，但重灾区正好位于华北平原境内，10个站点旱涝等级值均为5，旱灾指数为清代最高值；夏秋连旱的同时伴随夏季高温热浪，在长达数百年的小冰期中显得十分罕见。[④]后一次为1784—1786年，这是一场全国尺度上的大旱[⑤]，不过每一年华北平原的受灾范围都相对有限，灾区主要集中在南部（河南、山东境内）。本章将重点以1743年旱灾事件为例，全面展现兴盛阶段的灾后社会响应机制（政府措施、民众行为、区际联系），并将其与1784—1786年旱灾对比，分析本阶段初期和末期两次典型灾害影响下的社会生态所发生的一些变化。

总的说来，本阶段的气候条件是较为适宜的，无论是温度，还是降水，都是清代华北平原最为稳定的一段时期。温度的升高有利于提升土地

① 葛全胜、郑景云、方修琦，等：《过去2000年中国东部冬半年温度变化》，《第四纪研究》2002年第2期。
② 闫军辉、葛全胜、郑景云：《清代华北地区冬半年温度变化重建与分析》，《地理科学进展》2012年第11期。
③ 郑景云、郝志新、葛全胜：《黄河中下游地区过去300年降水变化》，《中国科学D辑》2005年第8期。
④ 张德二、G. Demaree：《1743年华北夏季极端高温——相对温暖气候背景下的历史炎夏事件研究》，《科学通报》2004年第21期。
⑤ 张德二：《相对温暖气候背景下的历史旱灾——1784—1787年典型灾例》，《地理学报》2000年增刊。曾早早、方修琦、叶瑜，等：《中国近300年来3次大旱灾的灾情及原因比较》，《灾害学》2009年第2期。

生产潜力，极端灾害的减少则有利于提升粮食生产的稳定性。根据重建的秋粮歉收指数序列，1736—1790年间歉收指数均值为1.82，标准差1.99，均显著低于1736—1911年平均值（分别为2.64和2.53），说明秋粮发生歉收的范围和程度都很有限，收成波动较小。

第二节　人口压力开始显现

相比于前一阶段，本阶段出现的一个显著变化是人均粮食产量的逐次下降。从初期（1731年）的接近1350斤（675kg）降至末期（1790年）的不足1100斤（550kg），降幅近20%。其主要原因在于粮食单产相对稳定的前提下，耕地面积的增速跟不上人口的增速。这60年间正处在“康乾盛世”的鼎盛期，社会经济繁荣，秩序稳定，人口快速增殖，年均增长率始终保持在6‰左右[①]；而耕地在经历了清初的快速复垦阶段之后，至康熙末年复垦基本完成[②]，耕地增加势头开始放缓。雍正帝在位期间继续推行鼓励垦荒的政策，继位伊始即发布上谕：

> 国家承平日久，生齿殷繁。地土所出，仅可赡给。偶遇荒歉，民食维艰。将来户口日滋，何以为业？惟开垦一事，于百姓最有裨益。但向来开垦之弊，自州县以至督抚，俱需索陋规，致垦荒之费浮于买价，百姓畏缩不前，往往膏腴荒弃，岂不可惜。嗣后各省凡有可垦之处，听民相度地宜，自垦自报，地方官不得勒索，胥吏亦不得阻挠。至升科之例，水田仍以六年起科，旱田以十年起科，着为定例。其府州县官能劝谕百姓开垦地亩多者，准令议叙；督抚大吏能督率各属开垦地亩多者，亦准议叙。务使野无旷土，家给人足。[③]

如果说顺康时期的垦荒政策颁行更多还是出于增加政府财政收入的需要，雍正帝则明确将其与解决民生问题联系起来，说明当时朝廷已经开始感受到人口压力。这道上谕一方面提出要革除陋规，允许民众“自垦自报”，同时放宽起科年限；另一方面将报垦土地面积与地方官员政绩挂

① 基于曹树基清代人口重建结果推算，参见图2-2。
② 李辅斌：《清代前期直隶山西的土地复垦》，《中国历史地理论丛》1995年第3辑。
③《清世宗实录》卷7，雍正元年四月乙亥，《清实录》，第7册，第137页。

钩，这样官府与民间对于开垦的热情又被激发起来，雍正一朝各省报垦不断，使耕地面积又有大幅提升。[①]但到了乾隆年间，册载耕地数字不仅不再增加，反而相比雍正时有所减少，如直隶省雍正二年（1724 年）册载耕地数 70 171 418 亩，至乾隆十八年（1753 年）降至 66 162 185 亩[②]，这与乾隆帝对垦政的大幅调整有关。继位之后，其首先大力纠正雍正朝报垦中严重的浮夸现象（尤以湖北、河南为最），豁除虚报无粮耕地及难以开垦的劣地；然后于乾隆五年（1740 年）颁布上谕，进一步放宽垦政，免除对民众自行开垦的零星土地升科，以保护民间垦荒的积极性：

> 从来野无旷土，则民食益裕。即使地属畸零，亦物产所资。民间多辟尺寸之地，即多收升斗之储。乃往往任其闲旷、不肯致力者，或因报垦则必升科，或因承种易滋争讼，以致愚民退缩不前。……向闻边省山多田少之区，其山头地角闲土尚多，或宜禾稼，或宜杂植，即使科粮纳赋，亦属甚微，而民夷随所得之多寡，皆足以资口食。即内地各省，似此未耕之土，不成丘段者亦颇有之，皆听其闲弃，殊为可惜。用是特降谕旨，凡边省内地零星地土可以开垦者，嗣后悉听该地民夷垦种，免其升科，并严禁豪强首告争夺。俾民有鼓舞之心，而野无荒芜之壤。其在何等以上仍令照例升科，何等以下永免升科之处，各省督抚悉心定议具奏。[③]

“山头地角”“不成丘段”的零星地块，只要满足一定标准（如直隶规定面积在 2 亩以内[④]），就可以免交田赋，对于民众无疑是很有吸引力的。这项政策的颁行，显示了清政府在恢复耕地的“原额”之后，对于进一步拓展田赋来源的兴趣有所下降，而将更多关注点放在如何应对“生齿日繁”的压力上。另一方面，这也意味着朝廷不再掌握准确的耕地数字，给地方官员、民间富绅隐匿、瞒报耕地的行为开了方便之门；史志宏认为，由于严重的瞒田问题，清代乾隆朝以后的册载耕地数字“愈来愈偏离现实”，无法作为估计实际耕地面积的依据。[⑤]其意见是值得重视的，直隶乾隆朝以降册载耕地数字变动极小，显然与上述政策的实行有关，并不说明耕地面积不再增加。

不过，即使考虑了隐匿、瞒报等因素，本阶段华北平原耕地面积的增

① 彭雨新编著：《清代土地开垦史》，第 73 页。
② 梁方仲编著：《中国历代户口、田地、田赋统计》，第 380 页。
③《清高宗实录》卷 123，乾隆五年七月甲午，《清实录》，第 10 册，第 811 页。
④《清会典事例》卷 164《户部・田赋・免科田地》，第 2 册，第 1089 页。
⑤ 史志宏：《清代农业的发展和不发展（1661—1911 年）》，第 25—26、49—50 页。

速相比于清初还是大大放缓了。魏学琼等对清代直隶耕地的重建结果显示，前期（1677—1755年）耕地面积年增长率（约0.56%）显著高于后期（1755—1884年，约0.2%）。[①]考虑到耕地面积增速最快的复垦阶段结束于康熙年间（1722年前），增速下降实际在此之后就已发生，而不必等到1755年。对于华北平原这样的传统农耕区而言，平原区的垦殖率在清代之前就已经很高，进一步拓展耕地的潜力比较有限，主要集中在开垦劣地（如近水洼地、滩地，近海沙地、碱地，山区丘陵的坡地）以及充分利用田边地头零星隙地方面。以玉米、番薯为代表的美洲作物在此背景下开始进入华北平原民众的视野，以其高度的环境适应能力（如玉米耐旱、耐寒、可种于坡地，甘薯耐旱、可种于沙地）和较高的单产（特别是甘薯）得到引种，初期便多种植在劣地与隙地中，作为大田作物的补充（主要用于救荒应急）。不过乾隆年间华北平原境内无论玉米还是甘薯的种植范围都还比较有限，尚未为民众广泛接受。[②]开垦零星地块对于人口压力的缓解作用，也不可做过高估计。

耕地面积增速远低于人口增速的结果，就是人地关系的日益紧张，体现为人均粮食产量的持续下降。乾隆帝在位晚期曾发布上谕，要求各地官员留意当前人口问题的严重性：

> 朕恭阅圣祖仁皇帝实录，康熙四十九年民数二千三百三十一万二千二百余名口。因查上年各省奏报民数，共三万七百四十六万七千二百余名口，较之康熙年间计增十五倍有奇。……以一人耕种而供十数人之食，盖藏已不能如前充裕。且民户既日益繁多，则庐舍所占田土不啻倍蓰，生之者寡，食之者众，于闾阎生计诚有关系。若再因岁事屡丰，粒米狼戾，民情游惰，田亩荒芜，势必至日食不继，益形拮据，朕甚忧之。犹幸朕临御以来，辟土开疆，幅员日廓，小民皆得开垦边外地土，借以暂谋口食。然为之计及久远，总须野无旷土，家有赢粮，方可户庆盈宁，收耕九余三之效。各省督抚及有牧民之责者，务当随时劝谕，剀切化导，俾皆俭朴成风，服勤稼穑，惜物力而尽地利，共享升平之福，毋得相竞奢靡，习于怠惰。[③]

尽管人口“增十五倍有奇”的结果实际上是由于两个数据的统计口径

① X. Q. Wei，Y. Ye，Q. Zhang，et al. Methods for cropland reconstruction based on gazetteers in the Qing Dynasty（1644-1911）：A case study in Zhili Province，*China. Applied Geography*，2015，65：82-92.

② 何炳棣：《美洲作物的引进、传播及其对中国粮食生产的影响（二）》，《世界农业》1979年第5期。韩茂莉：《中国历史农业地理》（中），北京：北京大学出版社，2012年，第527—528页、566—567页。

③《清高宗实录》卷1441，乾隆五十八年十一月戊午，《清实录》，第27册，第249—250页。

不同（一为丁数，一为口数）造成，但空前庞大的人口带来的压力还是显而易见。对比前文雍正帝和乾隆帝继位初期的两道上谕，可以发现此时的乾隆帝对通过进一步拓垦土地来缓解人口压力已经无法抱有太高期望，而更多的是要求百姓能够“惜物力而尽地利”。被后世誉为“中国人口论”的洪亮吉（1746—1809年）《治平篇》就是在这一背景下完成，且很可能与这篇上谕有关。在《治平篇》中，洪亮吉对人口问题的由来与严峻程度做了进一步阐发，并从“天地之法”和“君相之法”两个角度给出解决办法。前者指“水旱疾疫”等自然灾害造成的人口损失，属于被动调剂；后者则是执政者的主动调剂，除了乾隆帝所列的拓展疆土、加强垦荒、厉行节约之外，还提出抑兼并、减赋税、备仓储等措施，但即便如此，也并不能从根本上解决人口问题，所以洪亮吉在收束全篇时只能略显无奈地说“此吾所以为治平之民虑也”。①

乾隆帝上谕与《治平篇》大体反映了本阶段结束时华北平原社会的人口压力状况。尽管此时年人均粮食产量（550kg）仍然远高于满足温饱水平的下限（300kg），但我们也需要充分估计到社会财富分配不均的影响。对于那些生活在社会底层的贫民，他们生产的粮食扣除赋税、地租，再留出一定比例的种子、饲料用粮以及交换其他日常必需品，剩下的备荒储粮是极为有限的。在前一个耕地面积与人口同步增长的阶段结束之后，本阶段中随着人均粮食产量的持续下降，势必会有越来越多的百姓仅凭个体或家庭存贮的余粮难以应对灾害造成的减产。当灾后社会出现粮食短缺时，政府能够在多大程度上填补粮食供需缺口，就变得至关重要。

第三节　灾后粮食调度

在《治平篇》所论“君相之法”中，“遇有水旱疾疫，则开仓廪、悉府库以赈之”为最后一条，可见荒政扮演的是一个“兜底”的关键角色。在本阶段大部分时间里，荒政体系的良好运转，特别是及时有效的赈粮发放，也确实成为华北平原粮食安全的重要保障。重建粮食调度数量序列显示，1731—1790年间，朝廷主导的粮食调度平均每年可以为华北平原提供18.29万石粮食，远高于其他阶段和清代平均（7.9万石/年）。如果考虑

① （清）洪亮吉撰，刘德权点校：《洪亮吉集》，北京：中华书局，2001年，第1册，第14—15页。

到本阶段相对较轻的水旱灾害威胁，调度强度指数的比较优势更为明显（60年均值为8.40，清代均值为3.28）。尽管区内各州县此时已经普遍建立了地方仓储（常平仓）系统，可以发挥放赈、平粜、借贷等作用，但朝廷主持下的粮食调度一直是灾后赈济最重要的粮食来源，这是作为“畿辅重地”的华北平原有别于其他地区的重要特征。

从图2-1h可以看到，粮食数量的年际波动较为剧烈，大规模的粮食调度活动主要集中在历次极端灾害之后，尤以1743年旱灾之后为最。关于此次旱灾的气候背景和赈济过程，前人已有较为全面的研究①，本节主要利用《清实录》及档案资料中的相关记述，总结清代兴盛阶段朝廷组织下的粮食调度的一些典型特点。

此次旱灾始于1743年春季，夏秋连旱，并一直持续到次年春夏，随着6月下旬各地连得透雨而结束。就全国尺度而言，此次旱灾受灾范围不广，但对华北平原来说则是全境受旱，且所有站点均为5级，为清代所仅见。重建的南部4站点该年平均降水量437mm，为1736—1911年间最低的年份之一，仅次于1877年、1876年和1792年。值得一提的是，1743年夏季伴随干旱出现的遍及华北数省（直隶、山西、山东、河南）的炎夏天气，也可能是近700年中最严重的一次高温事件。②地方志中保存了大量反常高温的记录，如天津县“五月大旱，苦热，土石皆焦，桅顶金流，人多热死”③；高邑县“薰热难当，墙壁重阴亦炎如火灼，日中铅锡销化，人多暍死”④。类似“热死”“暍死”人的记录在整个华北平原境内均很普遍，从高温发生的日期来看，集中在农历五月下旬到六月上旬，比较有代表性的是五月二十八日（7月19日）至六月初六日（7月26日）。京师夏季同样酷热难当，“自五月末以来天气亢旱，且溽暑炎蒸，甚于往岁”⑤，朝廷为此拨专款进行救治，“九门内外街市人众恐受暑者多，着赏发内帑银一万两，分给九门，每门各一千两，正阳门二千两，豫备米水药物，以防病暍”⑥。根据张德二引用当时法国教士A. Gaubill的记录，“7月13日以来炎热已难于忍受，而且许多穷人和胖人死去的景况引起了普遍的惊慌。这些人往往突然死去，尔后在路上、街道、或室内被发现”，

① 张德二、G. Demaree：《1743年华北夏季极端高温——相对温暖气候背景下的历史炎夏事件研究》，《科学通报》2004年第21期。[法] 魏丕信著：《18世纪中国的官僚制度与荒政》，徐建青译，南京：江苏人民出版社，2003年。
② 张德二、G. Demaree：《1743年华北夏季极端高温——相对温暖气候背景下的历史炎夏事件研究》，《科学通报》2004年第21期。
③ 同治《续天津县志》卷1《祥异》，转引自张德二主编：《中国三千年气象记录总集》，第3册，第2346页。
④ 民国《高邑县志》卷10《故事》，《中国地方志集成·河北府县志辑》，第7册，第107页。
⑤《清高宗实录》卷194，乾隆八年六月丙辰，《清实录》，第11册，第491页。
⑥《清高宗实录》卷194，乾隆八年六月壬子，《清实录》，第11册，第486页。

“高官统计 7 月 14 日到 25 日北京近郊和城内已有 11 400 人死于炎热”。对教士使用的仪器观测温度记录进行折算，7 月 20 日至 25 日连续 6 天的温度都超过 40℃，其中 25 日达到 44.4℃，超过了 20 世纪两次夏季高温事件（分别发生在 1942 年和 1999 年）的温度极值。①这一高温干旱事件发生在小冰期中相对温暖的气候背景下，本身也反映了当时的温暖程度。

由《清实录》中的赈灾记录，可以整理得到本次旱灾的重灾区（清政府冬春赈济灾民银米的州县）集中于直隶东南部及鲁西北，涉及 11 个府（州）的 58 个州县。②为了给灾区筹措足够的赈济物资，朝廷组织下的粮食调度活动持续时间长达近一年，随着赈灾工作的推进可以分成几个主要阶段。

首先是围绕冬春季节的“大赈”③的粮食调度。还在旱情发展过程中的夏末秋初，乾隆帝察觉成灾已成定局，位于灾区中心的河间、天津米价昂贵，随即下谕：“查上年通仓存贮有口外采买备用之粟米，着先拨十万石运送天津。其何以分贮平粜赈恤，听总督高斌酌量办理。”④这是灾区获得的第一批赈粮。不久，直隶总督上奏本省灾情并筹备冬春赈务，预计大赈自十一月开始，持续至次年三月，在其开始之前只对“实在乏食饥口酌给口粮”（即摘赈）。⑤考虑到此次赈灾规模较大，朝廷很快下拨第二批赈粮 40 万石，仍从通州仓拨出，贮存在天津，用于大赈所需。⑥经过勘灾、审户等流程，直隶省制订了此次赈灾的预算，需要赈济的极贫、次贫灾民共计 189 万余口，如果银、米兼赈，普赈与大赈合计需米 57.5 万余石、银 86 万余两⑦，这样除朝廷调运的 50 万石仓米外，直隶只需自行筹措 7.5 万石米，从各地仓储中拨发即可。相比于直隶，同样是重灾区

---

① 张德二、G. Demaree：《1743 年华北夏季极端高温——相对温暖气候背景下的历史炎夏事件研究》，《科学通报》2004 年第 21 期，第 2206 页。

② 具体为：直隶的顺天（1）、保定（2）、冀州（2）、深州（4）、河间（11）、天津（7），山东的临清（2）、东昌（3）、济南（13）、武定（10），河南的卫辉（3），括号内为该府（州）重灾州县数量。

③ 清代赈济分为正赈（又称急赈、普赈，灾后即行抚恤，不分极、次贫民概赈一月）、大赈（区分极、次贫民和成灾分数于冬春季节发放赈济，如成灾十分，极贫从十一月起赈济 4 个月）、展赈（大赈结束后视需要延长赈期）等形式，此外还有摘赈（又称抽赈，在上述三类赈济之外，择应赈者赈之）。见李向军：《清代荒政研究》，第 32 页。

④《清高宗实录》卷 195，乾隆八年六月辛未（1743 年 8 月 9 日），《清实录》，第 11 册，第 502—503 页。由于本节中会讨论粮食调度的时效性，以下部分《清实录》引文将在农历日期后括注公历日期，以方便比较。

⑤《清高宗实录》卷 195，乾隆八年六月庚辰（1743 年 8 月 18 日），《清实录》，第 11 册，第 511—512 页。

⑥“据高斌奏称：被旱之地已经成灾，除先行酌量抚绥外，现在查明分别赈恤，照例于冬月开赈等语。朕思开赈之后需米必多，着仓场总督于通仓稄、粟各色米内再拨四十万石，于现拨十万石运完之后即行接运，务于八月内（10 月 16 日前）全数运津，令总督高斌分发各处水次就近挽运，接济冬间赈恤。”《清高宗实录》卷 196，乾隆八年七月戊子（1743 年 8 月 26 日），《清实录》，第 11 册，第 521—522 页。

⑦《清高宗实录》卷 201，乾隆八年九月己酉（1743 年 11 月 15 日），《清实录》，第 11 册，第 589 页。

的鲁西北获得的关照较为有限，朝廷认为本年冬季以山东省自身力量“赈给尚可敷用”，仅允许其截留本省当年漕粮 8 万石应对来年春季灾民“借粜之需”。①

接着是次年春季的展赈。由于直隶灾情较为严重，加上冬春季节降水仍然短缺，朝廷两次延长了赈期，各为期 1 个月，同时改变了之前银、米兼赈的方式，决定展赈“全给本色，更于民食有益”。这样赈济所需的粮食数量倍增，其来源更需仰赖朝廷调度。第一次展赈需米 30 万石，由“通仓内照数给发”②；第二次展赈则涉及多个来源，包括从运河北上的漕船中就地截留的 10 万石，从奉天采买的粟米 8 万石、高粱 7 万余石，以及从古北口外采买的米 3 万石③。对于鲁西北，朝廷则准其截留运往蓟州的 4.7 万石“陵糈”（清东陵工程及驻防官兵所需粮食，由山东、河南两省承担）及山东、河南起运漕粮 1 万余石，用于春季赈济；再从南方各省“北上粮船内截留漕米二十万石，分贮沿河临清、德州二仓，倘遇需用之时，即动拨接济”④。

此外还有一批间接用于赈灾的粮食。乾隆九年（1744 年）三月，直隶总督高斌上奏，直隶灾区常平仓谷在此前的赈灾过程中大量动用，此时已所剩无几，要求朝廷再截留 50 万石漕粮存贮于天津，以备不时之需。⑤这一要求得到了满足，朝廷随即从江西、湖广北上漕粮中截留 50 万石，贮天津北仓备用。⑥这批漕粮后续虽因旱灾结束而未直接用于放赈，但也补充了因赈灾而变得空虚的直隶仓储。

还在展赈期间，由于春夏降水仍缺，乾隆帝担心本年仍可能歉收，便未雨绸缪，分别密谕湖广、河南、四川、两江等地方督抚，要求他们在本省筹集一批粮食（动用仓储或采买），以备直隶后续赈灾所需。湖北、河南、四川各“豫备米麦或二十万石、或三十万石，若直隶需用之时，信到即速运送”⑦；“上下江两省（安徽、江苏）各豫备米麦十数万石”⑧。不过灾区很快普降透雨，旱情缓解，秋粮收获有望，这些粮食并未动用。

上述各批次由朝廷调度（拨发、截留、采买）运往灾区并用于赈灾的粮食（不包含地方仓储系统拨出部分）可以简要列表如下（表 4-1），

---

①《清高宗实录》卷 203，乾隆八年十月乙亥（1743 年 12 月 11 日），《清实录》，第 11 册，第 619 页。
②《清高宗实录》卷 211，乾隆九年二月丁卯（1744 年 4 月 1 日），《清实录》，第 11 册，第 711 页。
③《清高宗实录》卷 214，乾隆九年四月庚申（1744 年 5 月 24 日），《清实录》，第 11 册，第 750 页。
④《清高宗实录》卷 211，乾隆九年二月壬申（1744 年 4 月 6 日），《清实录》，第 11 册，第 713 页。
⑤《奏请于天津北仓再截留漕粮等事》，乾隆九年三月十九日，朱批奏折 04-01-35-1129-022，中国第一历史档案馆藏。
⑥《清高宗实录》卷 214，乾隆九年四月壬戌（1744 年 5 月 26 日），《清实录》，第 11 册，第 753 页。
⑦《清高宗实录》卷 215，乾隆九年四月癸亥（1744 年 5 月 27 日），《清实录》，第 11 册，第 754—755 页。
⑧《清高宗实录》卷 216，乾隆九年五月辛卯（1744 年 6 月 24 日），《清实录》，第 11 册，第 783 页。

根据这次旱灾中的粮食调度，可以总结几条清代兴盛阶段粮食调度的典型特征。

表 4-1　1743 年旱灾中的朝廷粮食调度

《清实录》记录时间（公历）	粮食数量	来源	去向	用途
1743 年 8 月 9 日	米 10 万石	通州仓	直隶灾区	冬春大赈
1743 年 8 月 26 日	米 40 万石	通州仓	直隶灾区	冬春大赈
1743 年 12 月 11 日	米 8 万石	山东漕粮	山东灾区	春季借粜
1744 年 4 月 1 日	米 30 万石	通州仓	直隶灾区	第一次展赈
1744 年 4 月 6 日	米 4.7 万石	运蓟陵糈	山东灾区	赈济借粜
1744 年 4 月 6 日	米 1 万石	山东、河南漕粮	山东灾区	赈济借粜
1744 年 4 月 6 日	米 20 万石	南方漕粮	山东灾区	赈济借粜
1744 年 5 月 24 日	米 10 万石	漕粮	直隶灾区	第二次展赈
1744 年 5 月 24 日	米 8 万石	奉天	直隶灾区	第二次展赈
1744 年 5 月 24 日	高粱 7 万石	奉天	直隶灾区	第二次展赈
1744 年 5 月 24 日	米 3 万石	古北口外	直隶灾区	第二次展赈
1744 年 5 月 26 日	米 50 万石	江西、湖广漕粮	直隶灾区	补充仓储

首先是力度大。上表各批次赈粮数量合计达到 191.7 万石，为清代之最，其中仅直隶省就获得赈粮 158 万石，这意味着 189 万直隶灾民平均每人就能获得近 1 石，可以满足至少半年生活所需。充裕的粮食数量保证了此次赈灾从灾害发生当年的农历八月一直持续至次年的五月，受灾最严重的极贫民户前后共接受 8 个月的放赈（普赈 1 个月、大赈 5 个月、展赈 2 个月），这在中国历史上是一次规模空前的赈灾活动。大规模的赈粮调度，是以良好的国家财政状况，特别是充盈的仓储为基础的。乾隆初年京、通二仓存粮数量虽较雍正年间有所下降，但也一直保持在上千万石①，漕运的畅通使得历年漕粮常有结余，本阶段中朝廷能够随时调拨数十万甚至上百万石仓粮、漕粮用于赈灾，也就不足为怪了。

其次是效率高。效率一方面体现在决策层面，另一方面体现在执行层面。此次救灾过程中，朝廷对灾情、民情的掌握一直比较具体，做出粮食调度的决策也往往比较及时。十一月开始的大赈，绝大部分粮食来源在六七月间就已解决；次年春季两次展赈，都是根据实际情况临时决策并立即下令；展赈尚未结束，又开始谋划灾情可能持续的赈务。直接负责赈务的直隶地方政府以及涉及的仓储、漕运等部门的执行也十分高效。如乾隆九

① 李文治、江太新：《清代漕运（修订版）》，第 43 页。

年（1744年）四月十三日皇帝临时决定五月继续加赈1个月，户部随即转直隶总督高斌，十七日后者即回奏，详细列出所需赈米总数和直隶目前掌握的各项米数，以及不足部分的解决办法（寻求邻省河南帮助）[①]，从而保证了十几天后的加赈执行到位。

再次是来源广。此次灾后赈粮有多种来源渠道，不同来源的赈粮在不同的阶段分别发挥了各自的作用。通州仓位于大运河终端，水路便利，调拨灵活，因此在筹备急赈和大赈时优先使用通州仓米；次年春季筹备展赈时，正逢各省漕粮沿运河一线迤逦北上，而此次重灾区多位于运河沿线，境内水网密布，随时截留漕粮发放是最为灵活且高效的办法，因此这一阶段的来源以漕粮为多；从口外、奉天低价采买余粮对于当时的直隶而言是一个较为经济而近便的渠道（后文还会论及），但购买、运输等环节耗时较久，难以救急，更多用于补充仓储，但到直隶第二次加赈时，这些粮食也得到集中使用。此外还可以从未受灾的省份组织调度，不过耗时更久，只能在灾情持续较久或后续补仓时予以考虑，此次旱灾中只有山东、河南未受灾的邻区提供的部分粮食及时运抵灾区并得到使用。[②]赈粮来源渠道的多元化，也是高效赈粮调度的重要保障。

1743年旱灾中的粮食调度展现了清代鼎盛时期政府救灾所能达到的高度，给整个清代树立了一个难以超越的标杆。此后数十年间，华北平原再未重现这一盛况。乾隆中期的几次灾害（如1761—1762年水灾、1771年水灾）中政府还是组织了较大规模的粮食调度，绝对数量虽有波动，但强度并未明显下降。只是到了晚期的1778年旱灾、1784—1786年旱灾中，粮食调度在数量和强度上均出现下滑。究其原因，一方面是这两次旱灾的重灾区都集中在华北平原的南部即冀鲁豫交界地带，距离京师较远，因此朝廷没有动用京通仓储，赈粮主要来自截留漕粮，这就难免受到漕粮过境时间的限制。如1778年发生春旱，三省冬小麦歉收，但此时漕粮大部已经北上，朝廷只能从“江西省尾后数帮之米”中分别截留给河南10万石[③]、直隶和山东各5万石[④]，无论数量还是时效性都打了折扣。另一方面，朝廷粮食调度能力也大不如前。如1785年旱情较重，朝廷也尽力组织了救灾，但赈粮来源仍只有截留漕粮一途，并且除山东夏季截留的

---

① 《奏为遵旨办理直省上年被灾地方加赈事》，乾隆九年四月十七日，朱批奏折04-01-01-0107-017，中国第一历史档案馆藏。

② 如前引《清高宗实录》乾隆八年十月乙亥条提到曾“拨运登（州）、莱（州）谷八万石”用于山东赈灾；上条脚注引高斌乾隆九年四月十七日奏折则提到，从河南彰德、卫辉二府向直隶运送的15万石仓谷可以动用。

③ 《清高宗实录》卷1061，乾隆四十三年闰六月甲申，《清实录》，第22册，第187页。

④ 《清高宗实录》卷1062，乾隆四十三年七月己丑，《清实录》，第22册，第190页。

20万石[①]和直隶秋季截留的10万石[②]漕粮来自其他省份，其余山东、河南本年获得的截留漕粮实际均来自本省应当征收起运的漕粮，属于“内部消化”。更有甚者，在批准山东将原定次年运往通州的米、豆20余万石留在本省救灾之后，乾隆帝紧接着指出：“此项米豆系正项漕粮，本应起运交通，若于该省截留，不为设法补运，则通仓存贮较少，于天庾正供有缺。……着该抚于明年秋收后……将前项截留给赈米豆照数采买，酌量兑交各帮船搭运赴通，以还正项。”[③]截留漕粮还需次年补还，侧面反映出此时朝廷掌握下的仓储已不如早年充裕。

第四节　区际联系：口外胜于关外

本阶段华北平原与边外地区之间的联系更趋密切，体现在活跃的人员与物资（特别是粮食）流动方面。口外（东蒙）与关外（奉天、吉林、黑龙江）虽同属边外，但华北平原与前者间的交流（特别是人口流动）明显较后者更为活跃。其间很重要的一个原因是清廷对于满、蒙地区实施了不同的封禁政策，封禁的执行力度也大不相同，这就导致在收益预期相近的前提下，迁入难度更小（且距离更近）、定居风险更低的口外对华北流民的吸引力比关外更强。

一、关外封禁收紧

乾隆帝继位不久、尚处在本阶段早期的1740年，朝廷发布了自“废除辽东招民开垦令以来对东北移民迁入最为严厉、最为具体的限制性措施”[④]，被许多研究者认为是东北地区正式采取封禁政策的开始。这项措施分为八款，涉及限制内地民人前往奉天[⑤]垦种定居的是前四款，具体

① “东省曹州、东昌等处雨泽愆期。……着于南粮头进在后各帮内截留二十万石，存贮济宁、聊城水次，以备应用。”（《清高宗实录》卷1230，乾隆五十年五月辛酉，《清实录》，第24册，第506页）

② “直隶需截之十万石，着刘峨酌量情形，总于已入东境北上之最后尾帮内照数截拨，令各州县前赴临清水次兑交。”（《清高宗实录》卷1235，乾隆五十年七月辛未，《清实录》，第24册，第599页）

③ 《清高宗实录》卷1242，乾隆五十年十一月丙辰，《清实录》，第24册，第707页。

④ 张士尊：《清代东北移民与社会变迁（1644—1911）》，长春：吉林人民出版社，2003年，第112页。

⑤ 此处“奉天”指奉天府尹的整个辖区，包括奉天府、锦州府，范围与盛京将军辖区大体重叠，乾隆年间开始有“奉天省”的说法，参见傅林祥、林涓、任玉雪，等著，周振鹤主编：《中国行政区划通史：清代卷》，第130—134页。

为：（1）“山海关出入之人必宜严禁”。内地民人按惯例只有“在奉天贸易及孤身佣工者”才许给“给与照票”放行出关，但这项规定日渐废弛，特别是歉收之年，携眷出关者亦大量放行，许多羁留不归，导致奉天“粮价日益增，风俗日益颓”，要求此后“凡携眷移居者，无论远近仍照旧例不准放出”，对关口稽查不严、或隐匿容留无票之人的官员，均须严厉追责。（2）“严禁商船携载多人”。考虑到“奉天所属地方海口”往来“商船原无禁约”，“此内山东、天津之船载人无数，每次回空，必携载多人”，如不禁止，“人知旱路难行，必致径由水路”，要求此后直隶、山东地方对前往奉天贸易商船所载人员、货物逐一写入照票，验明方可卸载。（3）奉天“稽查保甲宜严”。此前内地民人有许多未曾载入州县档册、纳入保甲，“不但地方不能肃清，征收地丁钱粮必多隐匿”，要求“无论旗民一体清查，除已入档者毋庸议外，其情愿入档者取结编入档册，不愿入档者即逐回原籍”。（4）“奉天空闲田地宜专令旗人垦种”。由于内地民人大量前往关外，“开垦日久，腴田皆被所据，满洲本业愈至废弛”，要求“将奉天旗地、民地交各地方官清查，……再行明白丈量，若仍有余田，俱归旗人，百姓人等禁其开垦”。①

封禁政策口径的收紧，主因是前往东北垦殖的内地民人日众，导致与旗人争夺土地资源的矛盾日深，需要以法令形式重申旗人对资源的“专利”特权。这些原则不仅限于奉天，柳条边以北的吉林、黑龙江也包括在内。但由于许多主客观因素的综合作用（如内地流民的压力、东北部分官员与旗人的私心），上述四项措施终乾隆一朝都未能得到彻底执行，甚至朝廷自身在执行中都时有妥协和调整之处。②奉天府从乾隆六年（1741年）开始有户口统计数据，本年人口 138 190，至 40 年后（1781 年）增至 390 914③，在可能有人口隐匿的情况下仍增长近 2 倍，年均增长率高达 26.3‰，这说明封禁政策并未完全阻断流民迁入。但换一个角度，即使存在人口隐匿问题，从绝对数量来看，乾隆朝向东北的移民规模也不会很大，这又说明封禁政策确实提升了内地民人移入的门槛。同时，考虑到从海路偷渡的难度低于陆路闯关，封禁对来自华北平原的流民（多走陆路）的限制作用显然要超过来自胶东半岛者（多走海路），因此前者在所有移民中所占比例也不会很高。与华北平原接壤的锦州府（地处辽西，流民出

① 《清高宗实录》卷 115，乾隆五年四月甲午，《清实录》，第 10 册，第 688—690 页。

② 刁书仁：《论乾隆朝清廷对东北的封禁政策》，《吉林大学社会科学学报》2002 年第 6 期。

③（清）阿桂、刘谨之等撰：《钦定盛京通志》卷 36《户口》，《景印文渊阁四库全书》，第 502 册，第 16 页。

山海关的第一站），1741—1781年间人口从221 432增至398 179[①]，年均增长率14.8‰，虽高于自然增长率，但远低于奉天府，也可以从侧面反映本阶段华北平原百姓向关外的迁徙并不活跃。

二、口外的价值：以1743年旱灾为例

在对所谓“龙兴之地”的东北颁布上述封禁严令的同时，对与锦州府仅一道边墙之隔的口外（热河与东蒙地区），清廷则仍然延续了上一阶段相对宽松的移民和垦殖政策。政策上的落差，客观上导致口内（华北平原）与口外之间的联系变得更加紧密。口外自上一阶段晚期就已逐步显现的对于缓解华北平原救灾压力的作用（容留灾民、余粮入口）此时显得更为突出。这两方面的作用在封禁令颁布之后不久发生的1743年旱灾中都可以看得很清楚。

首先是容留灾民。由于此次旱灾为春夏连旱，至夏秋之交的8月间，眼见夏粮歉收之后、秋粮又已无望，直隶南部和鲁西北的灾民开始纷纷外出，其中向北前往口外或关外就食或佣工是非常重要的一个方向。为此乾隆帝发布上谕，放松了长城各口的关禁：

> 本年天津、河间等处较旱，闻得两府所属失业流民闻知口外雨水调匀，均各前往就食，出喜峰口、古北口、山海关者颇多。各关口官弁等若仍照向例拦阻不准出口，伊等既在原籍失业离家，边口又不准放出，恐贫苦小民愈致狼狈。着行文密谕边口官弁等：如有贫民出口者，门上不必拦阻，即时放出，但不可将遵奉谕旨不禁伊等出口情节令众知之，最宜慎密。倘有声言令众得知，恐贫民成群结伙投往口外者愈致众多矣。着详悉晓谕各边口官弁等知之。[②]

这道谕旨反映出清廷在东北封禁政策执行上的摇摆，尽管“山海关出入之人必宜严禁”的命令颁布不过3年，但当有灾民麇集关门之前时，皇帝还是决定优先救灾，放松关禁，只是要求守关官兵“只做不说”。虽然谕旨中将喜峰口、古北口、山海关三处并列，但真正需要破例办理的实际上只有山海关一处，另两处前往口外的通道本就比较畅通。至次年初，华北平原仍有春旱之虞，流民潮再起时，乾隆又两次下令，明确将山海关单

---

① （清）阿桂、刘谨之等撰：《钦定盛京通志》卷36《户口》，《景印文渊阁四库全书》，第502册，第19页。
② 《清高宗实录》卷195，乾隆八年六月丁丑，《清实录》，第11册，第508页。

列："近来流民渐多，皆山东、河南、天津被灾穷民，前往口外八沟[1]等处耕种就食，并有出山海关者。山海关向经禁止，但目今流民不比寻常，若稽查过严，若辈恐无生路矣。大学士等可即遵旨寄字山海关一带各口并奉天将军，令其不必过严，稍为变通，以救灾黎。"[2]"上年直隶河间、天津，及河南、山东省，间有被灾州县。……被灾穷民闻口外年岁丰稔，有挈眷前往八沟等处耕种就食，并有出山海关者。该关向例禁止，……从前曾降旨密谕，宽其稽察。……（现在）冬春雨雪未能沾足，年岁之丰歉尚在未定，近见流民渐多。……可再密寄信山海关等各隘口……令其稍为变通。……不必过于盘诘，亦不必声张。"[3]这两道谕旨进一步说明，对于清廷而言，相对于"出山海关"这样明确违反禁令的行为，灾民"挈眷前往八沟等处耕种就食"几乎已是习以为常的灾后现象，实际并不需要特意要求破例放行。就人数来说，也是以出口者为主，出关者所占比例并不高。

朝廷既然开了方便之门，京师收容、救济流民的压力随之减轻。这年秋季，一则请求抚恤京师外来流民的奏折中提到："此等流民俱系直隶河间、天津、深（州）、冀（州）等处及山东武定、济南、东昌等处民人，因本处秋成无望，或出外佣工、依亲糊口，或本有家业，为避荒计，挈家四出谋生。由京出口者甚多，而留住京师之人亦十之二三，半月来日积日众。……乘天气不甚寒冷之时，……按程给路费，递行押送回籍……不愿回籍之人，听于五城饭厂存养，俟明岁春融，另行设法遣送。"[4]可见，流民更多的选择是"由京出口"，留住京师的不过"十之二三"。经过官府的遣送，滞留京师的流民进一步减少，到年底时，"京城外来流民，除陆续资送回籍外，现在五城十厂约三千余名口"[5]，"较之雍正二三年数至盈万者，尚为减少"[6]。

至1744年夏普降透雨，旱情彻底缓解之后，清廷对外出灾民的态度是鼓励其回籍耕种，但并不勉强："本年春间有旨，流民不必资送回籍，以遂其资生之路。今既雨泽沾足，究不若归而谋食之为是……凡流民有愿回籍耕种者，着地方官即行善为资送，亦不必强民之所不欲也。"[7]"从

① 即1729年设置的八沟厅，1778年改为平泉州（今河北平泉）。
②《清高宗实录》卷208，乾隆九年正月癸巳，《清实录》，第11册，第685页。
③《清高宗实录》卷209，乾隆九年正月癸卯，《清实录》，第11册，第692页。
④《清高宗实录》卷197，乾隆八年七月辛丑，《清实录》，第11册，第529—530页。
⑤《清高宗实录》卷204，乾隆八年十一月戊子，《清实录》，第11册，第631页。
⑥《清高宗实录》卷205，乾隆八年十一月己酉，《清实录》，第11册，第647页。
⑦《清高宗实录》卷217，乾隆九年五月丙申，《清实录》，第11册，第790页。

前畿辅缺雨，内地贫民出口谋食者甚多。今直隶各处已得透雨，秋田悉可布种，所有出口民人不若归而谋食之为是。着高斌转饬热河等处官弁通行晓谕，若有情愿回籍而力量不能者，即行资送；其在外可以佣工度日，不愿回籍者，亦不必强。”①

由上面记录推算，此次旱灾中出口谋生的华北平原贫民当不下数万，而其中相当一部分人，又在清政府的政策默许下得以在口外定居，这样活跃的人口流动，对缓解华北平原社会的救灾和人口压力，无疑大有裨益。

其次是余粮入口。上一章中提到，康熙末期，来自口外的余粮已经成为京城粮食市场的重要调剂；到了乾隆年间，口外余粮的输入规模更大，开始在口内救灾活动中发挥重要作用，或直接用于赈灾，或用于填补因赈灾造成的仓储亏空。1743 年旱灾初起时，第一批拨运灾区的粟米 10 万石虽是由通州仓拨出，但追溯源头，实际上是上一年于口外采购，用来填补拨运江南（江苏、安徽两省合称）漕粮缺额的一批粮食。②上文表 4-1 所列朝廷调度运往灾区的粮食中，与口外相关的还有两批：1744 年春季山东截留并拨给鲁西北灾区的 4.7 万石陵稭，其缺额系由古北口外八沟等处采买粮食补足，就近运往蓟州等处③；春夏之交直隶第二次展赈中筹集的粮食，亦有 3 万石系口外采购之米。这些粮食都是朝廷直接组织采买并集中动用的，民间商贩分散采买的尚不在其内。

此次旱灾过程中，对于口外粮食采买事宜，乾隆帝的态度前后也有变化。旱灾初起时，直隶总督高斌便援引上年之例，请准往古北口外买米，且基于上年采买 14.7 万石粮食（包括上述 10 万石漕粮缺额及陵稭 4.7 万石）都“并无缺乏难买及运送不便之处”的经验，对本年可以采购的粮食数量估计较为乐观（“或二十余万石，或三十万石”）。④乾隆帝虽然批准，但有所保留：“应如所请，……第口外收成现在尚无确数，前项米石可否买至二三十万之多，不致价昂妨民，令该督临时确访民情酌办。”⑤但到年末时，高斌发现口外粮价持续走高（粟米“每石需银八钱上下”），

---

①《清高宗实录》卷 217，乾隆九年五月庚子，《清实录》，第 11 册，第 794 页。

②“山东、河南各拨来年运通漕米五万石运江，仍于直隶司库动项，赴古北口外照数采买运通，以补东、豫漕额。”（《清高宗实录》卷 176，乾隆七年十月丁亥，《清实录》，第 11 册，第 263 页）“上年通仓存贮有口外采买备用之粟米，着先拨十万石运送天津。”（《清高宗实录》卷 195，乾隆八年六月辛未，《清实录》，第 11 册，第 502 页）

③“直隶提督保祝奏：豫、东两省应运陵稭四万七千余石，请将八沟所买四万石就近拨运蓟州供用，不敷再将唐三营等处采买米照数拨足，……挽运既易，脚价可减。”（《清高宗实录》卷 211，乾隆九年二月乙丑，《清实录》，第 11 册，第 709—710 页）

④《奏报遵旨酌筹口外买米事宜及采办赈米缘由事》，乾隆八年七月初七日，朱批奏折 04-01-35-1126-014，中国第一历史档案馆藏。

⑤《清高宗实录》卷 196，乾隆八年七月辛卯，《清实录》，第 11 册，第 523 页。

加上运费与口内已不相上下，达不到利用差价平粜的目的，因此上奏请示是否停买。[①]而此时乾隆帝又有不同看法："口外之米每至春初价平，况又有停买之信，奸商必不囤积。若此时得买，不拘多少，总属有益，……务期多得米粮以为备用。至于前岁平减之价，原不可为常，纵眼前稍觉浮多，及至需用之时，仍得其济，不必拘拘较量锱铢也。"[②]从担心"价昂妨民"，到鼓励"务期多得米粮"，乾隆态度的转变，自然与旱情加重有关。收到谕旨之后，地方官员即加紧办理采买事宜，最终买到的 7 万余石粮食，果然在后续赈灾中分别派上了用场。

本年口外虽获丰收，但粮价可能因受口内灾情影响而上涨，因而政府集中采买的规模不如上年。尽管如此，仍可以看到口外余粮对于口内的重要意义。当灾情严重时，可以不计成本地尽量采买口外粮食用于赈灾（如此次旱灾中）；而粮价平减时，又可以充分利用差价，大量采买用于平粜、补仓（如 1742 年）。地理空间上的邻近，使来自口外的余粮可以比较灵活地运往口内需要之处，如此次旱灾中拨往蓟州，河南、山东的陵糈便可以就地截留，从而大大提升了救灾效率。

三、对蒙地的封禁及其效果

直隶长城各口以北地区本为蒙古游牧地，但自清初以来，经过旗地圈占与流民垦殖，这里逐渐演变为旗、蒙、民三方杂处的局面，行政管辖关系与土地所有状况均变得十分复杂。垦辟的农田早期主要为旗地与蒙地两大类，其中旗地多在边墙以外就近圈占，而以古北口外的热河（承德）周边的滦河流域最为集中，北至围场、南至边墙，"凡有平坦可耕之区，悉系旗地"[③]；蒙地则属蒙古各盟旗所有，虽有雍正初年的"借地养民"政策，但也只允许蒙古将土地租佃给汉民耕种，并不改变土地所有权。至乾隆初年，口外在旗地与蒙地之外，又出现了不少"民地"。其中一部分为大块圈占旗地边角间隙的零星荒地，因雍正十年（1732 年）曾有旨"听民认垦输粮"而被出口汉民垦辟，乾隆七年（1742 年）曾有动议将这些民地重新圈占拨给旗人，但据乾隆九年（1744 年）初直隶总督高斌上报的清查结果，口外民地总计不过 2900 余顷，而地段多达 104 000 余段，

---

① 《奏报采买奉天米石及截留东豫漕米以资天津等处粜借事》，乾隆八年十二月十九日，朱批奏折 04-01-35-1128-028，中国第一历史档案馆藏。

② 《清高宗实录》卷 208，乾隆九年正月癸巳，《清实录》，第 11 册，第 685 页。

③ 《清高宗实录》卷 210，乾隆九年二月壬子，《清实录》，第 11 册，第 698 页。

“每段二三分至四五亩不等，散布山巅溪曲”，重新圈占“未见有益于旗人而先已大累于民户”①，因此最终撤销动议，再次确认了这些民地的合法地位。而在蒙古各盟旗境内，特别是靠近边墙的卓索图盟（下辖喀喇沁左、中、右翼三旗和土默特左、右翼两旗），因大量汉民涌入垦种定居，开始出现蒙人将土地典卖给汉民的情况，这便引发了乾隆十三年（1748年）开始的对蒙古各旗境内居住民人、开垦田地的集中清查。

根据清查结果，当时卓盟境内蒙地典卖规模已经很大，土默特右翼旗境内有1643.3顷，喀喇沁左翼旗有400.8顷，喀喇沁中旗有431.8顷，合计有24余万亩蒙地的所有权发生转换，对此清廷强令“民人所典蒙古地亩，应计所典年分，以次给还原主”②。而租佃耕种蒙地数量更远超此数，从喀喇沁扎萨克衙门所存蒙文档案来看，仅喀喇沁中旗境内，1748年就有种地民人42 924口，开垦地亩7741.06顷。③照此推算，整个卓盟境内民人可达十余万，甚至更多。至次年（1749年），清廷进一步下令：“喀喇沁、土默特、敖汉、翁牛特等旗，除现存民人外，嗣后毋许再行容留民人多垦地亩，及将地亩典给民人。”同时制订一系列措施，如定期巡查、加强稽查、惩治违规蒙人和汉民，对上述禁令进行保障。④乾隆帝曾发布上谕，解释封禁蒙地的政策考虑：

> 蒙古旧俗择水草地游牧以孳牲畜，非若内地民人倚赖种地也。康熙年间喀喇沁扎萨克等地方宽广，每招募民人，春令出口种地，冬则遣回。于是蒙古贪得租之利，容留外来民人，迄今多至数万，渐将地亩贱价出典，因而游牧地窄，至失本业。朕前特派大臣，将蒙古典与民人地亩查明，分别年限赎回，徐令民人归赴原处。盖怜恤蒙古，使复旧业，乃伊等意欲不还原价而得所典之地，殊不思民亦朕之赤子，岂有因蒙古致累民人之理。且恐所得之地仍复贱价出典，则该蒙古等生计永不能复矣。着晓谕该扎萨克等严饬所属，嗣后将容留民人居住、增垦地亩者严行禁止，至翁牛特、巴林、克什克腾、阿噜科尔沁、敖汉等处，亦应严禁出典开垦，并晓示察哈尔八旗一体遵照。⑤

---

①《奏为遵旨复奏查明古北口外等处民人垦种地亩缘由事》，乾隆九年正月二十八日，朱批奏折04-01-22-0018-019，中国第一历史档案馆藏。

②《清会典事例》卷979《理藩院・耕牧・耕种地亩》，第10册，第1130页。

③ 珠飒：《喀喇沁札萨克衙门档案与移民史研究——以早期汉族移民管理与移民稽查制度为中心》，齐木德道尔吉，宝音德力根主编：《蒙古史研究》（第九辑），呼和浩特：内蒙古大学出版社，2007年，第223页。

④《清会典事例》卷979《理藩院・耕牧・耕种地亩》，第10册，第1130、1131页。

⑤《清高宗实录》卷348，乾隆十四年九月丁未，《清实录》，第13册，第799页。

可见清查各旗境内民人、田地，起因是土地所有权纠纷。蒙古王公贵族及一般牧民先是大量典卖土地给汉民，发生纠纷后又希望由朝廷出面重申其特权，以压迫汉民让步，低价甚至无偿将土地赎回。乾隆帝担心这样的事此后反复发生，干脆规定此后蒙地一律不得增垦和典卖。更深层次的原因则与封禁东北类似，大量汉族百姓涌入蒙古地区，势必对当地社会经济文化各方面构成巨大冲击，导致蒙古游牧文化逐渐居于劣势，这是清朝统治者所不愿见到的。相比于康雍时期乐观其成的态度，清廷此时对于是否继续在蒙古地区推行农垦的立场有所动摇。但来自多方面的因素又决定了这一封禁政策事实上并不会得到严格执行。

首先，朝廷仍然将口外视为口内的“灾害缓冲区”，发生自然灾害时其容留逃荒灾民的作用仍然显著。1743 年旱灾中，乾隆帝连刚刚颁布的东北封禁令尚且不惜放松，可以想见，在类似情况下，更不会紧闭通往口外的大门。如 1774 年，直隶南部和鲁西北一带发生旱灾，进出京师的道路“往来俱见有男妇扶携出口者”，乾隆帝认为“歉收地方男妇出外求食，乃北省之常，如直隶山东贫民赴口外种地觅食，借以滋生者甚多”，“地方官非惟不必拦，亦不必讳”。[①]可见灾年放松出口限制的政策并未改变，官员甚至不必请示即可放流民出口。

其次，口外地区旗地、民地、蒙地交错分布的复杂形势，决定了朝廷无法制订划一的政策进行管理，也很难通过加强关口稽查来阻止流民进入蒙地。旗地虽为旗人所有，但很多都是租佃给汉民耕种，朝廷并未真正禁止，封禁既然仅限于蒙地，也就无法阻止流民以“佣耕”等理由出口；民地的存在更是为汉民前往口外开垦、定居提供了合法依据。事实上朝廷也从未如封禁东北那样制订严格的关口稽查规则，虽曾在乾隆十一年（1746 年）、十五年（1750 年）两次对喜峰口等通往口外的通道下令加强稽查，但都是为了配合对奉天的封禁，防止流民通过口外越边进入奉天。[②]

再次，既然无法阻止流民出口并偷入蒙旗境内，要达成“容留民人居住、增垦地亩者严行禁止”的目标，就只能加强对现有民人、已垦土地的管理，但效果仍然不佳。蒙古方面，决定由理藩院每两年一次，选派司官

---

① 《清高宗实录》卷 967，乾隆三十九年九月己巳，《清实录》，第 20 册，第 1150 页。

② “出边道路除山海关外尚有喜峰口等十五处，向来商贩往来，并无给票放行之例，稽查未为严密，或有流寓之人夹杂偷越，亦未可定。……亦照山海关之例，令守口官弁会同各该地方官逐项查询，给票放行。……一切外来商贩，执票赴奉者俱令从山海关出口，不准由此经行。”（《清高宗实录》卷 261，乾隆十一年三月甲午，《清实录》，第 12 册，第 387 页）“嗣后内地流民，应令旗民地方官，于奉天沿海一带严行稽查，……再山海关、喜峰口等处及九处（柳条）边门，俱责该管章京及州县严禁。”（《清高宗实录》卷 356，乾隆十五年正月乙卯，《清实录》，第 13 册，917 页）

二人前往，会同地方官巡查有无容留开垦及典卖土地的违禁行为[①]；汉民方面，由热河道及理民官定期巡查，“蒙古界内种地民人亦一体编次，给与门牌，按现在各户，务使岁有减汰，不许增新”[②]。但上述稽查制度实际并未执行，珠飒整理的喀喇沁扎萨克衙门档案显示，喀喇沁右翼旗乾隆十三年（1748年）清查出民人30 541口、佃种地亩5888.05顷之后，一直到乾隆四十二年（1777年）这两个数字都未发生变化，此后地亩数稍有变动，而人口数则一直沿用至嘉庆十八年（1813年）；喀喇沁中旗也是如此，将同样的统计数字反复上报。[③]这说明自乾隆十三年后，当地再未对汉民居住和蒙地开垦情况进行过清查。蒙古地方辽阔，居民分散不易确查固然是一个原因，但更大的可能则是蒙古王公贵族出于租佃土地获利的私心，对于定期稽查并不积极；反复上报乾隆十三年的清查数字，不过是为了表示本地确实遵守禁令，不曾“容留民人、增垦地亩”而已。

从本阶段口外的行政区划调整来看，其活跃程度仅次于清末，而远高于清代任何一个时段。其中与内蒙古东三盟相关的政区设置，最早是八沟厅（1729年），之后是塔子沟厅（1740年），蒙地封禁开始实施时卓盟境内的民人主要由这两厅管辖。到1774年，又设置三座塔、乌兰哈达两厅，反映人口数量和农垦规模的进一步扩大。特别是后者的设立，标志当时东蒙境内的垦殖热点已经向北延伸至昭乌达盟境内（涉及翁牛特右翼旗、克什克腾旗，甚至更远的敖汉、奈曼等旗）。至1778年，上述四厅分别改名平泉、建昌、朝阳、赤峰，纳入承德府管辖之下。行政建制的州县化改革，是农业经济发展、定居人口增多的结果。如平泉州（八沟厅）主要包含喀喇沁右翼和中旗境，乾隆四十七年（1782年）人口统计数字为15 4308[④]，而乾隆十三年这两旗调查人口数字合计为73 465，30余年间增长一倍有余，年均增长率高达22.1‰，即使乾隆四十七年的人口数字并非全为两旗境内佃种蒙地者（州境内还有旗地与民地），其增速也应显著高出自然增长率。无论是农垦范围的扩大还是人口的快速增加，都从侧面印证了清廷封禁蒙地的政策执行力度有限，本阶段口内向蒙旗境内的移民垦殖活动仍相当活跃，而清政府的后续政区调整，也代表了其对这一现实的承认。

---

① 《清会典事例》卷979《理藩院·耕牧·耕种地亩》，第10册，第1130页。
② 《清高宗实录》卷430，乾隆十八年正月戊辰，《清实录》，第14册，第624页。
③ 珠飒：《18—20世纪初东部内蒙古农耕村落化研究》，第35—42页。
④ （清）和珅、梁国治等撰：《钦定热河志》卷91《食货·户口》，《景印文渊阁四库全书》，第496册，第431页。

四、口内外互动的气候背景

本阶段口内与口外的活跃互动关系与当时的气候背景密不可分。对于口外这样纬度与海拔均比较高，热量资源相对不足的农牧过渡地带，稳定的温暖气候对农垦活动的开展十分有利。从文献记载来看，至少有3个方面的好处。

（1）宜农地域的扩展

气候增暖的影响不仅体现在水平方向上农牧界线的向北移动，也体现在垂直方向上耕地的向上拓展。由于积温增加、无霜期缩短，不仅河谷、平原等水热条件较好的区域优先得到开发，那些海拔相对较高的山地随着气候增暖也能得到充分利用，带来耕地面积的进一步扩展。前文提到乾隆九年（1744年）初上报的口外民地清理结果，多达10万余块的民地广泛散布于“山巅溪曲”，固然反映了汉民在口外从事农垦的艰难，换一个角度来看，也正是当时适宜的气候背景，使得这些原本耕作条件不佳的“劣地”“隙地”变得有利可图。乾隆《热河志》中收入了乾隆帝不同时期的多首吟咏“山田”的诗作，例如：“禾黍芃芃遍岭巅，停鞭欣看有秋年。版图可识同遐迩，塞外荒山尽辟田（1741年）。”“山田率有收，其说颇尝试。陂陀易疏泄，霖雨无忧积。气润蒸雾露，便旱犹沾洎。所以其生谷，短茎而硕穗（1747年）。”“山田不愁旱，恒有阵雨过。山田不愁涝，就下流溪河（1754年）。”[①]由于当时气候较为温暖、湿润，山地易遭冷害、干旱的弱点得以避免，相比平原、河谷地反而体现出不易受涝的优势，因而在口外得到广泛开垦。

（2）作物种类的丰富

根据康熙四十二年（1703年）汪灏随康熙帝出塞的见闻，此时武烈河（热河）两岸“皆有皇庄”，种植的主要作物有7种，“小黍、高粱、黍子、糜子、稗子、豆、荞麦”，基本都是耐寒、耐旱类作物[②]，代表了口外农垦开展早期的作物组合。至乾隆晚期《热河志》成书时，承德周边的作物品种已经相当丰富，粮食作物中，除了常见的粟（小米）、黍（黄米）、蜀黍（高粱）、大麦、荞麦、豆类之外，喜温喜湿的水稻、美洲作物玉蜀黍（玉米）也已得到引种，其中最值得一提的是冬小麦。[③]

---

① （清）和珅、梁国治等撰：《钦定热河志》卷92《物产》，《景印文渊阁四库全书》，第496册，第437—439页。

② （清）汪灏：《随銮纪恩》，毕奥南整理：《清代蒙古游记选辑三十四种》（上册），北京：东方出版社，2015年，第283页。

③ （清）和珅、梁国治等撰：《钦定热河志》卷92《物产》，《景印文渊阁四库全书》，第496册，第432—437页。

冬小麦的种植北界受到气候变迁与生产条件的共同作用，历史时期曾在长城一线南北不断变动。[①]18世纪初汪灏所记当地主要作物中尚无小麦，至迟到康熙五十四年（1715年），避暑山庄中已有冬小麦种植，康熙帝《刈麦记》提到这一年“夏六月小暑（7月8日）乃苑中刈麦之候”，从收获日期可以确定为冬小麦。[②]如果说这条记载尚只能作为特殊案例（仅在御苑种植），不能反映当时的普遍现象，到乾隆年间，口外冬小麦种植范围已经很广，产量颇为可观。乾隆帝写于口外的两首《麦收》诗可以为证：“山田报麦收，候迟将半月。场圃见高囷，稴穗仍贻厥（1763年）。”“关外较关内，麦收迟半月。寒暄殊致然，验农不容忽。阅堤偶野行，崇墉见兀兀。稔获关内同，村舍饱面饽（1772年）。”[③]

对比现代冬小麦北界的变动情况：20世纪30年代，长城以北的冀北、热河地区已无冬小麦种植，原因可能与晚清以来的气候转冷有关；50年代华北长城沿线种植冬小麦获得成功，此后直到70年代前期，种植北界持续北移；70年代末、80年代初北方连续遭受严重冻害，北界又有所后退，但承德境内仍有种植，冬小麦北界相比50年代还是向北推进了100多千米；在80年代的北方冬小麦冻害农业气候区划方案中，承德周边属于最严重的5级冻害区，是气候条件勉强允许种植冬小麦的临界地带。[④]重建温度序列显示，18世纪大部分时间里气候温暖程度与20世纪50—70年代相近，冬小麦的种植北界也应比较接近。对于这样的临界地带，冬小麦能够稳定越冬便成为关键，一旦出现类似20世纪70年代末的严重冻害，便可能对后续一段时间内的冬小麦种植构成毁灭性打击，而从18世纪口外冬小麦种植稳步推广的情况来看，这里的气候状况不仅温暖，而且具有较好的稳定性。

（3）粮食生产的稳定

稳定的气候状况也有利于口外粮食作物收成的稳定，不至于出现过大的波动。由于口外余粮对口内具有重要意义，《清实录》中有许多口外农业、收成相关记录。从中提取清代关于口外丰收的记录[⑤]，整理为表4-2。

---

① 满志敏、杨煜达：《中世纪温暖期升温影响中国东部地区自然环境的文献证据》，《第四纪研究》2014年第6期。

②（清）和珅、梁国治等撰：《钦定热河志》卷92《物产》，《景印文渊阁四库全书》，第496册，第433页。

③（清）和珅、梁国治等撰：《钦定热河志》卷92《物产》，《景印文渊阁四库全书》，第496册，第434页。

④ 郑大玮、龚绍先、郑维等，编著：《冬小麦冻害及其防御》，北京：气象出版社，1985年，第200—201、243—245页。

⑤《清实录》中所谓“口外”在不同语境下指向不同的地域，一切边口之外的区域均可称为口外。此处只提取其中专指张家口、古北口、喜峰口等口以外的承德（热河）及内蒙古东部地区的记录。

表 4-2　《清实录》口外丰收记录

年份	记录	出处
1703	今岁口外田谷大收，口内各处田禾俱属平常。	《清圣祖实录》卷 212，康熙四十二年七月己巳，《清实录》，第 6 册，第 156 页。
1725	今年夏秋直隶地方雨水过多，……连岁口外收成颇好，朕曾降旨，进口粜卖米粮不得禁止。	《清世宗实录》卷 35，雍正三年八月癸未，《清实录》，第 7 册，第 532 页。
1738	今年畿辅地方收成有歉薄之处，而口外年谷顺成，颇称丰稔，昨已降旨准商人出口往来贩运，以资接济。	《清高宗实录》卷 77，乾隆三年九月丙寅，《清实录》，第 10 册，第 211 页。
1739	今岁口外收成较之往岁倍为丰稔，八沟等处民间杂粮甚多，艰于出粜。	《清高宗实录》卷 103，乾隆四年十月丁酉，《清实录》，第 10 册，第 551 页。
1742	今年直隶古北口地方收成甚属丰稔。……黑豆一项今年亦属丰收。	《清高宗实录》卷 174，乾隆七年九月庚午，《清实录》，第 11 册，第 240 页。
1743	口外地方连年丰收，请于各该处添建仓廒收贮。	《清高宗实录》卷 195，乾隆八年六月庚辰，《清实录》，第 11 册，第 512 页。
1746	张（家口）、独（石口）二口外，现在丰收，亦可分买五万石。	《清高宗实录》卷 273，乾隆十一年八月辛巳，《清实录》，第 12 册，第 561 页。
1747	今岁热河、八沟一带均属丰收，谷价平减。	《清高宗实录》卷 295，乾隆十二年七月癸丑，《清实录》，第 12 册，第 867 页。
1751	①（直隶）通省计之，较上年秋成，可望丰稔有加。 ②兹闻八沟米贱，请买供陵糈。	①《清高宗实录》卷 395，乾隆十六年七月癸巳，《清实录》，第 14 册，第 198 页。 ②《清高宗实录》卷 403，乾隆十六年十一月壬辰，《清实录》，第 14 册，第 302 页。
1760	本年热河各属及蒙古地方田禾丰收，口外八沟、四旗等处粟米更为充裕。	《清高宗实录》卷 623，乾隆二十五年十月庚子，《清实录》，第 16 册，第 1005 页。
1761	今年古北口外秋成大稔，而内地将来赈借，需用米谷正多，宜乘时购备。	《清高宗实录》卷 642，乾隆二十六年八月甲戌，《清实录》，第 17 册，第 178—179 页。
1784	古北口外热河一带收成丰稔，米价平减。	《清高宗实录》卷 1221，乾隆四十九年十二月壬寅，《清实录》，第 24 册，第 376—377 页。
1792	今年关东盛京及土默特、喀尔沁、敖汉、八沟、三座塔一带均属丰收。	《清高宗实录》卷 1408，乾隆五十七年七月辛丑，《清实录》，第 26 册，第 924 页。
1856	热河一带地方连年丰稔，粮价平减。	《清文宗实录》卷 192，咸丰六年三月丙寅，《清实录》，第 43 册，第 74 页。

《清实录》中提到口外丰收的记录相当集中地出现在 18 世纪，特别是乾隆一朝。14 个丰收年份中乾隆朝占了 11 个，而其中 9 个集中在 1738—1761 年的短短 20 余年中。这一现象并非偶然，适宜的气候是口外持续丰产的必要条件。由于地形、降水等方面因素作用，有时口内发生水旱灾害时，这里仍然能获得丰收，这就进一步凸显了其在社会灾害响应中的价值，如 1743 年旱灾中所表现的那样。

不过，从表 4-2 记录我们还可以得出一个推测，即朝廷对口外收成的关注程度，可能与其作为余粮产地的地位成正比。乾隆在位前期是口外丰收记录最集中的时段，也是当地粮食生产最兴盛，能够给口内提供余粮最多的时段。但随着当地人口的增多、农业开发日趋饱和，生产效率必然下降，余粮会越来越少，粮价则越来越高。当其逐步失去对口内的价格优势时，朝廷的关注度也会随之下降。以1784—1786年旱灾为例，乾隆四十九年（1784年）口内已有局域旱灾，口外则获得丰收，这年冬季直隶总督刘峨上奏“古北口仓贮不敷，请于北仓漕米内拨给米一万石，以为五十年夏秋二季兵米之需”，引起乾隆帝的质疑，认为既然口外“米价平减”，为何不就近在口外采买，而要舍近求远，从天津北仓转运。①刘峨对此的解释是：“承德府并所属一州五县本年虽属丰收，而朝阳、建昌、赤峰等县相距甚远，其余各属现有买补本境粮额暨代买承德府备贮米石，均未便令其采买。”②即使在丰收的情况下，补齐本地仓储之余，连古北口1万石军粮都无法提供，可见当时口外余粮已不充裕，与1742年一次采买近15万石的盛况不可同日而语。

尽管本阶段末期的口外已隐然现出颓势，但在大部分时间里，口内、口外之间的联系还是相当密切，人口、物资交流（流民出口、余粮入口）十分活跃。自康熙晚期以来，朝廷一直将口外视为畿辅地区释放人口和救灾压力的重要缓冲地带，尽管一度颁布针对蒙地的封禁令，但从未真正限制流民出口，特别是在口内发生自然灾害的情况下。作为口内流民的主要接纳者，东蒙各旗的态度一度有所反复，但总体而言还是无法舍弃发展农垦的好处（既可以提升蒙古社会面对灾害的抵御能力，又使王公贵族们有利可图），因此对于乾隆十三年（1748年）颁布的禁令，蒙人更看重的是其对蒙地所有权的重新认定（只许租佃，典卖者严令赎回），但对不得“容留民人、增垦地亩”则并未认真遵守。对于来自华北平原的流民而言，前往关外路途遥远且封禁严厉，空间邻近且更加开放的口外地区无疑是一个理想的迁徙去处，无论是短期佣耕，还是长期拓垦，都可获得不少机会。尽管这里地处燕山腹地，开展农业的条件不如平原地区，但有利的气候条件让在当地从事农垦变得更加有利可图。由于吸纳了大量流民，口外农垦在很短的时间里兴盛起来，并在18世纪大部分时间里成为口内重要的粮食供给地，在救荒中扮演了重要角色。相比之下，本阶段东北（奉天、吉林、黑龙江）吸纳来自华北平原的流民为数有限，其对关内的意义更多体现在余粮输入方面，一般朝廷会在发生灾荒时组织官船前往奉天集

① 《清高宗实录》卷1221，乾隆四十九年十二月壬寅，《清实录》，第24册，第376—377页。

② 《清高宗实录》卷1222，乾隆五十年正月戊午，《清实录》，第24册，第390页。

中采买粮食（如1743年旱灾中一次使用奉天粟米和高粱15万石），并适当放松海禁，允许民间商贩往来贩运。尽管用于赈灾的时效性略逊于口外，但奉天的余粮输入规模更大、价格更低，对于灾后平抑物价和补充仓储都很有好处。

第五节　灾害对社会的影响与救灾的缓冲作用

在重建的描述社会生态各方面状况的逐年尺度指标序列中，挑选秋粮歉收指数（粮食生产）、朝廷粮食调度数量（粮食供给）、饥荒指数（粮食消费）、煮赈记录频次（人口迁徙）、动乱事件频次（社会稳定）5条序列，在1731—1790年时段分别与水灾、旱灾及总的灾害指数序列做Pearson相关分析，观察灾害在不同社会层次上的影响及其传递路径（表4-3），从中可知：

（1）相比于水灾，旱灾对华北平原社会的影响更为显著。灾害指数（水旱指数之和）与歉收、粮食调度、饥荒以及煮赈都存在显著的正相关关系，反映自然灾害对社会不同层面产生了广泛的影响。这其中，水灾只与歉收存在显著相关，且相关系数不高；而旱灾则与歉收、粮食调度、饥荒都呈显著正相关，说明旱灾产生的社会影响在深度和广度方面都明显高于水灾。无论水灾还是旱灾指数，都与煮赈、动乱之间不存在显著的相关关系；灾害指数则只与煮赈显著正相关，而与动乱相关性不显著，这说明本阶段灾害影响主要停留在粮食安全层面（生产、供给、消费），并对人口短期迁徙（反映为京城煮赈）存在一定程度影响，而对社会动乱的直接触发作用不明显。

（2）粮食收成在灾害影响传递路径上是一个承前启后的环节。秋粮歉收指数既与自然系统中的灾害（水灾、旱灾）指数显著相关，又与社会系统中的歉收、粮食调度和饥荒显著相关，说明水旱灾害主要通过影响粮食生产来对社会生态其他方面产生影响。

（3）朝廷粮食调度对灾害的响应比较及时。粮食调度数量与秋粮歉收指数的相关系数达到0.72，有力的赈济措施（直接发放粮食）可以在相当程度上缓解灾后粮食供给的不足，从而抑制灾害影响进一步向其他层次传递。

（4）区域内流民问题不严重。京城煮赈频次序列与灾害、歉收、饥荒显著相关，与社会动乱关系不显著，反映区内人口迁徙的动因比较单纯，并可以通过加强赈济、收容得到缓解，不会威胁社会稳定性。社会动乱频次序列低平，且与所有序列都无显著相关关系，说明本阶段社会秩序较为稳定，不多的动乱也很少是由灾害及其导致的歉收和饥荒所直接触发。

表 4-3　1731—1790 年水旱灾害与社会生态指标序列相关系数表

相关系数	水灾指数	旱灾指数	灾害指数	秋粮歉收指数	粮食调度数量	饥荒指数	煮赈记录频次	动乱事件频次
水灾指数	—	−0.434**	0.497**	0.276*	—	—	—	—
旱灾指数	−0.434**	—	0.566**	0.520**	0.456**	0.556**	—	—
灾害指数	0.497**	0.566**	—	0.772**	0.652**	0.715**	0.348**	—
秋粮歉收指数	0.276*	0.520**	0.772**	—	0.720**	0.629**	0.444**	—
粮食调度数量	—	0.456**	0.652**	0.720**	—	0.484**	0.701**	—
饥荒指数	—	0.556**	0.715**	0.629**	0.484**	—	0.340*	—
煮赈记录频次	—	—	0.348**	0.444**	0.701**	0.340*	—	—
动乱事件频次	—	—	—	—	—	—	—	—

*代表在 0.05 水平上显著相关；**代表在 0.01 水平上显著相关；—为无相关性或相关性不显著。

可见，本阶段灾后社会秩序的稳定，有力的赈灾是一个至关重要的因素。仍以 1743 年旱灾为例，这一年的旱灾指数为整个清代之最，灾害强度高；秋粮歉收指数排在第 3 位（1736—1911 年间，仅次于 1877 年和 1857 年），旱灾造成的减产亦相当严重。但在政府组织的大规模粮食调度（数量为清代最多）与赈济活动之下，本年的饥荒指数为 3.9，掉出前十之列，赈济对饥荒的抑制作用十分显著。灾后出现的数万流民，大部为口外和关外所接纳（主要是前者），少部分（数千人）为京师收容越冬，并通过延长煮赈时间使之渡过春荒，旱情缓解后发给路费遣返。由于灾民、流民均得到妥善安置，整个旱灾期间华北平原地区见诸《清实录》的动乱事件只有一起，发生在直隶滦州，为民变事件，“刁民罗天才等乘机纠众抢割麦田、强借粮食”①。说明当时社会矛盾尚未激化，面对饥荒百姓有比较多的选择（原地待赈、进京求赈、边外谋生），不致铤而走险。

1743 年旱灾是本阶段华北平原经历的最严重的一场灾害，灾后的社会应对（政府、民众两方面）也具有较强的代表性。在其他一些水旱灾害

① 《清高宗实录》卷 217，乾隆九年五月甲辰，《清实录》，第 11 册，第 797 页。

案例中，政府赈济也都对灾后社会秩序起到了很好的稳定作用。但发生在本阶段末期的 1784—1786 年旱灾中，情况开始出现一些变化。这 3 年灾区主要分布在华北平原南部（冀鲁豫交界处），朝廷组织调度的粮食以截留漕粮为主，数量有限且调运不够及时；赈济力度不足导致灾后出现比较严重的饥荒，如 1785 年饥荒指数为 4.5，为 1731—1790 年间的最高值，1786 年饥荒指数也达到 3。由于灾区距离京城较远，这 3 年《清实录》中并无京师流民反常增多的记载，煮赈也并未加强，说明灾民并未大规模涌入京师，但受灾地区比较集中地出现动乱事件，反映灾后社会秩序十分不稳。首先是 1785 年河南境内发生多起“因年岁荒歉，饥民纠约抢夺”的案件，其中一起位于华北平原境内，新乡县四月有“纠人抢夺粮食布匹”者[①]；至次年，区内又发生一系列严重事件，其中包括七月和九月山东济南省城的两起大规模越狱案（涉案者分别有 9 人和 20 人）[②]，以及闰七月直隶大名府的八卦会（教）段文经、徐克展起事[③]，这使当年动乱事件频次升到清初以来的最高点。

1786 年发生的多起动乱事件都位于旱灾灾区范围内，虽并非由旱灾直接触发，但值得注意的是，无论是集体越狱还是教门起事，都反映出当时清政府对基层社会的控制力已经大幅下降（段文经起事失败潜逃，乾隆帝亲自过问之下历时多年仍不能拿获，更印证了这一点），在此背景下发生的天灾如果得不到有效应对，可能对民众心理和社会秩序构成严重冲击，从而大幅提升发生社会动乱的风险。此次八卦会起事规模不大，迅速被镇压下去，但其与 12 年前的清水教王伦起义（起义中心在距离大名不远的山东临清，同样在旱灾背景下爆发）一样，都给“盛世”之下的清王朝敲响了警钟。

第六节　小结：荒政主导、良性互动

1731—1790 年间的华北平原社会生态系统处在一个生命周期中的兴盛阶段或者说壮年期。前一阶段中逐步建立的各类组织机构、规章制度在

---

① 《清高宗实录》卷 1243，乾隆五十年十一月戊辰，《清实录》，第 24 册，第 713 页。

② 《清高宗实录》卷 1265，乾隆五十一年九月丁亥，《清实录》，第 24 册，第 1044 页。

③ 《清高宗实录》卷 1261，乾隆五十一年闰七月辛卯，《清实录》，第 24 册，第 966—968 页。事件过程参见刘涛：《从直隶大名案看乾隆帝的邪教惩治措施》，《明清论丛》2014 年第 2 期。

本阶段大部分时间里继续完善并有效运转，积累的大量财富也令社会充分享受到了红利，这些都集中体现在堪称传统社会巅峰的救荒实践中。充裕的仓储、畅通的漕运和灵活的采买，使政府掌握了足够用于灾后救济的粮食，来扭转灾害造成的短期粮食供需失衡，从而避免生产层次的危机上升到消费层次，进而威胁社会稳定。政府在粮食调度和灾后救济方面的作为，是本阶段有别于其他阶段的最突出的特征。

作为社会生态系统运转的基础和背景，人口的压力随着耕地增长的放缓而逐步显现，但直到本阶段晚期，区内人均粮食产量仍然显著高于温饱阈值，考虑分配不均的前提下底层赤贫民户数量也还比较有限。当发生灾害之后，大部分贫民的口粮可以通过政府赈济获得（如 1743 年旱灾救灾，仅直隶就覆盖了 189 万贫民），其余选择迁徙的流民有两个主要迁徙方向：一是向心流动进入京师（短期越冬）；二是向北越边（主要是口外，短期佣工、长期定居者兼有），数量都不算多。从京城煮赈记录来看，本阶段大部分为例行公事的“常例”记录，只在少数灾年（如 1743 年、1762 年、1771 年）出现扩大规模、延长时限的“特例”，但即便是 1743 年灾后，在京师越冬的流民也不过 3000 余人。从口外人口统计来看，到本阶段晚期的 1782 年，管辖口外大部分民户（此外尚有口北三厅等地）的承德府约有 55.7 万人，这是过去上百年间口内持续移民、增殖的结果，即使存在一定数量的隐匿，同时还有许多短期佣工者不在其内，我们也很难对本阶段的跨区域人口迁徙规模做太高估计。灾情最严重的 1743 年灾后流民达到数万人，但相比于政府赈灾覆盖的灾民总数而言其规模也是较小的。总之，流民在本阶段并未成为突出的社会问题，反映当时人口压力总体尚在可控范围内。

作为另一个重要的背景因素，气候的影响体现在以下几个方面：华北平原区内，温暖的气候下积温增加，作物生长季延长，有利于提升粮食作物的产量上限；自然灾害（水、旱、低温）频率和强度都有所降低，有利于粮食作物产量的稳定；极端大灾少发，最严重的 1743 年旱灾也在持续 1 年后得到缓解，对区域粮食安全的冲击较小。对于华北平原北面相邻的边外，特别是口外地区，气候增暖使农耕界线北移（水平方向）、上移（垂直方向），宜农土地增加，作物选择增多，边外地区的人口承载力上升，对口内流民前来从事农垦的吸引力增强。

多方面因素的综合作用下，本阶段华北平原地区与其他区域之间、华北平原社会内部的上下（政府、民众）之间的互动关系显得较为良性。本章重点讨论了华北平原与其北面的口外地区的互动。两地间的人口、物资交流是在17世纪晚期逐步建立的，口外发展农垦的初衷是解决旗人生计和蒙古粮食自给问题，初期对口内农民并不具备很强的吸引力。但随着时间推移，口外从事农垦（自垦荒地或佃种蒙地）开始变得有利可图，而口内的生计压力逐渐变大，“引力”和“推力”共同作用下，两地之间的交流至本阶段已经十分密切。发生灾害时的灾民出口和粮食入口，一方面缓解了口内的救灾压力；另一方面解决了口外扩大农业生产所需的劳动力以及产出余粮的出路。这样的良性互动关系是清廷所乐见的，其间虽然出台蒙地封禁政策，但更多的意义在于重申地权，对于禁令的执行力度远不如关外东北地区，朝廷将口外作为口内救灾缓冲地带的决策倾向始终未变。对于华北平原民众而言，口外获取土地的难度（可垦土地大部属于旗地和蒙地，且所有权不得变更）确实会降低其出口定居的意愿，但抬高门槛、禁中有弛的做法有助于筛选出那些确系需要前往口外“谋生”的贫民，从而避免了民众出于“谋利”目的蜂拥出口的局面。制订相关政策的出发点固然是为了维护旗人和蒙人的利益，但出口流民规模的控制在客观上也有助于保护口外相对脆弱的生态环境，延长其发挥缓冲作用的时间。不过，民众的迁徙行为带有一定的自发性甚至盲目性，之所以没有与封禁政策产生激烈冲突，其前提仍是本阶段华北平原流民问题尚未凸显，灾民由于有力的赈济不至于大量转为流民，而为数不多的流民也都能找到出路。

区域之间、政府与民众之间的互动关系随着时间推移也在发生变化，同一阶段内也非一以贯之。1743年旱灾案例展现的是阶段初期互动较为良性的情景，但阶段末期的1784—1786年旱灾中已经开始释放出一些消极信号——政府粮食调度能力下降，赈灾力度不足；以承德为中心的口外地区经过1个世纪的移民开发，耕地渐趋饱和，余粮产出减少，难以支持口内救灾；政府对基层社会的控制能力下降，秘密会党、教门势力抬头，叛逆思想开始滋长①，而天灾则可能成为其暴起发难的绝好时机。固然此次旱灾中政府赈灾力度的下降与灾区集中在南部边界地带不无关系，如其发生在畿辅腹地，自然可望得到更多的赈粮，但这些信号的集中出现仍然足够危险，它们标志着曾经的良性互动机制已遭到破坏，一个“黄金时代”已在不知不觉间走向终点。

① 秦宝琦：《18世纪中国秘密社会与农民阶级的历史命运》，《清史研究》1995年第1期。

第五章 流民激增的衰落阶段（1791—1850年）

本阶段跨越乾隆末期至嘉（庆）道（光）年间，华北平原社会长期累积的矛盾在“盛世”刚刚结束之时就全面爆发，令清廷措手不及。气候转冷、灾害增强与人口压力上升、赈灾力度下降叠加在一起，导致灾后流民问题凸显，且行为方式渐趋暴力，1813年区内爆发的入清以来规模最大的一场农民起义便有大量流民参与。起义过后的社会秩序有所恢复，但流民问题仍在持续恶化。至道光晚期，政府层面的救灾已形同虚设，小规模动乱事件此起彼伏，更为严重的社会危机正在酝酿之中。

第一节 气候转折及其对人地系统的压力

在时间序列上辨识本阶段的第一个显著标志是气候的急剧转冷。中国东部冬半年温度距平序列显示，降温在18世纪70年代就已开始，初期幅度不大，80年代已略低于现代平均值（距平−0.2℃），至90年代急剧下降至-1.1℃，10年间降幅达到0.9℃（图2-1a）。闫军辉等则认为，华北的降温在18世纪80年代就已很剧烈。[①]张德二等重建的1724—1903年北京7月平均温度序列从18世纪80年代开始也出现一个持续约40年的急剧降温阶段，至1800年前后降至谷底。[②]此次降温事件在全国各地都很显著，都集中在18、19世纪之交的一段很短的时间内，且降温幅度很大。[③]小冰期的最后一个冷期从此开始，尽管其持续时间和寒冷程度尚存一定争议，但在19世纪的大部分时间里温度低于现代平均值则无异议，1791—1910年间中国东中部冬半年温度在所有的年代中都低于现代，距平均值为-0.83℃，其中本阶段60年均值为-0.88℃。

降水方面，本阶段南部4站年降水量平均值为626.6mm，明显低于上一阶段，也低于1736—1911年平均值，反映气候总体偏旱。水旱灾害指数也说明这是一个旱灾多发且灾情较重的时段，旱灾指数均值1.11，标准差1.38，均高于清代平均，共出现极端旱灾年份10个，其中1792年、1813年、1825年、1847年旱灾指数可排入清代前十；水灾指数均值1.17，标准差1.45，均低于清代平均，出现极端水灾年份6个，其中1801年和1822年两年的水灾指数可排入清代前十。本阶段极端灾害发生频率与上一阶段基本持平，但强度显著上升。

气候的转冷与灾害的增强，对于上一阶段末期已经比较尖锐的人地矛盾可谓雪上加霜。进入本阶段，人口仍在继续增殖，而耕地大幅拓垦已无余地，只有少量隙地、劣地可供开发，增速进一步放缓，直隶人均耕地面积由1784年的5.9亩下降至1820年的5.1亩，1851年进一步降至4.7亩。再考虑本阶段受降温（0.8℃）影响，粮食单产水平按温暖期降低8%进行估算，使1784—1820年间人均粮食产量从563kg急剧下降至436kg，短短30余年之间降幅超过20%，为清代下降速度最快的时段。至本阶段结束时，人均粮食产量已不足400kg（1851年）。

400kg的人均粮食产量看似仍在温饱阈值以上，但即使假定生产出的粮食在社会个体之间完全平均分配，这也只是一个勉强能维系社会再生产的数字，每户能够用于应急的余粮数量非常有限。如果将每个封建王朝进入中晚期之后都难以避免的土地兼并、苛捐杂税、官吏贪腐等严重影响社会财富再分配公平性的因素考虑在内，此时华北平原境内家无余粮的赤贫农户在总人口中势必会占据相当高的比例，且将随时间推移不断上升。同

---

① 闫军辉、葛全胜、郑景云：《清代华北地区冬半年温度变化重建与分析》，《地理科学进展》2012年第11期。

② 张德二、刘传志：《北京1724—1903年夏季月温度序列的重建》，《科学通报》1986年第8期。

③ 葛全胜等：《中国历朝气候变化》，北京：科学出版社，2011年，第588—594页。

时如果发生严重的天灾，且缺乏足够的救济措施，大量贫民面对的就不仅是短期的饥馑，而将难免陷入永久性破产的境地。相比于上一阶段，本阶段华北平原社会爆发流民潮的风险大大提升，这使得清政府从一开始就要面对极为沉重的救灾压力。

第二节 世纪之交的3次大灾

华北平原社会上下对于即将到来的严峻考验显然缺乏准备。本阶段开始时（1793 年）乾隆帝发布的上谕中，尽管也要求地方官吏和民众重视人口问题的严重性，做到“俭朴成风，服勤稼穑”，以求“野无旷土，家有赢粮”[①]，但一方面他本人不可能察觉并认识到来自气候系统的异变，只是从民风角度劝节俭、抑奢靡，未免过于宽泛而缺乏针对性；另一方面，自 1743 年旱灾以来，华北平原已经很久没有遭受过大范围、高强度的自然灾害打击，由此滋长的惰性也很难因为几句原则性的训诫而得到消除。上一阶段末期的 1784—1786 年旱灾中，荒政体系运转已经现出疲态，但并未引起足够的重视。于是，当世纪之交的短短 20 余年间，3 次大灾（1792 年旱灾、1801 年水灾和 1812—1813 年旱灾）接踵而来时，整个社会都有些措手不及。尽管朝廷仍尽力组织了赈灾，但早已不复当年如臂使指的高效，力度也是逐次下降，而灾害导致的社会后果则一次比一次严重。以下对 3 次灾害的灾情程度、救灾活动和社会后果进行简要分析和对比。

一、1792年旱灾

1792 年旱灾指数值为 4.8，受灾地点遍布全区，其中大旱站点占到一半，重建的南部 4 站当年降水量 432mm，为清代第三低的年份（仅低于 1877 年、1876 年）。从《清实录》中记载来看，京畿一带从上年冬季开始就缺雨水，皇帝亲自参与的祈雨活动贯穿整个春季[②]，直至将近夏至的 6 月

---

① 《清高宗实录》卷 1441，乾隆五十八年十一月戊午，《清实录》，第 27 册，第 250 页。
② 《清高宗实录》卷 1403，乾隆五十七年闰四月丙申，《清实录》，第 26 册，第 854 页。

18日（闰四月二十九日）才“大沛甘霖”[①]；此后夏秋季节雨水仍少，旱情蔓延至全境，同时伴随飞蝗，进一步加重灾情。直隶境内发生歉收的州县78个，以中南部保定、河间、天津等府为重灾区，重灾州县21个，连同豫北和鲁西北，全区重灾州县数量达53个（统计重灾州县以次年初获得政府展赈为标准）。[②]本年冬季和次年春季雨雪较为充沛，旱情没有延续至下一年。

此次旱情相比1743年旱灾稍轻，朝廷也调度了相当数量的粮食用于赈济，主要包括以下几笔：公历4月底，冀南、豫北春旱严重，因这些地区上一年就有歉收，乾隆帝对此比较关注，迅速决定截留漕米60万石，分给直隶顺德、广平、大名3府30万石，河南彰德、卫辉、怀庆3府30万石，以备接济。这些粮食多由临清经卫河、漳河等水路直接转运各府，办理比较及时[③]；7月，旱情由春入夏，直隶各属普遍受旱，秋粮歉收已成定局，直隶总督梁肯堂上奏，请求将前次截留拨给河南、尚未动用的10万石漕米（此时存于临清）转拨直隶备用，乾隆帝准奏并追加截留漕米10万石，由天津北仓拨出，合计20万石[④]；9月，直隶统筹灾区冬季赈济所需，合计需要米80余万石（春季截留的30万石漕米已经动用，此时可用的只有第二批20万石）、银90余万两，除了动用各州县存仓米谷，赈米还有20万石缺口，银则缺80万两[⑤]，乾隆帝批准从通州仓和户部库银如数拨发[⑥]。

就绝对数量而言，此次旱灾中调度的粮食并不算少，但朝廷和地方（主要是直隶）对灾情的掌握不够及时准确，甚至出现误判，严重影响了赈灾效果。本年春季直隶向朝廷上报的受灾区域集中在南部几个府，并优先调拨了粮食；实际上从京师持续祈雨的情况来看，直隶中部的旱情也并不乐观，但直隶上报的各府州麦收分数，后来的重灾区保定、河间、天津等府各有六七分不等[⑦]，都不成灾，因而没有得到任何救济，其中很难说没有瞒报匿灾之处。至农历五月底直隶开始准备查勘灾情时，上述各府灾民已经四出逃荒，其中许多进入京城，目睹此景的纪昀于六月初上奏，请求将煮赈开始时间从十月初一大幅提前至六月中旬，所需之米从截留漕粮

① 《清高宗实录》卷1404，乾隆五十七年五月戊戌，《清实录》，第26册，第860页。
② 《清高宗实录》卷1420，乾隆五十八年正月丙申、正月己亥，《清实录》，第27册，第1—3页。
③ 《清高宗实录》卷1400，乾隆五十七年四月丁未，《清实录》，第26册，第801页。
④ 《清高宗实录》卷1405，乾隆五十七年五月丙寅，《清实录》，第26册，第886页。
⑤ 《奏为查勘各州县成灾分数并请赏拨漕米帑银数目事》，乾隆五十七年八月初三日，朱批奏折04-01-35-0182-009，中国第一历史档案馆藏。
⑥ 《清高宗实录》卷1410，乾隆五十七年八月壬申，《清实录》，第26册，第957页。
⑦ 《奏报二麦约收分数事》，乾隆五十七年闰四月初四日，录副奏折03-0849-030，中国第一历史档案馆藏。

中拨发（后决定从通州仓直接拨给），迅速获得批准。[1]京城煮赈的提前开放与地方赈灾动作的迟缓，导致灾民从四面八方向京城汇集，至六月底在各处粥厂领赈者竟达空前的2万余人（1743年尚不过数千），这使正在热河避暑的乾隆帝感到震惊，为此下谕申饬直隶总督：

> 京城粥厂现在远来领赈者竟有二万余人，热河地方贫民出口觅食者亦复不少。此等就食之人俱系京南一带贫民，该省早经截漕办赈，而乏业贫民转纷纷或赴京、或出口，分投觅食，则该督所办何事！况京城粥厂每日放赈，截至明岁春间，需米不过一万余石，而直省截漕至五十万石之多，岂复虞其不给。当此贫民待哺嗷嗷，自应即时赈济，岂得拘泥成例，待至九月始行散赈？此数月内，枵腹灾黎将何所得食耶？梁肯堂……着传旨申饬，并着该督速赴河间、景州一带，实力严查妥办。[2]

遭到申饬的梁肯堂迅速前往灾区查勘，并在冬赈之前先办理了急赈和摘赈[3]，但并未从根本上遏止灾民外流。这次旱灾中，不仅涌入京师粥厂的饥民数量极多，迫使朝廷组织了规模空前的煮赈活动，不断扩大规模、延长时间，使当年煮赈记录条数达到一个显著的峰值，向边外迁徙的流民数量同样可观，甚至使执行多年的东北封禁政策都有所放宽（详见下文）。此次灾后流民问题的一度失控，固然有直隶地方误判灾情、办赈不力的因素，但“盛世”末期的华北平原民生之脆弱，由此也可见一斑。

二、1801年水灾

1801年水灾为清代华北平原地区最严重的洪涝事件之一（水灾指数6.8，列清代第四），其重灾区在海河流域（特别是永定河流域），受灾地点遍布全区，1级（大涝）站点占80%；南部4站重建降水量961mm，是1736—1911年间最多的一年。当年仅直隶一省受灾州县即达112个，成灾州县99个，其中成灾八分以上的州县达到67个[4]；直隶全省收成仅

---

① 《奏请拨直隶截留漕米以济京师煮赈事》，乾隆五十七年六月初七日，录副奏折03-0324-010，中国第一历史档案馆藏。《清高宗实录》卷1406，乾隆五十七年六月乙亥、六月戊寅，《清实录》，第26册，第895—896、899—900页。

② 《清高宗实录》卷1407，乾隆五十七年六月丁酉，《清实录》，第26册，第919页。

③ “河间景州等处被旱较重，请将六七八分极、次贫民先急赈一月口粮，鳏寡孤独老幼残疾之人摘赈两月口粮。”（《清高宗实录》卷1408，乾隆五十七年七月丙午，《清实录》，第26册，第930页）

④ 王秀玲：《嘉庆六、七年直隶地区水灾和政府的救灾活动述评》，《中国社会历史评论》2007年第8卷。

25%，为近300年最低值[①]。

关于此次水灾的成灾过程、灾情损失和社会响应，前人已有比较详尽的论述。[②]这是嘉庆帝亲政后国内发生的第一场重大灾害，重灾区又位于首善之区，朝廷对于救灾工作非常重视，尽其所能地筹集了大量资金和物资。直隶办理冬季大赈合计需米180余万石，改为“本色、折色兼放”，需米60万石，银150万两[③]；前者全数来自先期截留存贮天津北仓的漕米[④]，后者亦全由朝廷解决，主要来自两淮盐商捐纳（100万两）、其他地区捐款和政府库银[⑤]。此外朝廷还从部库和广储司库拨银100万两兴修永定河工，以工代赈。[⑥]又从收成较好的山东、河南、奉天3省采买调运了30万石粮食（其中山东米麦10万石、河南粟米5万石、奉天粟米高粱15万石[⑦]）运往直隶，用于次年春季的平粜。

应该说，此次水灾中的政府救灾组织还是比较周密，也收到了较好的成效。还在救灾过程中，嘉庆帝就下令编辑《辛酉工赈纪事》，逐日汇编“六月初旬以后节次所降谕旨，并诸臣关涉灾务各奏章”[⑧]，虽为警示后人，也不无自矜之意，说明他对此次救灾工作较为满意。不过，仅仅对比9年前的1792年旱灾，就不难发现此时政府的救灾力度已有显著下降。同样是办理冬季大赈，1792年的预算是米80余万石，银90余万两；此次则是米60万石，银150万两，看似后者更高，但考虑到米价上涨的因素，灾民所能获得的粮食总量反不如前者[⑨]，而需要赈济的灾民数量却数倍于前者，便只能竭力压缩放赈名单、减少应发银米数量。9年前大赈所需粮食，直隶自身仓储尚可解决一半，此时除了朝廷截留的漕米则无从措手；而朝廷除了临时截留漕米，从仓储中已经很难拨出粮食，乾隆年间曾在赈灾中发挥重要作用的通州仓，嘉庆初年存粮由此前长期保持的百余万

---

① 李克让、徐淑英、郭其蕴，等：《华北平原旱涝气候》，第99—101页。

② 王秀玲：《嘉庆六、七年直隶地区水灾和政府的救灾活动述评》，《中国社会历史评论》2007年第8卷。张艳丽：《嘉庆六年京畿大水与政府的应对举措》，《兰州学刊》2009年第9期。叶瑜、徐雨帆、梁珂，等：《1801年永定河水灾救灾响应复原与分析》，《中国历史地理论丛》2014年第4辑。

③《奏为遵旨筹办大赈章程并核计赈粮数目事》，嘉庆六年八月初四日，录副奏折03-1618-029，中国第一历史档案馆藏。

④《清仁宗实录》卷84，嘉庆六年六月壬戌，《清实录》，第29册，第98页。

⑤《清仁宗实录》卷86，嘉庆六年八月庚戌，《清实录》，第29册，第131页。参见王秀玲：《嘉庆六、七年直隶地区水灾和政府的救灾活动述评》，《中国社会历史评论》2007年第8卷。

⑥《清仁宗实录》卷85，嘉庆六年七月己丑，《清实录》，第29册，第116页。

⑦《清仁宗实录》卷85，嘉庆六年七月辛丑，《清实录》，第29册，第123页。《清仁宗实录》卷86，嘉庆六年八月庚申，《清实录》，第29册，第136页。

⑧《清仁宗实录》卷86，嘉庆六年八月乙卯，《清实录》，第29册，第135页。

⑨ 据“清代粮价资料库”（http://mhdb.mh.sinica.edu.tw/foodprice/）整理的粮价数据，以保定府为例，1792年旱灾前（六月）的粟米价格区间在1.66—2.81两/石，次年春（三月）小幅上涨至1.74—3.25两/石；1801年水灾前（六月）的粟米价格区间在1.54—2.3两/石，次年春（三月）暴涨至2.64—4.3两/石。下文引用粮价数据如无特别说明，均来自该数据库。

石急剧下降至数十万石（嘉庆六年存粮 36 万余石）[①]；除了仓储的枯竭，赈灾经费大量来自民间捐纳，亦反映出过去数年间受困于镇压白莲教起义的朝廷财政已相当窘迫。

灾情的严重与民生的困苦，使得有限的物资并不能真正满足赈灾所需。于是这次水灾中，以往只是作为辅助的煮赈成为了赈灾的主要手段之一。水灾初起，清政府即于城外卢沟桥等处添设粥厂 5 座，并令城内粥厂提前开放至第二年开春，又因春旱数次延期，直到农历五月初五（1802 年 6 月 4 日）才结束。这样，从嘉庆六年六月开放粥厂，至嘉庆七年五月撤厂，煮赈时间长达近 1 年，期间《清实录》中关于京畿煮赈记录达 15 条，其中“常例”1 条，“特例”12 条（“加给银米”2 条、“添设粥厂”4 条、“提前开放”1 条、“推迟撤厂”5 条），“其他”2 条（巡视赈务等），在 1792 年之后达到又一个峰值。本年京城内外粥厂收容远近饥民可达数万之众，至次年春季，仅城外临时添设的 5 处粥厂，每座“领赈之人自七八千至四五千人不等”[②]，总数仍有“二万五六千人”[③]。除了京师煮赈的规模大、时间长之外，地方各受灾州县由于财力不足，亦普遍以煮赈代替第二年开春例行的加赈银米。[④]

相比于 1792 年旱灾，1801 年水灾的灾情更加严重，尽管政府救灾组织效率有所提升，但赈灾力度却显著下降，这自然难以抑制灾区饥民的汹涌外流。在此背景之下，煮赈以其效费比方面的优势，得到了朝廷的重视。从此以后，每逢灾年加强煮赈，逐渐成为清廷安辑流民的常规手段。

三、1812—1813年旱灾

1813 年旱灾指数为 4.8，与 1792 年强度相同。不同的是 1813 年旱灾发生之前的 1811、1812 年气候已连续偏旱（旱灾指数分别为 1.2 和 3.4，1812 年已达到极端旱灾标准），且受旱最重的区域都在华北平原南部的冀鲁豫交界处。重建的南部 4 站平均降水量，1811 年为 537mm，1812 年 566mm，1813 年 472mm，全部大幅度低于序列平均值。考虑到旱情的累积作用，1813 年旱灾的破坏力应远超 1792 年。但与 1784—1786 年旱灾相似的是，由于重灾区距离京师较远，朝廷的反应相当迟缓，赈灾力度严

① 李文治、江太新：《清代漕运（修订版）》，第 43—44 页。

②《清仁宗实录》卷 96，嘉庆七年三月丁亥，《清实录》，第 29 册，第 275 页。

③《清仁宗实录》卷 94，嘉庆七年二月乙丑，《清实录》，第 29 册，第 262 页。

④ 王秀玲：《嘉庆六、七年直隶地区水灾和政府的救灾活动述评》，《中国社会历史评论》2007 年第 8 卷。

重不足。

1811年，华北平原南部地区春旱连秋涝，但河南东部、南部及山东的胶东半岛水灾更加严重，转移了朝廷的注意力，对这一地区仅限于缓征少数州县赋税，并未采取进一步的救荒措施。至1812年，当地又发生夏秋连旱，波及三省89州县，对此朝廷的举措是：蠲免、缓征赋税之外，次年年初借贷部分州县（直隶42州县、鲁西北13州县、豫北11州县）贫民籽种口粮，仅对鲁西北10州县动用了赈济[①]，且所需粮食均由地方政府筹措，朝廷并未组织调度。实际上南部的灾情已经相当严重，1812年秋粮歉收指数达到3.2，但朝廷对此几乎一无所知。直至1813年4月，嘉庆帝才从路过河南的国子监祭酒姚文田口中得知豫北灾区的一些实情："卫辉府所属地方去冬雪泽稀少，二麦多未播种。春间又未得有透雨，虽于本月初七八等日得雨三四寸，因枯旱已久，大田仍未能翻犁耕种。贫民皆以草根树皮糊口度日，经过官道两旁柳叶采食殆尽。缘该府地方近三四年来总未大稔，粮价腾昂，是以民情倍形拮据。幸该府民风淳朴，闾阎尚各安静。"[②]联系本年秋季声势浩大的天理教起义爆发地和主战场正是卫辉府，姚文田所言"民风淳朴，闾阎安静"未免有些讽刺。

1813年春夏旱情进一步加重，朝廷终于加大了救荒力度。先是在6月截留南来漕粮10万石，分赈直隶、河南、山东灾民（由于灾区较广，只有一部分用于华北平原境内灾区）[③]；又于7月拨奉天粟米20万石，并截留湖广漕粮5万石，备赈直隶南部顺德、广平、大名3府被旱灾民[④]；这年冬季还允许山东截留漕粮6万石备赈（分摊到鲁西北的不到一半）[⑤]；折算下来，这年华北平原只从朝廷获得了略多于30万石的赈粮，相比于本年仅重灾区就多达56个的严重灾情（见次年初需要加赈及借贷种籽口粮的州县清单[⑥]）就显得捉襟见肘。此外，这年年底朝廷还拨两淮盐课银120万两解往河南备用[⑦]，但这笔经费主要用于镇压天理教起义的善后抚恤，即便将其视为赈灾款，也已于事无补。

如此少的投入，充分反映出当时朝廷已深陷财政危机。尽管还可以动员社会力量捐输解决一部分银米，但并不能从根本上缓解灾情。救灾的乏

---

①《清仁宗实录》卷265，嘉庆十八年正月庚午，《清实录》，第31册，第595页。
②《清仁宗实录》卷267，嘉庆十八年三月乙未，《清实录》，第31册，第627—628页。
③《清仁宗实录》卷269，嘉庆十八年五月辛卯，《清实录》，第31册，第649页。
④《清仁宗实录》卷270，嘉庆十八年六月癸丑，《清实录》，第31册，第660页。
⑤《清仁宗实录》卷278，嘉庆十八年十一月壬申，《清实录》，第31册，第796页。
⑥《清仁宗实录》卷282，嘉庆十九年正月庚午，《清实录》，第31册，第854页。
⑦《清仁宗实录》卷280，嘉庆十八年十二月壬寅，《清实录》，第31册，第826页。

力，使1813年饥荒指数达到7.3，严重的饥荒正是当年秋季天理教起义爆发的重要诱因。这年冬十月，直隶终于在南部受灾最重的顺德、广平2府和赵州组织了“大赈”，但由于赈灾银米极度短缺，仅对歉收村庄中经过精挑细选的“无地无业贫民及鳏寡孤独等户”统一放赈两个月口粮，大名府则因天理教起义尚未平息另案处理[①]，赈济规模相比以往大为缩减，只能说聊胜于无。

在世纪之交的连续3次大灾中，我们可以清晰地看到清政府救灾能力的急速下滑。曾在18世纪大部分时间内运转良好的荒政体系，受困于仓储枯竭与国库匮乏，逐渐举步维艰。赈灾过程中，政府能够直接提供给灾民的粮食（“本色”）越来越少、经费方面对于民间捐纳的依赖程度越来越高、原本作为“大赈”辅助手段的煮赈地位越来越重要，都严重削弱了政府在灾后社会响应中所能发挥的作用。与此相对应的是，灾后社会底层民众行为也开始发生一些异变，最终演变为严重的流民问题。

第三节　流民问题的凸显

在上述3次大灾中，都发生了饥民因生计问题而大规模流动的现象。上一阶段还不太引人注目的流民问题，在本阶段之初就显现出失控的征兆。本节仍以3次大灾为线索，重点关注20余年间流民行为上的一些异变，特别是跨区迁徙的流民去向的转变，以及华北平原区内流民与政府之间对抗程度的上升。

一、从口外到关外

1792年旱灾中，当发现灾区饥民大量涌入京师，短时间内即达到2万余人后，乾隆帝迅速下谕，放松长城各关口稽查力度，允许流民出边，以缓解京畿一带压力：

> 今年京南各属被旱较广，地方官散赈恐有未周，若不设法办理，

① 《奏报查明省南顺德等属情形筹办赈济事》，嘉庆十八年九月二十九日，录副奏折03-1622-045，中国第一历史档案馆藏。

则京城热河就食者日聚日众。……领赈贫民内，稍资接济，原即有可以自谋生计之人，并非一律嗷嗷待哺，专资粥赈度日。除已令热河道府就近晓谕各贫民，由张三营、波罗河屯等处分往各蒙古地方谋食者不禁，其京南地方亦应一体妥办。着梁肯堂即转饬各州县，于赴京出口通衢，令各地方官遇有贫民，详晰晓谕：今年关东盛京及土默特、喀尔（喇）沁、敖汉、八沟、三座塔一带均属丰收，尔等何不各赴丰稔地方佣工觅食，俟本处麦收有望即可速回乡里。如此遍行晓谕，并令其或出山海关赴盛京一带，或出张家口、喜峰口赴八沟、三座塔暨蒙古地方，不必专由古北口出口。则贫民中稍可力图自给者，知有长远觅食之路，自必分投谋生，不至齐赴粥厂，致滋拥挤，人多致病，庶更妥协。①

如果对比乾隆年间的一贯政策，可以发现两点值得注意之处：首先是将封禁中的蒙地和盛京全部向饥民开放；其次是改变了以往灾后默许出口、只做不说的态度，要求直隶地方官员在“出口通衢”“详晰晓谕”，切实引导饥民出边。这一方面体现出口内灾情之严重、流民规模之大，必须打破常规进行处理，另一方面似乎反映乾隆帝对于热河（承德）周边收容流民的能力并不很有信心，而明确要求灾民可以前往盛京与蒙古地方，“不必专由古北口出口”。

事实上，早在承德府设立（1778年）之前，其境内的农业开发和移民迁入进程就已开始放缓，其向口内最后一次大规模输出余粮发生在1762年，此后数量便逐渐减少。到1784年口内发生旱灾时，获得丰收的承德府已不能向古北口提供仅仅1万石军粮；到这次旱灾中，仍是普遍丰收，同样未见其向口内输出粮食，直接原因在于口外粮价逐渐上升，连同运费与口内已经相差无几，而粮价上涨的根源则是人口增多导致的供需关系变化。1782年承德府辖境内总人口55.7万余人，旗民地合计约21 233顷②；到1820年人口增至78.4万余人，旗民地合计约22 808顷③。人口年均增长率约9‰，仅略高于自然增长率，反映人口迁入规模已经不大；而旗民地面积几乎没有增长，人地关系势必日益紧张。承德周边地处燕山腹地，旗地多位于河谷，民地多位于丘陵，历经一个世纪的开发已趋于饱和，北面的木兰围场地区此时尚未放垦；而在此背景之下发生的气候转

① 《清高宗实录》卷1408，乾隆五十七年七月辛丑，《清实录》，第26册，第924—925页。
② （清）和珅、梁国治等撰：《钦定热河志》卷91《食货·户口》，《景印文渊阁四库全书》，第496册，第429—431页。本书是根据各州县户口、旗民地数字相加得到的承德府总数。
③ 《嘉庆重修一统志》卷42《承德府一》，《四部丛刊续编》本，第112册，第19页。

冷，又会进一步打击当地农业生产，造成宜农地的缩减与作物产量的下降。此时的承德对于口内流民的吸引力已远不如18世纪早期。

需要指出的是，承德府的人口统计数字包括了一部分佃种蒙地的汉民，而蒙地并不在上述耕地统计数字中。不过承德境内蒙地主要分布在平泉、建昌、朝阳、赤峰等州县，大部属于近边的卓索图盟，农业开发同样接近饱和，即便在该时段内耕地面积有所增加，也不会改变人均耕地面积下降的趋势。乾隆中后期已有大量汉民越过卓盟，进入昭乌达、哲里木盟境内垦种蒙地①，如1792年旱灾中乾隆帝上谕提到的敖汉（旗）便属于昭盟。哲盟与柳条边接壤的条带区域内，在1792年旱灾发生之前已形成多个流民集中垦种的聚落。如乾隆四十九年（1784年）清廷奏准“科尔沁地方种地民人与蒙古有交涉事件，所有宾图郡王地方（科尔沁左翼前旗）游牧商民，住址近铁岭县，即交铁岭县管理；达尔汉亲王地方（科尔沁左翼中旗）游牧商民，住址近开原县，即交开原县管理”②；更偏东北方向的郭尔罗斯前旗扎萨克恭格喇布坦则在乾隆五十六年（1791年）将靠近柳条边的宽城子一带牧地私自招民开垦③。

由此可以想见，1792年旱灾中乾隆帝的上谕发布后，空间距离较近但人口日渐饱和、农业现出颓势的承德将不再是流民出边后的主要目的地，更多流民会选择东北方向，沿柳条边一线迁徙，在地广人稀且适宜农耕的奉天、吉林、蒙古境内寻找落脚点。到这年年底，直隶提督庆成报告：“西北一带关口自九月下旬以来携眷外出之民日渐稀少，惟出山海关者依然络绎。”便印证了这一判断。庆成认为，“蒙古地土宽广，该处民人素性不善耕作，亦乐于借内地方之人开垦，两有裨益，是西北一带关口本属无庸拦阻”，但盛京地方旗民生齿日繁，骤然涌入过多流民，恐怕“不无有碍”，因此建议对山海关加强稽查。④乾隆帝则认为不必如此：

> 京南河南等府偶被旱歉，曾经降旨，凡有出关觅食贫民毋许拦阻，原为轸恤灾黎起见。山海关外盛京等处虽旗民杂处，而地广土肥，贫民携眷出口者自可借资口食。即人数较多，断不致滋生事端，又何必查验禁止耶？即如该提督奏，责成副都统及临榆县查验，除实在贫民方许出口，其别府州县民人概行禁止，亦属有名无实。贫民出口者甚多，岂能一一查询，即使向其盘诘，伊等亦何难自认为灾区之

① 珠飒：《18—20世纪初东部内蒙古农耕村落化研究》，第32—35页。

②《清会典事例》卷978《理藩院・户丁・稽查种地民人》，第10册，第1125页。

③《嫩科尔沁演变史》编委会编著：《嫩科尔沁演变史 下（左翼篇）》，沈阳：辽宁民族出版社，2016年，第313页。

④《奏报口外得雪等事》，乾隆五十七年十一月十六日，录副奏折03-0944-050，中国第一历史档案馆藏。

人，该副都统等又何从为之辨别？是该提督所奏，不但无益，且恐转滋扰累。①

庆成所奏仍是着眼于以往政策的延续性，认为对于盛京的封禁应比蒙古更严厉一些，而乾隆帝则显然意识到要解决当前流民问题并不能简单沿袭过去做法，而必须对封禁政策进行更大幅度的调整。调整不仅限于放松关口稽查，对于流民入籍的限制也一并放松。一年后，吉林将军奏报："上年直隶岁歉，蒙恩听求食流民出关，计到臣所属地方者万五千余人。吉林屡丰，流民均获生全。今年内地有秋，饬令回籍，咸云甫经全活，移回转苦失业，路费亦艰。察其情形属实，似宜俯听。但人数众多，恐不肖杂处生事。请照例造入红册，自来岁为始交丁银。"②出关流民进入吉林境内的即达15 000余人，可见流民迁徙距离之长、散布范围之广；已经定居的民人不强求回乡，也体现了政策的灵活务实。据事后估计，1792年旱灾中，在京师及热河粥厂领赈者不下数万，往盛京、吉林及蒙古就食者则达数十万之多。③这一数字可能有所夸张，而且包括了临时性的迁徙，但边外各地收容压力之大仍为空前。朝廷不惜将"龙兴之地"向数十万灾民开放，从根本上缓解了口内的救灾压力，最终有效稳定了灾后社会秩序。

以此次旱灾为始，山海关禁事实上有所放松，大量流民陆续出关，柳条边沿线的满蒙交界地带私垦活动十分活跃。至嘉庆帝亲政后，这一问题开始引起朝廷重视，并对快速增加的汉人聚落和开垦地亩进行清查。如上文郭尔罗斯前旗境内的私垦，本属违禁行为，嘉庆五年（1800年）这里清查出熟地265 648亩，居民2330户，但朝廷还是接受既成事实，"为体恤蒙古起见""仍令其照旧耕种纳租"④，并如同当年热河境内一样，在此置长春厅，设理事通判一员，对蒙汉事务进行管理。但朝廷要求今后"不准多垦一亩""不准增居一户"⑤，则并未得到当地遵行。长春厅设立后的6年之内，移入7000余口⑥；其后两年间，新查出3010户⑦；又过

① 《清高宗实录》卷1417，乾隆五十七年十一月癸丑，《清实录》，第26册，第1060页。

② 《清高宗实录》卷1440，乾隆五十八年十一月庚寅，《清实录》，第27册，第236页。

③ 《清高宗实录》卷1458，乾隆五十九年八月乙丑，《清实录》，第27册，第461—462页。

④ 《清仁宗实录》卷71，嘉庆五年七月戊子，《清实录》，第28册，第946—947页。

⑤ 《清会典事例》卷978《理藩院·户丁·稽查种地民人》，第10册，第1125页。

⑥ "郭尔罗斯地方从前因流民开垦地亩，设立长春厅管理。原议章程，除已垦熟地及现居民户外，不准多垦一亩，增居一户。今数年以来，流民续往垦荒，又增至七千余口之众。"（《清仁宗实录》卷164，嘉庆十一年七月乙丑，《清实录》，第30册，第137页）

⑦ "长春厅……续经查出流民三千一十户……若概行驱逐，未免失所。着再加恩……入于该处民册安插。自此次清查之后……除已垦之外，不准多垦一亩，增居一户。如将来再有流民入境，定即从严办理。"（《清仁宗实录》卷196，嘉庆十三年闰五月壬午，《清实录》，第30册，第596页）

了两年，再增 6953 户[①]，移民增加的趋势极为迅猛。对此朝廷也是无可奈何，只能继续准其入册，并反复强调下不为例而已。

在东北清查私垦的同时，嘉庆帝也开始着手对源头进行整顿。1801 年水灾中一个值得注意的政策动向，是清政府不再鼓励灾民前往口外或者关外就食。这年九月，嘉庆上谕，令古北口、张家口与山海关一并严厉稽查出口百姓（“关口定例，稽查出口民人，自当一律给票验放，何以只山海关一处由临榆县给票，而古北口、张家口等处并不给票？办理殊未周密”），“中外之界，不可不分，稽查关隘，宁严毋滥”。直隶遵旨回奏，令“府厅州县将大赈实心妥办，广为出示晓谕，令其安心待赈，切勿擅离乡井。仍通饬地方官各遵定例，凡商民出口，给与印票，至口对验相符，始准放行”，嘉庆帝则批复“凡人莫不系恋乡井，若非万不得已，孰肯轻去”，认为只要地方官员认真办理赈务，流民自然不会四出。[②]

逢灾年放松封禁政策，默许灾民出口、出关就食，是乾隆年间行之有效的一条救荒措施，嘉庆帝此时明确要求严格稽查，是出于“中外之界，不可不分”的立场，相比其父向后退了一大步。这年八月，还有官员因直隶文安县地势低洼，此次水灾全境成为泽国，积水自数尺至丈余不等，短期内无法干涸，请筹款将居民迁往锦州、吉林、齐齐哈尔等处安插；但这个提议被嘉庆帝以路途遥远、经费困难、民情不乐离乡为由驳回[③]，其真实想法还是担心大量流民出境，会对“满洲”原来的社会秩序造成冲击，动摇根本重地。否则，即便是集体移民不可行，听任百姓自行前往即可，为何又要求地方官限制出境、山海关严加盘查呢？

政府不鼓励百姓出关，但迫于畿辅大灾，长城各关口的盘查不可能非常严密，且乾隆年间的政策仍有惯性，两年后嘉庆帝发布的一道上谕可以为证：

> 山海关外系东三省地方。为满洲根本重地。原不准流寓民人杂处其间私垦地亩，致碍旗人生计，例禁有年。自乾隆五十七年京南偶被偏灾，仰蒙皇考高宗纯皇帝格外施恩，准令无业贫民出口觅食，系属一时权宜抚绥之计，事后即应停止。乃近年以来，民人多有携眷出

---

① “长春厅查出新来流民六千九百五十三户，……姑照所请入册安置外，嗣后责成该将军等督率厅员实力查禁，毋许再增添流民一户。如再有续至流民，讯系从何关口经过者，即将该守口官参处。至长春厅民人向系租种郭尔罗斯地亩，兼着理藩院饬知该盟长扎萨克等，将现经开垦地亩及租地民人查明确数，报院存案，嗣后无许招致一人，增垦一亩。如有阳奉阴违，续招民人增垦地亩者，即交该将军咨明理藩院参奏办理。”（《清仁宗实录》卷 236，嘉庆十五年十一月壬子，《清实录》，第 31 册，第 175—176 页）

② 《清仁宗实录》卷 86，嘉庆六年八月甲寅，《清实录》，第 29 册，第 133—134 页。

③ 《清仁宗实录》卷 86，嘉庆六年八月壬申，《清实录》，第 29 册，第 141 页。

> 关，并不分别查验，概准放行。即因嘉庆六年秋间畿南州县被水成灾，间有穷黎携眷出口之事。迨至上年直隶收成丰稔，民气已复，何以直至今春，尚有携眷出关者数百余户？……嗣后民人出入，除只身前往之贸易、佣工、就食贫民，仍令呈明地方官给票，到关查验放行，造册报部外，其携眷出口之户概行禁止。即遇关内地方偶值荒歉之年，贫民亟思移家谋食，情愿出口营生者，亦应由地方官察看灾分轻重、人数多寡，报明督抚据实陈奏，候旨允行后始准出关。①

在丰年之后仍有不少民人"携眷出关"，正说明嘉庆帝所谓官员办理赈务得力、民众便不会背井离乡的观点并不符合实际。此时华北平原的人地矛盾已然激化，百姓生活日趋贫困，越来越多的破产贫民开始向境外迁徙，不独荒年为然。嘉庆八年（1803 年）统计的部分出山海关百姓清单显示，其原籍相当分散，覆盖了华北平原境内大部分区域，其中不乏社会经济条件较好的府州，如顺天、保定、天津、河间、济南、武定等②，这说明底层百姓赤贫化是一个广泛的社会现象，如何为大量存在或者潜在的流民找到出路，是执政者需要优先考虑的问题。

从粮食安全保障的角度来看，既无法提升区内粮食产量（耕地潜力已尽），又无法提升来自外部的粮食供给（仓储匮乏、财政危机、调拨和采买粮食规模有限），通过移民来降低区内粮食需求就成为唯一可行的思路。乾隆晚期以来，特别是 1792 年旱灾之后的一段时间内，朝廷对东北封禁政策的放松，确实有助于缓解华北平原区内人地矛盾和救灾压力。从东北人口增长情况来看，1781 年奉天府、锦州府、吉林、黑龙江总人口约 94 万③；至 1820 年猛增至 249 万余人④，年增长率高达 25.3‰，显示乾嘉之际是一个移民人口激增的时段，移民总数超过百万，而其中相当一部分来自华北平原地区。也正是在此背景下，边外行政区划调整出现一个小的高潮时段，从 1800 年长春厅设置开始，此后十余年又相继设置昌图（1806 年）、白都讷（1810 年）和新民（1813 年）3 个厅，全部位于柳条边沿线地带，反映这里是本阶段移民垦殖的热点地区。

但也可能正是如此迅猛的人口增长势头，促使嘉庆帝重新收紧了对边外地区的封禁政策。从 1803 年发布的上谕来看，嘉庆帝还是留有一定余地，允许短期佣工、就食的只身贫民和灾荒年份的携眷饥民出关，前提是

---

①《清仁宗实录》卷 113，嘉庆八年五月乙未，《清实录》，第 29 册，第 496—497 页。

② 参见中国第一历史档案馆：《嘉庆八年管理民人出入山海关史料选》，《历史档案》2001 年第 2 期。

③（清）阿桂、刘谨之等撰：《钦定盛京通志》卷 36《户口》，《景印文渊阁四库全书》，第 502 册，第 15—23 页。

④《嘉庆重修一统志》卷 57《盛京统部》，《四部丛刊续编》本，第 116 册，第 34 页。

由地方官发给印票，到关查验；后者还需要逐级上报，“候旨允行”。这实际上是乾隆早期颁行东北封禁令之后执行的“禁中有弛”的思路，标准甚至更为苛刻，显然已经无法适应此时流民激增的现实。由此造成两方面的后果：一方面，严峻的社会矛盾和大灾频发的背景，使上述政策很难得到底层民众的积极响应和地方官员的切实执行。此后直到道光年间，东北境内的蒙地私垦现象仍然屡禁不止，主要集中在科尔沁左翼前旗、中旗和郭尔罗斯前旗境内[①]，说明仍有流民持续出关。但另一方面，当官府不再如1792年旱灾那样“详晰晓谕”引导饥民出关，而是重申禁令并要求验票出关，即便实际执行时有所通融，也还是大大提升了出关门槛和违禁风险，从而断绝了相当一部分民众前往关外谋生的希望。东北人口经过1781—1820年间的高速增长后，在道光年间增速显著放缓，按曹树基根据户部清册修正过的1851年人口数字，东北三省总人口419万，1820—1851年间人口年均增长速度约16.9‰。同时，东北的行政建置也处于停滞状态，1813年建新民厅后，至1862年设立呼兰厅，近50年间东北再未增加新的州县。

二、从饥民到“暴民”

嘉庆帝不顾人地矛盾日趋尖锐的现实重申封禁政策，又拿不出切实的措施来改善民生，其结果就是进一步加剧了18世纪晚期以来区内日益凸显的流民问题。日益增多的破产贫民无法通过迁徙找到出路，其行为方式势必趋向暴力化，对社会秩序的破坏性由此逐步增强。

还在上一阶段末期，《清实录》中就已记录了多起与流民有关的盗匪事件，如1787年在运河末端的静海、天津、通州等地，连续发生抢劫、盗窃过往船只的案件，涉及多个团伙；1789年更出现了成群持械抢劫湖南漕船的大案：“漕船于通州南营地方湾泊，夜半陡遭强盗数十人，手执凶器，追逼银钱，将李士俊之子李得荣打落河中殒命，众船畏不敢救，抢去大钱八千有零。”[②]因案发地处驻防严密的通州附近，乾隆帝初时甚至不肯相信，怀疑其中有弊。不过案件很快破获，案情虽不至如此夸张（团伙行窃拒捕，并未杀人），但乾隆帝对于“该犯等胆敢在辇毂之下纠窃行强”仍感诧异。[③]反映出此时华北境内的流民团伙并不少见，且已经带有

① 《清会典事例》卷978《理藩院・户丁・稽查种地民人》，第10册，第1127—1129页。
② 《清高宗实录》卷1335，乾隆五十四年七月庚戌，《清实录》，第25册，第1099页。
③ 《清高宗实录》卷1337，乾隆五十四年八月辛未，《清实录》，第25册，第1121—1122页。

一定暴力倾向。

进入18世纪90年代之后，这类恶性盗匪事件的出现频率反而有所减少，且连续两次大灾（1792年旱灾、1801年水灾）之后社会秩序都显得比较稳定，只在1801年水灾之后发生两起与灾民有关的群体性事件（顺天府大兴县灾民聚众进城请求赈济[1]；保定府新城县粮店囤积居奇，遭饥民抢劫[2]）。其中很重要的一个原因在于安辑流民的工作富有成效，对于灾民的区内流动政府尽力给予了救助（煮赈），而对更大规模的跨区流动（赴边外就食谋生）也并未加以限制。流民有了出路，区内的不安定因素也就随之减少。

但1803年重申关禁之后，华北平原境内的局势陡然间变得动荡起来，突出表现为动乱事件频次增加显著，并且动乱事件的级别逐步升高。从这一年到1813年，华北平原境内在11年间发生各类动乱事件28县次（作为对比，1792—1802年的11年间共发生5县次），其中包括盗匪事件11县次，涉及遵化、顺天、深州、河间、济南、临清等多个府州，多为团伙持械抢劫、伤人、拒捕等案件，反映整个华北平原境内已遍布流民。

1812—1813年旱灾期间，社会秩序进一步败坏，除了发生多起传教、民变、盗匪事件之外，1813年秋季更爆发了清代以来华北平原区内规模最大的一场武装起义——林清、李文成领导的天理教起义。此次起义除了创造性地在京城起事、并一度攻入皇宫之外，主战场位于冀鲁豫交界处，其中华北平原境内有12个州县（林县、滑县、辉县、浚县、封丘、考城、延津、获嘉、新乡、长垣、东明、开州）受到波及，全部位于此次旱灾的重灾区内。清军镇压起义的过程中，与之交战的义军人数动辄数千，甚至数万之众，其规模与此前同样发生在这一地区的数次秘密教门起事（如1774年王伦起义、1786年八卦会起事）不可同日而语。联系地方官员和清军将领奏折中常有"贼匪裹胁良民"之语，不难推断，尽管起义是通过秘密教门进行组织串联，但其发动之时，正逢旱灾在当地肆虐已极，加上政府救灾无力，大量饥民衣食无着，被迫铤而走险，成为义军迅速壮大的重要推动因素。

对于此次起义与灾荒之间的联系，嘉庆帝一直讳莫如深，甚至通过将大旱归咎于李文成等"逆党"上干天和来推卸责任[3]，但从事后对地方官

---

① 《清仁宗实录》卷90，嘉庆六年十一月甲申，《清实录》，第29册，第193页。

② 《清仁宗实录》卷91，嘉庆六年十一月辛丑，《清实录》，第29册，第211—212页。

③ "豫省麦收统计八分有余，……从来天人感应之理，省岁念征，历历不爽。……兹逆党已靖，流离安集，上苍宥罪施仁，腊雪盈尺，春雨依旬，麦收普庆丰登，而豫省且有麦穗双歧者，天心仁爱斯民，昭然可睹。"（《清仁宗实录》卷289，嘉庆十九年四月壬午，《清实录》，第31册，第958页）

的告诫来看，他实际对此有着相当明确的认识："现在军务已竣，安抚灾民最为紧要。此等乏食穷黎，系朕善良赤子，如不妥为抚辑，小民冻馁所迫，或再聚众掠食，扰害村庄，其意只图一饱，苟延旦夕，初无谋逆之心，与贼匪之蓄谋勾煽者迥不相同，但一经滋事，或闻拿抗拒，势不得不用兵剿捕。……良民苟不至救死不遑，必不肯冒法作乱。"①

世纪之交的短短20余年间，华北平原境内的流民问题迅速凸显，极端灾害背景下表现得更为突出。流民行为方式从1792年旱灾后相对和平的大批向边外迁徙，演变为1813年旱灾后的大批加入武装暴动，大的背景是人地矛盾的激化与社会底层的潜流暗涌（秘密会党、教门的活跃），而在政府一方，救灾能力的急剧衰减与不合时宜地收紧封禁政策，无疑也加速了流民问题的恶化。天理教起义之后，华北平原境内与流民相关的盗匪事件继续呈增多趋势（1814—1819年间出现盗匪相关记录17县次），如1814年"钱樾坐船至德州高官厂地方被盗，进舱者六人，在外把风者约有十余人……该处系南北孔道，钱樾以二品大臣坐船，盗匪等明火执仗，肆劫无忌"②；1818年"山东滕县、东阿、汶上、茌平、高唐、恩县一带近有匪徒或五六人、或八九人涂面执械，抢夺商旅，甚至打伤事主，将车辆径行赶去"③；1819年"宛平、房山交界之牛市庄竟有回民窝盗，数十人成群持械，强劫铺户银钱衣物，如不遂意，并即纵火焚烧"④。作案者均为武装流民团伙，或有固定窝点、或在交通要道沿线流动，而地方官府视若无睹，并不认真缉捕。

第四节　道光年间的灾害应对与后果

道光年间在全国尺度上都是一个极端灾害多发期，特别是长江中下游地区连年大水（如1823年大水⑤、1849年大水⑥），给作为清廷财赋重地的江浙地区（以太湖平原为中心）造成沉重打击，长期难以恢复元气，以

---

①《清仁宗实录》卷281，嘉庆十八年十二月辛亥，《清实录》，第31册，第834—835页。
②《清仁宗实录》卷297，嘉庆十九年九月癸卯，《清实录》，第31册，第1071页。
③《清仁宗实录》卷342，嘉庆二十三年四月丙申，《清实录》，第32册，第513页。
④《清仁宗实录》卷354，嘉庆二十四年二月己丑，《清实录》，第32册，第680页。
⑤ 张家诚：《1823年（清道光三年）我国特大水灾及影响》，《应用气象学报》1993年第3期。
⑥ 杨煜达、郑微微：《1849年长江中下游大水灾的时空分布及天气气候特征》，《古地理学报》2008年第6期。

至经济史学者将其与“道光萧条”联系在一起。[①]再加上道光晚期的第一次鸦片战争，进一步加剧自嘉庆年间以来持续的财政危机，朝廷用于荒政的支出日益不敷，这对本已左支右绌、严重依赖朝廷的华北平原救灾活动更加雪上加霜。以下通过道光早期（1822—1823 年水灾）、中期（1832 年旱灾）、晚期（1847 年旱灾）3 次典型灾害案例的对比，观察这一阶段朝廷救灾力度与灾害造成的社会后果随时间推移的变化。

一、1822—1823年水灾

1822—1823 年连续两年海河流域发生严重水灾，水灾指数分别达到 5.6 和 4.8，直隶两年被水州县都达上百个，几乎全境受灾。在此次水灾中，朝廷还是尽力组织了赈济，力度为道光年间所仅见，但相比于灾情而言，筹集的粮食数量仍然严重不足。

1822 年水灾发生后，直隶总督颜检随即筹划赈济事务，从灾后急赈到冬季大赈，约计需要赈粮 35 万石（其中直隶从天津北仓和各州县常平仓内拨发约 25 万石，剩余 10 万石由朝廷从通州仓拨发）[②]、赈银 80 万两（其中直隶因历任地方官员大量“借支”库银“并未报销”造成的亏空尚未填补，仅能凑拨 10 万两，其余 70 万两则有赖户部拨款和其他省份协济）[③]。年末筹划次年春季的展赈，计算如果全用“本色”粮食则需要 35 万石，而直隶全省仓储不过 5 万石，缺口达 30 万石[④]；直隶本拟将其全部改为“折色”（银钱）发放，朝廷决定其中 18 万石由通州仓拨发（其余 12 万石改折），后又改为从河南、山东漕粮中截留[⑤]。但直隶执行过程中又发现这两省漕粮中的粟米根本不够截留之数[⑥]，即使把小麦也全部截留，米麦两项合计也只有 12 万余石[⑦]，不足部分只能临时改发折色。此外原拟从这批漕粮中再截留一部分供京畿重灾州县平粜，最终也只能待后

---

① 李伯重：《“道光萧条”与“癸未大水”——经济衰退、气候剧变及 19 世纪的危机在松江》，《社会科学》2007 年第 6 期。倪玉平、高晓燕：《清朝道光“癸未大水”的财政损失》，《清华大学学报（哲学社会科学版）》2014 年第 4 期。

② 《奏为霸州等被灾州县需用赈米存仓无多请于通仓米内拨给赈济事》，道光二年九月初一日，朱批奏折 04-01-01-0625-015，中国第一历史档案馆藏。《清宣宗实录》卷 41，道光二年九月甲戌，《清实录》，第 33 册，第 726 页。

③ 《奏为查明司道各库银款不敷备赈请赏拨银两事》，道光二年八月二十四日，朱批奏折 04-01-35-0789-014，中国第一历史档案馆藏。《清宣宗实录》卷 40，道光二年八月丁卯，《清实录》，第 33 册，第 715 页。

④ 《奏为查明直隶被灾州县来春应需展赈银两不敷支用请准在附近省分拨解事》，道光二年十二月十八日，朱批奏折 04-01-01-0625-009，中国第一历史档案馆藏。

⑤ 《奏请截留豫东二省运通粟米就近散放事》，道光三年正月十四日，录副奏片 03-2834-001，中国第一历史档案馆藏。

⑥ 《奏为赏拨豫东两省粟米数目不敷请准截留米麦及改拨折色银两事》，道光三年二月二十一日，朱批奏折 04-01-01-0643-004，中国第一历史档案馆藏。

⑦ 《清宣宗实录》卷 50，道光三年三月辛巳，《清实录》，第 33 册，第 893 页。

续“南漕”北上之后再行截留（共6万石）。[①]尽管救灾组织过程出现不少问题，但本年灾情总体尚可控，灾后并未出现大范围饥荒。由于饥民涌入，京城煮赈规模有所扩大（仅限于对五城粥厂增发银米，并未添设粥厂），并在次年延期两个月结束。

1823年水灾范围较前一年略有缩小，但更加集中于以顺天、天津等府为中心的海河下游地区，灾情奇重，政府救灾压力倍增。由于经过上一年的赈灾之后，直隶本省仓储已然见底，还在农历六月，总督蒋攸铦便紧急上奏请求截留漕粮40万石于天津北仓备用，得到批准[②]；七月间因灾情较重，又要求再拨给奉天仓储粟米15万石[③]，并截留江西漕粮15万石[④]，也都获批。尽管赈粮总数似乎不少，但这些粮食并未能及时发放到灾民手中，如漕粮是八月底才全数卸载天津北仓[⑤]，此时奉天仓米也才刚开始筹备海运事宜[⑥]。直到十月大赈开始之后，灾民才开始得到一定数量的粮食，此前的急赈、摘赈都是全数发放折色。[⑦]冬春季节的大赈和展赈也以折色为主，前后发放赈银140余万两，由于直隶财政近乎枯竭，全部由朝廷通过各种渠道（如海关、钞关税银，户部库银，各省捐纳等）筹措拨发。[⑧]

尽管朝廷下拨大量经费和粮食，但本年救灾效果并不理想。广大灾民在冬季大赈之前只能获得少量赈银，在粮价飞涨的背景下无从糊口[⑨]，只能纷纷向京城迁徙。京城煮赈被迫于八月初提前开放，除了增发各厂银米，还在城外添设卢沟桥、黄村、东坝、清河、采育村、庞各庄等多处粥厂。[⑩]但大赈开始之后，直到次年春季，前往京师就食的饥民仍络绎不

---

① 《奏为顺天府属文安等州县上年被灾粮少价昂请准减价平粜事》，道光三年三月十六日，朱批奏折04-01-01-0643-010，中国第一历史档案馆藏。

② 《奏报直隶各属雨水过多情形并请拨留南漕以备急需事》，道光三年六月十三日，朱批奏折04-01-30-0487-019，中国第一历史档案馆藏。

③ 《奏为保定等地赈米不敷请敕盛京将军等于奉天存仓粟米内拨给事》，道光三年七月二十四日，朱批奏折04-01-01-0643-017，中国第一历史档案馆藏。

④ 《奏请截留江西漕粮以免支绌事》，道光三年七月二十八日，朱批奏折04-01-35-0243-029，中国第一历史档案馆藏。

⑤ 《奏报北仓截卸赈米起卸完竣及回空尾帮过津关事》，道光三年九月十一日，朱批奏折（附片）04-01-35-0243-034，中国第一历史档案馆藏。

⑥ 《奏为天津等处全赖商船贩粮平粜请准运赈海船于奉省带运二成商米免为纳税等事》，道光三年九月初六日，朱批奏折04-01-01-0649-045，中国第一历史档案馆藏。

⑦ 《奏为通州等州县被灾较重酌量煮赈并请准提早大赈事》，道光三年七月二十四日，朱批奏折04-01-01-0649-022，中国第一历史档案馆藏。

⑧ 《清宣宗实录》卷55，道光三年七月己丑，《清实录》，第33册，第980—981页。《清宣宗实录》卷61，道光三年十一月庚辰，《清实录》，第33册，第1070页。

⑨ “折色”发放标准为1.4两银折合1石米，而当年灾区粮价按最低价也在2两以上，最高超过4两。

⑩ 《清宣宗实录》卷55，道光三年七月庚寅、七月癸巳，《清实录》，第33册，第983、985页。《清宣宗实录》卷57，道光三年八月甲寅，《清实录》，第33册，第1007页。

绝，这令道光帝十分震怒，“近来京城内外饥民甚多，人所共见，且有夺取食物之事，该督等不能督饬各属妥办，以致灾民流离失所，已可概见；而奔往口外谋生者更不可以计数”，为此严厉申饬了蒋攸铦。[①]煮赈经过两次展期，至四月底接近停赈之时，就食者为数仍多，仅城内粥厂收容的外地流民就多达7380余人，道光帝也深感无奈：“此等流民，既不可押送回籍，致滋差役纷扰；若令其留滞京城，或填委沟壑，或流为盗匪，尚复成何事体！”但既然煮赈“截至五月二十日即应停止，势断不能再展”，除了例行公事地要求地方官“筹令各归原籍，俾无失所之处”，也并无他法。[②]这两年灾后社会秩序不算宁谧，直接与水灾相关的动乱事件如1822年河间县民人聚众挖开河堤，以邻为壑，并开枪打伤大城等县护堤民夫[③]；1823年怀柔县“有外来流民求给盘费，纷纷喧聚县署”[④]。京师因收容流民较多，社会治安也较为混乱，除了曾发生灾民抢夺食物之事，1824年春“竟有市井匪徒冒托饥民肆行抢夺者”[⑤]，只是上述事件尚不至于酿成巨变而已。

即便在效率和效果两方面都已大不如前，1822—1823年水灾之后的救灾活动仍不失为一次规模较大、相对成功的荒政实践。只是当时人可能没有想到，此次水灾竟成为道光年间，甚至整个清代华北平原境内最后一次由政府主导的大规模救灾实例。在此之后，荒政体系便陷入急剧衰败之中，再也未能回复旧观。

二、1832年旱灾

1832年旱灾基本覆盖全区，重灾区集中在直隶中部和南部一带，京师以北、豫北、鲁西北旱情稍轻。本年春季旱情就已发生，麦收较为歉薄；此后农历五月、六月持续不雨，旱情加剧，秋收失望似已成定局。朝廷和地方随即开始筹划赈务，直隶总督琦善初步估计需要截留漕粮40万石，并由户部拨银100万两[⑥]；朝廷决定银两照数拨给，“并碾常平仓谷二十万石，截留江西新漕三十万石，存贮天津北仓备赈”[⑦]。之后直隶在

① 《清宣宗实录》卷65，道光四年二月癸丑，《清实录》，第34册，第29页。
② 《清宣宗实录》卷67，道光四年四月庚申，《清实录》，第34册，第75页。
③ 《清宣宗实录》卷44，道光二年十一月壬申，《清实录》，第33册，第777—778页。
④ 《清宣宗实录》卷60，道光三年十月甲子，《清实录》，第33册，第1059页。
⑤ 《清宣宗实录》卷67，道光四年四月辛丑，《清实录》，第34册，第59页。
⑥ 《奏为预筹被旱地方灾赈事》，道光十二年六月二十九日，朱批奏折04-01-01-0734-064，中国第一历史档案馆藏。
⑦ 《清宣宗实录》卷215，道光十二年七月壬子，《清实录》，第36册，第196页。

核查常平仓谷时，发现存量普遍不足额，全省常平仓存储额度总计应为212万余石，但各州县上报现存仓谷合计约48万石，不到额度的1/4，进一步清查则发现实际存谷数字更低，141州县合计28万余石。[①]这意味着，如果后续赈灾真的需要"碾谷"20万石，基本等同于存粮悉数动用。

好在六月底之后直隶各地普降透雨，旱情缓解，上述预案并未成真。琦善于八月间上奏直隶"禾稼情形已与先时迥异"，漕粮只需截留10万石即够使用，其余20万石仍"运赴通仓交纳，以重积贮"[②]，道光帝马上予以批准。本年直隶上报"通省秋禾约收六分余"[③]，只有少数州县歉收比较严重，这样一来赈济规模大大缩减，至次年初只展赈了灾情最重的12个州县贫民1个月[④]。此外这一年朝廷还分两批从京仓拨出3万余石粮食，分发给京畿部分成灾州县，用于赈济和平粜。[⑤]

如果在本阶段中横向对比，本年灾害强度和对收成的影响尚不严重。灾害指数在60年间排第10；秋粮歉收指数4.6，排第9，虽不至于如直隶上报的那样接近于平年，但也不算特别突出。引人注目的是其饥荒指数却高达6.6，在本阶段中排第4；作为对比，1822年和1823年灾后饥荒指数分别为1.5和3.9。从朝廷到地方对于赈济银米的吝惜，很可能大大加重了灾情。琦善在各属普遍得雨的七月接到上谕，言明此前所拨银米"系宽为筹备"，现在情形已"迥不相同"，需要对各属灾情"确实查勘""是否成灾"，"断不准经手胥吏捏报冒滥，务使……帑项不致虚糜"[⑥]，其间用意颇可玩味。琦善随后便上奏将原拟之截留漕粮大部"返还"，户部拨发之赈银也以"国家经费有常，理宜加意撙节"为由奏明"毋庸请领"[⑦]，充分说明其确实善于体察上意。然而对于广大灾区来说，本年灾害虽未造成大面积绝收，但夏秋连续两季歉收，对于底层贫民生计的打击也十分严重，官府此举等于在相当程度上放弃了救灾职责，无疑是釜底抽薪。

---

① 《奏报清查核实直隶仓储谷在数目事》，道光十二年七月十九日，朱批奏折（附片）04-01-35-1207-038，中国第一历史档案馆藏。

② 《奏为截留南漕卸贮北仓十万石其余仍请运赴通仓事》，道光十二年八月十八日，朱批奏折04-01-35-0262-067，中国第一历史档案馆藏。

③ 《奏报道光十二年直隶各属秋禾约收分数事》，道光十二年闰九月初十日，朱批奏折04-01-22-0054-050，中国第一历史档案馆藏。

④ 《奏为查明灾歉州县来春分别接济粮银缓征新赋事》，道光十二年十二月十六日，朱批奏折04-01-35-0068-028，中国第一历史档案馆藏。《清宣宗实录》卷229，道光十三年正月甲戌，《清实录》，第36册，第423页。

⑤ 《清宣宗实录》卷214，道光十二年六月甲辰，《清实录》，第36册，第178页。《清宣宗实录》卷226，道光十二年十一月丙申，《清实录》，第36册，第374页。

⑥ 《清宣宗实录》卷216，道光十二年七月壬申，《清实录》，第36册，第218—219页。

⑦ 《奏为奉拨部库备赈饷银现毋庸请领事》，道光十二年九月二十日，朱批奏折04-01-01-0734-063，中国第一历史档案馆藏。

严重的饥荒导致本年京畿一带流民问题十分突出。由于夏季干旱，大批饥民从六月间就开始向京师流动，“东直、朝阳等门日进贫民百余人及数十人不等”“外来饥民携男负女，沿街乞食”[①]，迫使城内 10 处粥厂煮赈提前至七月十一日开放[②]。此后灾区得雨，秋收有望，进京就食的饥民规模没有进一步扩大。但到冬春之交，由于本年赈济力度严重不足，周边地区饥民大量涌入京师，朝廷不得不数度加强煮赈。先是十二月“于常赈例外每厂每日各加米一石”[③]；然后是次年一月“发京仓粟米三千石，于大兴县属定福庄、采育、黄村，宛平县属卢沟桥、庞各庄、清河六处设厂煮赈”[④]；仅一个月后又增给上述 6 处粥厂粟米 5000 石[⑤]。结果是“贫民闻风远至，人数较前更多，采育、庞各庄二处每日竟放至一万五千名之多，纷至沓来，日增一日”；面对此景，道光帝却并未像 1823 年水灾中那样申饬直隶总督办赈不力，只要求其“通盘筹画，悉心迅速妥议”解决办法。[⑥]而从后者的回奏来看，地方也并无良策，各州县已经尽力动用仓谷煮赈，不足部分只能“普劝捐输”，求助于民间力量了[⑦]。对于此次灾后发生严重饥荒的原因，朝堂上下其实心知肚明，但即便如此，也并无追加赈款、赈粮之动议。从道光帝甚至对于京城煮赈的开销都开始斤斤计较（“京仓所存粟米本属无多，而例应搭放兵米，岂能常川为赈济穷黎之用”[⑧]）来看，此次灾后赈济之无力，也是“非不为也，实不能也”。

在流民四出的背景下，社会秩序也趋于混乱。京郊定福庄六月放粜时发生聚众哄抢粮食案[⑨]；通州“所属各村庄有失业饥民聚集多人赴铺户勒借粮谷”[⑩]，并抓获“截抢过路粮车之李玉等五名”[⑪]；此外山东茌平，河南安阳、汤阴等县“屡有抢劫之案”[⑫]。民间秘密教门也颇为活跃，本年破获的离卦教（八卦教分支）尹老须（直隶清河人）传教案[⑬]，在赈灾之外牵扯了朝廷很多精力，直隶总督琦善还因为“失察”而革职留任[⑭]。

---

①《清宣宗实录》卷 214，道光十二年六月己亥，《清实录》，第 36 册，第 167 页。
②《清宣宗实录》卷 215，道光十二年七月庚戌，《清实录》，第 36 册，第 191 页。
③《清宣宗实录》卷 227，道光十二年十二月丁巳，《清实录》，第 36 册，第 397 页。
④《清宣宗实录》卷 230，道光十三年正月丙申，《清实录》，第 36 册，第 450 页。
⑤《清宣宗实录》卷 232，道光十三年二月乙丑，《清实录》，第 36 册，第 477—478 页。
⑥《清宣宗实录》卷 233，道光十三年三月壬午，《清实录》，第 36 册，第 493 页。
⑦《清宣宗实录》卷 233，道光十三年三月甲申，《清实录》，第 36 册，第 495 页。
⑧《清宣宗实录》卷 233，道光十三年三月壬午，《清实录》，第 36 册，第 493 页。
⑨《清宣宗实录》卷 216，道光十二年七月庚申，《清实录》，第 36 册，第 205 页。
⑩《清宣宗实录》卷 214，道光十二年六月丙申，《清实录》，第 36 册，第 160 页。
⑪《清宣宗实录》卷 215，道光十二年七月丁未，《清实录》，第 36 册，第 188 页。
⑫《清宣宗实录》卷 213，道光十二年六月甲申，《清实录》，第 36 册，第 141 页。
⑬ 该案具体过程参见朱建伟：《中国古代邪教的形态与治理》，北京：知识产权出版社，2018 年，第 381—388 页。
⑭《清宣宗实录》卷 216，道光十二年七月庚申，《清实录》，第 36 册，第 206 页。

三、1847年旱灾

1847年旱灾灾区在华北分布较广，以河南境内最为严重。在华北平原区内，重灾区集中在冀鲁豫交界处。基于此前多次灾害案例（如1784—1786年、1812—1813年旱灾）的经验，发生在冀鲁豫交界处的灾害，朝廷的赈济力度相比于近畿一带会低一些，反应也常显迟缓。但本年旱灾中，朝廷对于畿南一带灾区的漠视态度仍令人颇为意外。

从《清实录》中的记载来看，本年朝廷对于河南灾情相对重视，讨论较多，但主要是拨给一定经费由地方在其他省份采买粮食，自行运输，朝廷并不亲自组织粮食调度。唯一的例外是允许截留1.44万石河南本省漕粮备赈[①]，分摊到豫北受灾州县不过数千石而已。而对于同样属于灾区的直隶，除了少数几条涉及京畿雨水情形的记录，具体灾情如何、赈务如何，几无一语提及。至次年年初，朝廷展缓了直隶36个上年受灾州县的新旧未完赋税，并展赈盐山、邯郸、广平、大名、清丰5县灾民[②]，由此大致可以推测上年受灾范围及重灾区的位置。如此轻的救灾力度，说明朝廷对于上年直隶灾情并不掌握，而直隶也并未认真办理赈务。

实际上，本年灾情极其严重。旱灾指数4.8，已与1813年持平；秋粮歉收指数6.2，仅略低于1813年；而饥荒指数达到8.6，为本阶段最高值。根据地方志的记载，直隶邯郸县本年灾后“市子鬻女，饿踣于道者不可胜计”[③]，大名府内甚至出现“人相食”的惨状[④]；山东冠县“岁大饥，道殣相望”[⑤]；河南安阳灾后有“道光二七年，短工不值钱。粗糠搅榆皮，吃的可口甜”之民谣[⑥]。类似反映严重饥荒的记载在冀鲁豫一带相当普遍。

与1813年一样，由于灾区远离京城，饥荒引发的流民问题并未体现在京城煮赈的加强上，却反映为更加暴力的形式。本年冀鲁豫三省交界处盗匪案件频发，如山东省“夏秋以来，劫案之多，为向来所未有”，作案者“有掖匪、捻匪、枭匪、腹匪等名目，结伙持械，搜括兵刃，竖立旗帜名号，劫掠饱飏，种种不法，殊堪痛恨”[⑦]；其中九月有来自山东的“捻

---

① 《清宣宗实录》卷448，道光二十七年十月壬戌，《清实录》，第39册，第627页。
② 《清宣宗实录》卷451，道光二十八年正月壬午，《清实录》，第39册，第687页。
③ 光绪《邯郸县志》卷7《灾祥》，转引自张德二主编：《中国三千年气象记录总集》，第4册，第3062页。
④ 民国《大名县志》卷26《祥异》，《中国地方志集成・河北府县志辑》，第59册，第416页。
⑤ 民国《冠县志》卷10《祲祥》，《中国地方志集成・山东府县志辑》，南京：凤凰出版社，2004年，第91册，第387页。
⑥ 民国《续安阳县志》卷末《杂记》，《中国地方志集成・河南府县志辑》，上海：上海书店出版社，2013年，第22册，第488页。
⑦ 《清宣宗实录》卷449，道光二十七年十一月壬辰，《清实录》，第39册，第651—652页。

匪”一股“潜入（直隶）开州地方强借当铺银钱，……先后格杀并擒获贼匪多名，讯据供称捻匪分股四出，均带有火器枪械”，道光帝对此极为忧虑：“豫省灾民遍野，似此匪党横行，分起窜扰，倘阑入豫境，势必至裹胁饥民。……且恐有匪徒伪作饥民，乘间窃发，若不及早兜拿，贻患何可胜言！”[①]但即便朝廷一再严厉督促三省协同剿匪，最终还是没有多少下文。类似的大股武装流民直隶境内也不乏其例，“河间、冀州，及顺天之霸州、文安一带，盐枭结伙百数十人或二三百人不等，用驴驮载私盐，执持枪炮器械强行售卖，经地方官差拿，辄敢拒捕施放枪炮”[②]。

道光年间3次灾害之后的不同社会后果，是这一时期华北平原流民问题不断加剧、社会秩序迅速败坏的一个缩影。道光在位的30年正好是本阶段的后半段，30年间动乱事件平均每年发生3.6县次，频度较前30年增加一倍。在年代之间对比，1811—1820年间由于发生了天理教起义，达到一个显著的峰值（平均4.1县次）；此后10年社会秩序有所恢复，共发生动乱事件17县次，其中大多数为对抗程度较低的第1类事件（约占76.4%）；接下来的20年动乱事件再次激增，连续两个10年分别达到49县次和42县次，不仅数量超过了1811—1820年，对抗性也持续提升。1831—1840年间第1类事件占比降至40.8%，第2类事件上升至57.1%，已占据多数；1841—1850年间第2类事件占比飙升至95.2%，占绝大多数。早期与流民相关的动乱事件多为抢粮、求赈等形式，与生计密切相关；中期就已经出现许多小股盗匪，涉及抢劫、杀人等恶性案件；晚期进一步发展为组织严密的大股武装流民，甚至敢于占山为王，四处劫掠。动乱事件规模越来越大，与官府之间的对抗程度越来越强。

第五节　饥荒—流民—动乱：灾害影响的传导路径

在1791—1850年时段，以年降水量（南部4站平均）、水旱灾害指数序列与社会生态指标序列分别做相关分析，可以发现部分结果仍符合上一阶段总结的特点，同时又反映出一些新的变化。两个阶段之间最大的差异，就是这一时期气候、灾害要素对社会生态的影响更加广泛而深刻。

---

① 《清宣宗实录》卷447，道光二十七年九月甲申，《清实录》，第39册，第602—603页。

② 《清宣宗实录》卷447，道光二十七年九月甲申，《清实录》，第39册，第603页。

（1）动乱与灾害的联系增强

与上一阶段动乱事件与气候、灾害要素并无明显联系不同，本阶段动乱与降水、旱灾、收成、饥荒均存在显著的相关关系，其中与降水量呈负相关、与旱灾指数则呈正相关。这意味着，本阶段的动乱事件表现为在干旱背景下趋于多发。上一阶段的相关分析结果已经显示旱灾对华北平原社会的影响相比水灾更为显著，本阶段这一差别进一步上升至动乱层次，降水的增多甚至表现出对动乱存在一定程度的抑制（表 5-1）。

灾害（特别是旱灾）对于动乱的触发作用是通过对收成、饥荒等中间环节的影响来实现的。粮食收成仍在影响链条上扮演承前启后的关键角色，秋粮歉收指数与自然系统的降水量、旱灾指数、灾害指数均显著相关，同时与社会系统中的赈粮、饥荒、煮赈、动乱也都显著相关，是整个表格中最为活跃的要素。其中灾害指数与秋粮歉收指数之间的相关系数高达 0.793（旱灾指数与之相关系数为 0.637），后者与饥荒指数的相关系数亦达到 0.749，而收成与饥荒亦分别与动乱存在显著正相关，显示出灾害影响在粮食安全的不同层次（从生产到消费）之间的传递相当顺畅，灾害造成歉收、歉收引发饥荒、最终动摇社会稳定性。

表 5-1　1791—1850 年气候灾害与社会生态指标序列相关系数表

相关系数	年降水量	水灾指数	旱灾指数	灾害指数	秋粮歉收指数	赈粮数量	饥荒指数	煮赈记录频次	动乱事件频次
年降水量	—	0.500**	−0.545**	—	−0.301*	—	−0.365**	—	−0.284*
水灾指数	0.500**	—	−0.457**	0.553**	—	0.503**	—	0.507**	—
旱灾指数	−0.545**	−0.457**	—	0.489**	0.637**	—	0.667**	—	0.297*
灾害指数	—	0.553**	0.489**	—	0.793**	0.638**	0.601**	0.581**	—
秋粮歉收指数	−0.301*	—	0.637**	0.793**	—	0.636**	0.749**	0.508**	0.358**
赈粮数量	—	0.503**	—	0.638**	0.636**	—	0.531**	0.803**	—
饥荒指数	−0.365**	—	0.667**	0.601**	0.749**	0.531**	—	0.412**	0.316*
煮赈记录频次	—	0.507**	—	0.581**	0.508**	0.803**	0.412**	—	—
动乱事件频次	−0.284*	—	0.297*	—	0.358**	—	0.316*	—	—

*代表在 0.05 水平上显著相关；**代表在 0.01 水平上显著相关；—为无相关性或相关性不显著。

（2）救灾的缓冲效果减弱

在粮食安全的 3 个层次中，赈粮调度改变的是粮食供给，对于抑制灾害影响从生产（歉收）传递到消费（饥荒）扮演的角色至关重要。本阶段赈粮数量与秋粮歉收指数的相关系数为0.636，低于上一阶段（0.72）；与饥荒指数的相关系数为0.531，高于上一阶段（0.484），反映出赈粮发放的缓冲作用明显减弱。

与赈粮数量减少同时发生的，是有限的赈粮在时间和空间上的配置不均问题。由上述嘉道年间的多次灾害案例可以看到，力度大、效率高的救灾活动往往集中在王朝前期，特别是发生在皇帝继位（亲政）之初的1801年水灾、1822—1823年水灾都得到了朝廷的特殊关照，后期便每况愈下。另一个问题在于近畿一带发生的灾害往往会得到更多的救灾物资，而相对远离京师的冀南、鲁西北、豫北地区灾后从朝廷获得的物资则既不及时，也不充分（甚至完全没有），这其中有主客观两方面原因（主观上朝廷重视程度不够、地方官易于瞒报灾情；客观上远离仓储和水路，调度不便）。考虑到近畿一带（顺天、保定、天津等府）水灾多发（地势低洼，为海河水系众水汇聚之地），而旱灾更多发于冀鲁豫地区，这便带来一个严重后果——旱灾对华北平原社会威胁更大，这一阶段也更多发，但得到朝廷的赈济反而更少。从表5-1可以看到，赈粮数量与水灾指数显著相关，与旱灾指数的相关性却不显著，由此也就不难理解为何旱灾引发的社会后果更为严重。仅以上文的4次旱灾案例来看，政府赈济相对充分、并组织大规模跨区移民的1792年旱灾，灾后社会秩序相对稳定；而缺乏赈济的1812—1813年、1832年和1847年旱灾之后，都发生了严重的饥荒和社会秩序的失稳，甚至出现有组织的农民起义，其间反差十分明显。

（3）水旱灾害对流民的影响方式不同

流民是从饥荒到动乱的一个关键环节，极端水灾和旱灾都会在短时间内严重影响底层贫民的生计，并造成相当一部分人被迫离乡背井成为流民。但从相关分析结果看，水灾与旱灾对于流民的影响方式也存在一定差异。

极端水灾的过程更加短暂，一般发生在降水最多的夏季，空间上集中在河流下游，可能在数天内甚至转瞬间就造成房倒屋塌、作物绝收的惨状，从而形成爆发式的流民潮。流民潮的迁徙方向较为固定，一般是向心涌入附近城市（如京城、保定、天津）寻求收容。不过这些流民大多并未失业，随着水灾很快平息，许多会选择返乡，或等待赈济，或趁时补种晚秋作物以减轻损失。只有少数会留在城市，依赖煮赈渡过冬春青黄不接的时段。本阶段水灾指数与赈粮数量呈显著正相关，反映朝廷对水灾的赈济相对得力，这与水灾多发于近畿有关；与煮赈记录频次亦成显著正相关，反映水灾之后灾民向京城流动的现象比较突出，并引发朝廷加强煮赈的反馈。水灾指数与饥荒、动乱的关系均不显著，则说明政府的赈济和煮赈措施有助于降低灾后发生动乱的风险。但在本阶段，已经严重削弱的赈济并不能阻止大量流民的产生，而煮赈无论如何加强，对于流民的安辑作用仍有限度。1823 年水灾发生后，到次年春季煮赈即将停止之时，仍有上万流民滞留京城不去。如道光帝所言，一旦煮赈停止，这些流民无论押送回籍还是留滞京城，都难免“或填委沟壑”“或流为盗匪”的悲惨结局，这对未来一段时期的社会秩序，无疑是潜在的风险。

旱灾的成灾过程则是一个漫长的过程，旱情往往持续一年甚至数年，在此过程中，作物也并非总是绝收，而有时会有一季“薄收”。在此情况下，就不能指望官府能够及时给予赈济，甚至有时连租税都不会减免或者缓征。微薄的收成在缴纳租税之外不足以维持最基本的生计，很多贫民在灾情“上达天听”之前就早已破产，并在饥饿的驱使下外出求生。但在很多案例中，他们并不能在较短距离的迁徙之后得到妥善的收容，此时的流民常常与“饿殍遍野”“道殣相望”之类的描述联系在一起，不甘饿死者便相聚为“盗匪”，或为乘机起事者所“裹挟”。从历次旱灾来看，尽管也存在如 1792 年、1832 年这样灾区集中于近畿从而引发流民向心迁徙和京城煮赈加强的案例，但更为典型的则是如 1812—1813 年、1847 年这样灾区偏南、赈济乏力、饥民流离、社会动荡的案例。本阶段旱灾指数与煮赈记录频次相关性不显著，却与动乱事件频次显著正相关，其原因就在于此。

第六节　小结：气候压力激化社会危机

本阶段是清代华北平原社会危机全面加剧的时段，其中一个重要标志就是流民问题的凸显。即使是正常甚至丰收年景之下，也随时可见贫民因生计无着而离乡背井，在极端灾害背景下爆发的流民潮，其规模更是数以万计甚至十万计。这些流民中，有的是暂时寻求救济和收容，渡过饥荒之后还会返乡复业；有的则是永久地失去了土地、房屋甚至亲人，仅剩的选择就是漂泊四方。有的迁徙距离较短，去就近的城市中就食或谋生；有的则跨越千里，到边墙以外的新天地里碰碰运气。有的幸运地找到了落脚点，或得到救济渡过难关、或得到土地重新创业；也有的最终一无所获，在绝望中沦为“饿殍”；还有的则铤而走险，相聚为“盗”、为“匪”，直至大批加入义军。本阶段动乱事件频次由上一阶段的 0.53 县次/年急剧上升至 2.7 县次/年，已超过清代平均值，成为动乱多发阶段；其中与流民关系最为密切的第 2 类事件（盗匪）占比接近 2/3，并随时间推移不断增多，反映出流民问题正在失去控制，其对社会秩序的威胁程度越来越高。

流民的大量涌现，根源在于人地矛盾的激化与收入分配的失衡。由于耕地面积的增加和生产效率的提升速度赶不上人口增殖速度，人均粮食产量自 18 世纪早期以来便处于持续下降过程中，有限的产出又由于土地兼并和官吏盘剥而越来越难以得到公平分配，底层百姓的赤贫化日趋严重，抗风险能力越来越差。在此背景之下，18 世纪晚期开始的气候转折，又进一步激化了已有的矛盾，加速了社会危机的爆发。其影响主要体现在以下几个方面。

（1）气候急剧转冷直接导致无霜期缩短和冷害增多，迫使农民调整作物种类和熟制，从而在潜移默化中造成粮食产量的下降，此即梁清远所谓“有不知其所以然而然者”。按现代经验温度降低 0.8℃，对应粮食减产 8%进行简单估算，其对人均粮食产量的削减幅度，相当于人口自然增殖（按 7‰计算）约 12 年的结果。世纪之交的 1784—1820 年因此成为整个清代人均粮食产量下降最为剧烈的时段。

（2）本阶段降水量总体较前一阶段偏少，气候偏旱，同时在时空分配上更为不均，造成水旱灾害发生的频次和强度都有明显上升，并出现如 1801 年水灾这样导致全区近乎绝收的毁灭性大灾。而在此之前的几十年间又是清代华北平原极端灾害最为少发的一个平静期，社会上下救灾压力较小，奢靡风气滋生，进入本阶段之后对于接二连三发生的大灾显得猝不及防。本阶段秋粮歉收指数均值 2.42，较上一阶段的 1.82 显著上升，这就在气候转冷带来的生产潜力下降之外，进一步造成粮食产量的削减。

（3）纬度、海拔均高于华北平原的口外地区（承德周边）农业生产对气候变化更为敏感。还在上一阶段晚期，这里的人口压力就已开始显露。气候的转冷会进一步降低这里的农垦适宜性，缩减可耕地范围，进而限制人口容量。1782—1820 年间承德府境内旗民地面积几乎没有增加，人口增长也接近自然增殖，反映移民拓垦进程停滞，口外在容留灾民和输出余粮两方面的调节作用此时均已失效。尽管以当时口内的流民规模，口外即使处在兴盛期也很难完全接纳，但这一空间距离较短、政府限制较少的迁徙路线衰落之后，那些失业流民想要再获得一块土地，就只剩千里迢迢前往关外一条路，难度和风险都大大提升。对于其中的很多人来说，这就意味着生路的断绝。

面对严峻的流民问题，特别是灾后爆发的流民潮，从粮食安全保障角度，清廷的政策应对可以有两个思路：一是通过大力救灾，增加对灾区的粮食供给量；二是有组织地将饥民迁出境外，以降低灾区的粮食需求量，从而使灾害影响下的粮食供需失衡得到恢复。在上一阶段，前者占据主导（通过及时充分的赈济来抑制灾民外出规模），后者作为辅助（有限的流民主要由口外地区予以吸纳），应对效果总体良好。进入本阶段，朝廷的初衷仍是延续前一个思路，但时过境迁，通过成功的救灾来控制流民规模的设想已不现实。

实际上，在本阶段灾害强度提升、百姓贫困加剧的背景下，政府的救灾力度反而在持续削弱。朝廷赈粮调度数量均值为6.76万石/年，不仅大大低于上一阶段（18.29万石/年），甚至已低于清代均值（7.9万石/年）。对比历次灾害案例可以看到，分别堪称嘉庆、道光年间救灾典范的1801年和1823年水灾，仅就投入的物资数量（将银两折算成粮食）而言，仍然比不上发生在乾隆晚期的1792年旱灾；而即使是在上述3次灾害中，政府的救灾也未能抑制灾民的大规模外流，其他灾害中的情形如何自然可以想见。嘉道年间日甚一日的财政危机，大大削弱了朝廷的救灾能力和意愿；自上而下的系统性腐败与弥漫朝野的因循颟顸之气，也严重影响了救灾组织效率，使得本阶段历次救灾效果均难尽人意。

1792年旱灾提供了一个新的思路，乾隆帝下令将仍处在封禁中的关外地区向流民完全开放，甚至要求地方官员对流民进行充分解释以引导其出关，灾后也准其在当地入籍。此次人口跨区迁徙规模之大（据说有数十万之众）在清代的华北平原是空前的，从根本上缓解了区内的流民压力。此后约十年间，前往关外的通道持续敞开，由此引发了柳条边沿线的一轮开发热潮，嘉庆年间陆续设立的长春、昌图、白都讷、新民等政区单元，便是对当地移民开垦活动的追认。

以今天的眼光来看，乾隆帝的决策是相当务实的。在当时的情况下，大规模向关外移民可能是唯一可行的破解华北平原人地矛盾困局的途径。乾隆帝于旱灾次年（1793年）发布关于人口问题的上谕时还特意提到，“犹幸朕临御以来，辟土开疆，幅员日廓，小民皆得开垦边外地土，借以暂谋口食”，未必不是基于此次旱灾有感而发。然而，出于严守“中外之界”的考虑，嘉庆帝于1803年重新收紧封禁政策，加强山海关等处的稽查。此后尽管零星的出关行为并未断绝，但向东北的移民进程显著放缓。

一方面救灾力度不足，难以阻止饥民外流；另一方面重申封禁，阻止流民出关。政府此时能做的，似乎就只剩通过煮赈来收容安辑流民了。本阶段的多次灾害案例中，京城都组织了大规模、长时间的煮赈，收容流民数以万计，京城煮赈记录频次因此上升至 2.23 条/年，而上一阶段为 0.45 条/年。煮赈本是在流民产生之后的一种补救手段，以往只作为“大赈”的辅助措施，规模一般不大，但在本阶段流民激增的现实面前，因其“性价比”较高而受到朝廷的重视。但京城煮赈就空间而言只能惠及近畿地区，就时间而言也无法覆盖全年，对流民问题的缓解效果十分有限。

总之，本阶段区域社会生态系统的衰败之象已经显露得十分充分。不利的气候背景激化了人地矛盾，整个社会对于灾害极为敏感；遭到严重削弱的救灾活动不足以阻止灾后流民的大量涌现，而朝廷在封禁政策上的摇摆不定则堵死了对流民最具吸引力的一条出路。尤其是在灾害频仍却又远离京师的南部冀鲁豫交界地区，本阶段几乎从未得到有效的灾后救助，百姓灾后原地待赈往往无异于坐以待毙，外出逃荒则因缺乏明确方向而充满风险，侥幸没有沦为饿殍者，也随时可能走向与政府对抗的道路。由此也就不难理解，这里何以在嘉道年间成为大股盗匪往来劫掠的乐土，以及大规模起事的策源地。整个 19 世纪上半叶，华北平原境内的流民问题持续加剧，动乱风险不断上升，至道光末年，社会内部已是危机四伏，处在大动荡的前夜。

第六章 灾变交迭的崩溃阶段（1851—1911年）

19世纪后半叶，在清王朝步入暮年的同时，华北平原社会生态系统也无可挽回地走向了一个生命周期的终点。仍在持续加深的人地矛盾，与空前严重的自然灾害叠加，导致区域社会系统极其脆弱，流民问题失控、动乱事件频发。在本阶段初期的动荡平息之后，朝廷曾力图重振荒政体系，并通过加强京城煮赈和放松关外封禁来缓解流民压力，但未能从根本上扭转颓势。至世纪之交，仍是在极端旱灾的背景下，一场席卷全区的大动乱，标志着清朝建立的秩序与规范彻底瓦解，整个系统的生命周期演化史亦伴随着社会动荡与人口加速外流告一段落。

第一节 极端脆弱的人地系统

本阶段区内人口仍在持续增加，以直隶省为例，从1851年到1910年，60年间人口增加约1000万，增幅38%，年均增长率约5‰；同期耕地面积增速缓慢，晚期甚至出现小幅下降（部分耕地因长期积水等原因被迫放弃），合计只增加了 3.6%，大大低于人口增幅。至清代最后一个时间节点（1910 年），人均耕地面积已降至 3.5 亩，人均粮食产量则降至约 291kg，已经低于现代温饱水平阈值（300kg）。尽管此时各类杂粮作物（如玉米、甘薯、土豆、荞麦、豌豆）的种植在区内已相当广泛[①]，其中不少都是种植在未登记在册的零星地块，这些额外的产出可以在一定程度上提升农民青黄不接之时的生存能力，即所谓“瓜菜半年粮”，但如此之少的粮食占有水平已经很难维持正常的再生产，即便每年都风调雨顺，也难以避免大批底层贫民因各种原因而破产。

雪上加霜的是，本阶段气候状况较之上一阶段甚至更加糟糕，是 17 世纪末以来近 200 年间最为严酷的一个时期。明清小冰期的最后一个冷期尚未结束，温度仍然偏低，1851—1910 年冬半年温度距平均值为−0.77℃，仅略高于上一阶段，粮食生产潜力继续受到低温的制约。更为严峻的威胁来自降水方面，本阶段南部 4 站平均年降水量 627.6mm，与序列（1736—1911 年）均值（629.6mm）接近，但标准差高达 104.8，远高于平均值（97.4）和另外两个阶段。这意味着本阶段降水量围绕平均值的上下波动极为剧烈，极端水旱灾害多发。水灾、旱灾指数的变化也印证了这一判断。本阶段水灾指数均值为 1.57，旱灾指数 1.12，均显著高于清代和此前 3 个阶段的均值，只有清初灾害最为频繁的 1644—1690 年与之相近，反映这是一个极端水灾和旱灾反复交替发生的阶段。

本阶段共出现 11 个极端水灾年份，其中 3 个年份可排入清代前十（1853 年、1890 年和 1894 年），发生频率和强度均较上一阶段明显上升。其中 1883—1895 年是一个显著的水灾多发时段，有超过一半的年份（7 年）发生过极端水灾，1892—1895 年更是连续 4 年大水，为清代所仅见。本阶段华北平原在全国范围内也是一个显著的水灾中心（集中程度甚至超过了长江中下游地区），并可以识别出南北两个多发地带——北部集中在海河水系下游，南部则沿黄河下游干流呈条带状分布。[②]北部水灾多发除了受降水偏多、地势低洼等自然环境因素影响，也与海河各支流（特别是永定河）河工年久失修紧密相关，至 19 世纪晚期，只要降水稍多，即难免漫溢、溃决，一些低洼地区（如文安洼）长期积水不退，难以正常生产生活。[③]在南部的冀鲁豫一带，1855 年黄河发生重大改道，干流决口

---

① 王加华：《清季至民国华北的水旱灾害与作物选择》，《中国历史地理论丛》2003 年第 1 辑。

② 萧凌波：《1736—1911 年中国水灾多发区分布及空间迁移特征》，《地理科学进展》2018 年第 4 期。

③ 李文海、林敦奎、周源，等：《晚清的永定河患与顺、直水灾》，《北京社会科学》1989 年第 3 期。

铜瓦厢，向北夺大清河入海。此后这里连年发生水患，而修筑黄河大堤之事迟迟提不上议程；后来虽勉强修筑，但对洪水的抵御能力十分有限，大堤经常溃决，使这里成为一个新的水灾多发地带。

同时，本阶段也是极端旱灾最为多发的阶段，共出现13个极端旱灾年份，其中1877和1900年旱灾指数值可排入清代前十。除了总体多发，旱灾的另一个显著特征是持续时间长，体现为旱灾年份连续出现，如1856—1857年、1899—1900年，考虑到旱灾的成灾过程特点，当旱情持续超过1年，其造成的损失相比单年会成倍提升，而不仅是两年旱情的简单相加。最极端的情况发生在1875—1878年，连续4年旱灾指数值都达到极端旱灾标准，这也是整个清代华北平原发生的最严重的一场旱灾。南部4站降水量显示，旱灾顶点的1877年降水量仅为301.1mm，为序列最低值；1876年为429.0mm，为序列次低值。这场被称为“光绪初年大旱”的干旱事件对整个北方地区造成了深重的灾难，下文中将以此次旱灾为例，对华北平原社会所受的影响与灾后响应方式进行重点讨论。

在本阶段的61年中，有24个年份发生了极端水旱灾害，占比接近40%，再加上其他灾害种类（如蝗灾、冷害），对区域社会构成了沉重的压力；另一方面，本阶段也是区域内长期累积的社会矛盾集中爆发的时段，加上来自区域外部的不安定因素的扰动，使得社会上下难以对自然系统的挑战做出及时有效的响应，突出体现在本阶段的政府救灾活动中。

第二节　初期的社会动荡与秩序重建

基于不同社会生态代用指标序列的波动与组合特征，本阶段的60余年也可以进一步细分为不同的时段。以5年为一个时间单位，可以发现1851—1865年的15年间呈现出动乱事件频次高起、赈粮调度数量低落的鲜明特征，以此可将其与前后时段显著区分开来。

动乱方面，这一时段动乱事件平均每年发生13.6县次（仅统计本地起事者，不包括客军入境），为入清以来动乱最为多发的一个时段。19世纪50年代尚以盗匪事件为多，但已出现河南“联庄会事件”这样波及多处州县的有组织的武装起事。[①]进入60年代，在鲁西北的丘县、冠县、堂邑、莘县一带爆发了以宋景诗"黑旗军"为代表的大规模起义，参与者成分复杂，多有八卦教背景，以旗帜颜色进行区分，因此有"五大旗"的说法（实际有黄、红、白、蓝、花、绿、黑7种）。起义在1860年已有端倪，1861年全面爆发，烽火遍及山东、直隶交界地带，但当年即被镇压下去；宋景诗一度投降后于1863年再次于临清起事，转战多地后终告失败[②]，由此形成自1813年天理教起义以来又一个显著的动乱高峰。同时，来自区外的影响也不可忽视，1853—1855年太平天国北伐军、援北军曾在华北平原境内长期转战，1855—1868年间捻军在整个华北往来流动作战亦不时波及本区，大规模农民战争进一步破坏了原有社会秩序，对本地起事产生推波助澜的影响。策源于区内、区外的动乱交织在一起，造成这一时段区域社会陷入整体动荡。

在赈粮调度方面，1851—1865年延续了上一阶段末期的乏力，15年间几乎完全没有来自朝廷调度的赈粮下拨灾区。唯一的例外是1855年黄河决口铜瓦厢，改道向北，下游的直隶南部及山东西北部一片汪洋，朝廷准许截留山东、河南部分漕粮用于救灾。[③]此后的1856年和1857年，华北平原连续遭受旱灾，并伴随大面积飞蝗，甚至皇帝本人都曾在京城"亲见飞蝗成阵，蔽空往来"[④]，旱、蝗灾交迭，造成严重减产。两年秋粮歉收指数分别高达9.8和14.4，其中后者为仅次于1877年的序列第二高值。但在发生如此严重的灾情后，朝廷始终未能组织起成规模的赈灾活动，杯水车薪的赈灾物资也都只能由地方勉力筹集。如1856年灾后调拨的3万6千余石粟谷均来自直隶仓储[⑤]，1857年冀鲁豫三省均发生严重饥荒（饥荒指数为7），但同样没有任何涉及朝廷赈粮筹措的记录，无论仓粮、漕粮还是采买。唯一可行的救灾措施似乎只剩下加强煮赈。1856年秋，京城粥厂提前半个月开放，本拟次年三月十五日停止[⑥]，但由于流民的不断聚

---

① 联庄会本为抵挡太平天国北伐军而组织的地方团练武装，后则随着社会矛盾加剧发展为"纠众抗粮杀差"以至围攻州县的武装暴动，峰值时段在1854—1855年间，波及河南20余州县，参见池子华：《太平天国时期河南联庄会事件述论》，《历史档案》2007年第3期。

② 谢德、谢祥皓：《山东军事史》，济南：山东人民出版社，2011年，第280—281页。

③ "本年东河下北厅兰阳汛黄水漫口，旁趋河南、直隶、山东各州县，水势汪洋，延及三省。……前经降旨截留河南、山东漕粮各五万石分给赈济。……着发去内帑银十万两，交崇恩七万两、英桂三万两，以资抚恤；并将直隶缴回宝钞二万五千串发交桂良，抵发赈济之用。"（《清文宗实录》卷177，咸丰五年九月癸酉，《清实录》，第42册，第978页）

④《清文宗实录》卷206，咸丰六年八月壬寅，《清实录》，第43册，第241—242页。

⑤ "拨直隶仓谷三万六千四十石、银三万两、制钱九万串，分别赈给固安、永清、东安、开、东明、长垣六州县饥民。"（《清文宗实录》卷208，咸丰六年九月庚午，《清实录》，第43册，第276页）

⑥《清文宗实录》卷207，咸丰六年九月戊午，《清实录》，第43册，第262页。

集，煮赈期限也不断延长，至次年六月仍无法停止，清廷索性将粥厂开放时间继续延长两个月，与下一个年度的煮赈相接①。而1857年冬开始的煮赈同样一再展期，至次年五月又一次“加展五城煮赈三个月”②，至少持续至秋七月。京城粥厂连续开放时间长达近两年，创下了空前的记录。

煮赈的无限延期反衬出朝廷救灾的无力。放眼全国，此时各地以太平天国、捻军为代表的农民起义正风起云涌；在广东，第二次鸦片战争也已爆发，英法联军正准备北上天津，逼清廷就范。面对如此危局，即便是灾情近在肘腋，清廷也无暇顾及了。客观上，由于太平军、捻军彻底切断了以京杭大运河为核心的内河水运网络，漕运中断，南方各省漕粮改折，京城粮食供给发生危机，仓储极不充裕。1856年京、通仓储存粮合计109万余石，1857年只有72万余石，相比于道光晚期以300万石左右为常，可谓断崖式下跌。③京城自身粮食安全尚且无法保障，指望调拨仓储用于救灾自然更不现实。既无仓储存粮可拨，也无漕粮可供截留（此时只有河南、山东、江苏、浙江等少数省份漕粮尚在征收，且运抵京师的数量和时限均无保障），加之黄河改道后京畿以南一带水路运输大受影响，以往开展大规模粮食调度的物质基础也已不复存在。

可见，这15年间华北平原社会的整体动荡，正是全国尺度上清王朝统治危机的一个缩影。无论是政府救灾的削弱，还是动乱事件的多发，都无法脱离当时国内的大环境。这其中值得注意的一点是动乱触发机制的复杂化。一方面，灾荒引发的生计危机仍然是社会动乱发生的重要驱动力，几次大灾之后（如1853年水灾、1857年旱蝗）都能看到动乱事件频次的显著上升；两次大规模动乱中，河南联庄会起事便多以“抗粮”为号召④，山东黑旗军起义同样以聚众抗粮为先声⑤，亦有研究者注意到其爆发之前一段时期内生态环境恶化、水旱灾害多发的背景，认为山东当地勇悍的民风与秘密社会的壮大缘起于百姓艰难的生存状况⑥。但另一方面，

① “京师五城饭厂前经降旨展放两月，现值粮价昂贵，贫民生计维艰……着顺天府府尹于内城六门外各择地段，添设粥厂六处，俾城内旗民就近领食，每厂每日给粟米二石，并着放至年终为止。……其五城饭厂已展放至六七两月，着再加恩添放八九两月，至十月照例开厂，仍展至来年四月初五日止。”（《清文宗实录》卷229，咸丰七年六月丙辰，《清实录》，第43册，第571—572页）

②《清文宗实录》卷253，咸丰八年五月戊寅，《清实录》，第43册，第924页。

③ 李文治、江太新：《清代漕运（修订版）》，第45—46页。

④ 如辉县事件，“刁民纠党数千任情抗拒，开封、卫辉二属人心亦觉浮动”（《清文宗实录》卷152，咸丰四年十一月癸巳，《清实录》，第42册，第651页），经过参见池子华：《太平天国时期河南联庄会事件述论》，《历史档案》2007年第3期。

⑤ “平原东乡刁民集众携械，逼城放枪，以筹团费为名，抗纳漕米；莘县各里庄民传单纠结盐枭，携带枪炮来城，该县带役出城晓谕，竟敢放枪抗拒，以致互有杀伤；馆陶、冠县、堂邑等县亦分送传单，聚众抗欠钱漕。”（《清文宗实录》卷336，咸丰十年十一月乙卯，《清实录》，第44册，第1010页）

⑥ 朱斌：《不信教的教匪：鲁西北地方社会与宋景诗的“反叛”（1861—1870）》，《聊城大学学报（社会科学版）》2014年第2期。

两次起义又并非直接由天灾所触发（至少爆发当年并无严重灾荒发生），而更多与外部形势的发展有关，例如联庄会起事发生在太平天国北伐军过境之后，本为抵御北伐军而组织的地方团练反成为发难的主力；宋景诗等部起义则不难看到捻军活动的影响，特别是1860年捻军大举进入山东，转战中部、南部各地，造成鲁西北一带清军力量空虚，给当地发动起义创造了有利条件。[①]在加入来自区域外部的影响因素之后，大规模起义的发动时机便具有了更多的不确定性。

经历了十余年的动荡之后，伴随全国尺度上大规模动乱的渐次平息（特别是太平天国运动1864年最终失败），区内社会秩序亦开始逐步恢复。这其中一个标志性事件是1867年旱灾。此次旱灾重灾区大致集中在山西、直隶境内，旱情从春季一直持续到盛夏，京畿一带至农历六月末（公历7月底）才得透雨[②]，夏秋两季收成均歉；直隶灾情较重、次年需要继续缓征赋税者有62处州县[③]。不同于以往的是，此次旱灾中清廷开始出现积极的应对措施，除了在京城持续组织祈雨仪式，还向直隶灾区调拨了一批赈济银米："顺天、直隶各属虽间有得雨之处，而旱象已成。……该部（户部）现拟请于本届江浙海运糟粮尾船内拨给粳、籼米共十万石，山东河运漕粮头批内拨给粟米十万石，由天津道专司分拨，加恩着照所请。……所有由（户）部筹备银二十万两，亦着该兼尹等迅议章程，俟奏到时，即行如数发给。"[④]其标志性意义在于，如果不算1847年旱灾、1855年水灾中就地截留用于本省救灾的少量山东、河南漕粮，这是1832年旱灾发生的35年之后，第一次以天津为枢纽、以直隶为对象组织大规模赈粮调度。

与早年间漕粮全数通过运河北上不同，此时的漕运制度和路径发生了重大变化。大部分省份漕粮已然改征折色，仅有山东、江苏、浙江等少数省份仍在征收本色，以满足京城所需；由于京杭大运河许多河段难以通航，除山东仍通过河运，江浙两省漕粮已基本改为海运，在镇压太平天国运动的战争持续期间，海运漕粮数量也常常无法保障。[⑤]因此这次旱灾期间，朝廷能从江浙海运漕粮和山东河运漕粮中各拨出10万石赈灾，本身就是国内局势趋于缓和的结果。此外，由于担心旱情继续发展下去，赈济款项不敷，朝廷还要求各省筹措共计100万两，要求"一并于年内解到"[⑥]。

---

① 谢德、谢祥皓：《山东军事史》，第271—272、280—281页。

② "京师亢旱，屡经开坛祈祷。……（六月）二十五六等日，雷电交作，甘澍优沾，昨复昕宵霡霂，积润郊原。并据各处奏报，近畿均获深透。"（《清穆宗实录》卷207，同治六年七月丙辰，《清实录》，第49册，第677页）

③《清穆宗实录》卷221，同治七年正月辛亥，《清实录》，第50册，第2页。

④《清穆宗实录》卷206，同治六年六月庚子，《清实录》，第49册，第659页。

⑤ 李文治、江太新：《清代漕运（修订版）》，第353—355页。

⑥《清穆宗实录》卷206，同治六年六月壬寅，《清实录》，第49册，第662页。

虽然年末直隶总督官文的奏折显示，由于后期旱情缓解，直隶赈灾只动用了上述漕米 20 万石和户部库银 20 万两[①]，但也可看出此时随着财政状况的好转，朝廷对于赈灾的投入力度有所提升。

从重建序列来看（图 2-1g、2-1h），1866—1895 年的 30 年间，华北平原的赈粮调度进入一个相对活跃期，平均每年灾区可以获得朝廷调拨的粮食约 12.2 万石，赈粮调度强度指数平均为 3.89。尽管与乾隆年间无法相提并论，但相较于道光朝以来长期的颓势已有不少改观。朝廷有意愿、也有一定能力去组织救灾，对于这一时期社会秩序的恢复自然是有所帮助的。宋景诗起义失败之后的 30 多年间，这里没有再发生大规模动乱，动乱事件频次降至 3.9 县次/年。

不过，考虑到这一时期区内民生之脆弱、灾荒之严重，以这样的赈济力度，要想从根本上缓解区内流民压力，无疑也并不现实。就是在 1867 年旱灾期间，活动于直隶中南部和鲁西北一带的所谓“枭匪”（又称盐匪，武装贩运私盐的团伙）变得极为活跃，各股匪帮此起彼伏，数量多者可达数百、上千[②]，甚者在“裹胁”流民之后数量达到数千人[③]，延及境内 20 余州县，时任直隶总督刘长佑因剿匪不力而遭到革职[④]。经过清军竭力镇压，大股枭匪的活动至次年逐渐平息（同年西捻军亦在境内失败），这两年动乱频次序列因此又出现一个小的峰值。可见，政府有限的赈济活动，对于遏制灾后流民的出现收效并不显著；而当流民潮爆发之后，政府可以采取的措施也并不多。这一点，在此次旱灾之后不久发生的一场更严重的旱灾中，可以看得更清楚。

第三节　光绪初年大旱的社会响应

光绪初年大旱是整个清代最严重的一场旱灾，旱情主要集中在

---

① 《奏为查明本年秋禾灾歉各州县来春应需接济分别调剂事》，同治六年十二月二十二日，朱批奏折 04-01-01-0894-032，中国第一历史档案馆藏。

② “直隶马贼勾结盐枭，马步千余人窜至庆云之崔家口，围攻黄家屯庄，并探闻盐山县城有失陷之信。……并据（山东）德平县禀报，枭匪由沧州往旧州奔窜，约四五百人；沧州之羊三木一带，亦起有盐匪，约五六百人，势将东窜。”（《清穆宗实录》卷 217，同治六年十一月甲戌，《清实录》，第 49 册，第 844—845 页）

③ “六月初九日，突有土匪盐匪二千余人将蠡县境内北五福村、辛桥镇等处三十余村庄抢掠焚杀，现窜任邱、高阳一带，马队有八百余骑，大车有二百余辆，裹胁至二千余人。”（《清穆宗实录》卷 206，同治六年六月己亥，《清实录》，第 49 册，第 658 页）

④ “前因直隶枭匪滋事，直隶总督刘长佑未能迅速剿捕，致令日肆蔓延，叠经降旨将刘长佑革职留任，……乃近据穆腾阿奏报，枭匪日渐北趋，……以数百乌合之众，纵横奔突，且匪党渐增至千余，实属不成事体，刘长佑……着即行革职。”（《清穆宗实录》卷 215，同治六年十一月癸丑，《清实录》，第 49 册，第 810—811 页）

1876—1878年（光绪二年至四年）的3年间，尤以1877年为最，对其降水情况的复原及气候背景的分析，已有不少相关成果。较有代表性的如满志敏[①]、张德二[②]、郝志新[③]等人的研究，均认为东亚季风在超强ENSO事件影响下严重减弱，是旱灾发生的大气候背景。此次旱灾影响遍及全国十多个省份，中心区位于山西、河南等省，由于旱情持续时间长、程度重，灾区广泛发生饥荒，情形以1877—1878两年之交最为残酷，因此史称"丁戊（1877年丁丑、1878年戊寅）奇荒"。据估计，北方的山西、河南、直隶、山东、陕西五省损失人口（包括死亡和永久迁出）总计高达2290余万，仅山西、河南两省合计就超过1500万。[④]对于丁戊奇荒，从灾害史和荒政史视角展开的研究也已相当多见，专著如何汉威《光绪初年（1876—1879）华北的大旱灾》[⑤]、郝平《丁戊奇荒——光绪初年山西灾荒与救济研究》[⑥]，都对其成灾过程、社会后果及救灾情况进行了全面论述。

此次旱灾虽以山西、河南为中心（因此又称"晋豫奇荒"），但对位置偏东的华北平原而言同样也是清代所仅见的大灾。还在1875年，旱灾就已初露端倪，各地普遍发生春旱，京畿一带夏至前后雨泽仍不沾足，朝廷频繁举行祈雨。[⑦]此后夏季降雨集中，海河下游又发生水灾，因此年末的救济侧重于水灾灾区[⑧]，但当年因春旱直隶麦收实际比较歉薄，上报全省合计"约收六分余"，只是勉强没有成灾而已[⑨]，而秋粮也不乏因"得雨较少"而歉收之处。

1876年的年景几乎是前一年的翻版，也是春旱之后夏季局部水灾，区别在于旱情更加严重，旱灾灾区面积更广。直隶各地直到闰五月中旬（7月上旬）才普降透雨，上报麦收全省合计不过五分[⑩]，实际情况当更加严重。在直隶总督李鸿章的请求下，朝廷批准将尚未抵达天津的"所有山东后帮粟米尽数截留，并将奉天本届牛庄运通粟米二千九百余石，锦、宁、广、义四州县运通粟米一万一千七百余石一并截留"，用于直隶救

---

① 满志敏：《光绪三年北方大旱的气候背景》，《复旦学报（社会科学版）》2000年第6期。
② 张德二、梁有叶：《1876—1878年中国大范围持续干旱事件》，《气候变化研究进展》2010年第2期。
③ 郝志新、郑景云、伍国凤，等：《1876—1878年华北大旱——史实、影响及气候背景》，《科学通报》2010年第23期。
④ 曹树基：《中国人口史·第五卷 清时期》，第677、687、689页。
⑤ 何汉威：《光绪初年（1876—1879）华北的大旱灾》，香港：中文大学出版社，1980年。
⑥ 郝平：《丁戊奇荒——光绪初年山西灾荒与救济研究》，北京：北京大学出版社，2012年。
⑦《清德宗实录》卷10，光绪元年五月甲寅，《清实录》，第52册，第197页。
⑧《奏为查明本年直省文安等州县秋禾灾欠［歉］村庄来年应分别调剂事》，光绪元年十二月十八日，录副奏折03-9464-024，中国第一历史档案馆藏。
⑨《奏报直隶所属各州县二麦收成分数事》，光绪元年六月初六日，录副奏折03-6706-015，中国第一历史档案馆藏。
⑩《题报所属光绪二年二麦收成分数事》，光绪二年八月十七日，户科题本02-01-04-22051-021，中国第一历史档案馆藏。

灾。[①]后续据李鸿章奏报，截留的山东漕米数量为53 786石[②]，这样直隶本年获得的赈粮总数为6.8万余石（本年同样发生旱情的山东、河南则未获得朝廷调拨的赈粮）；此外朝廷还拨给直隶10万两银，"发交轮船招商局，分赴奉天、江苏、安徽、湖广等省采买米麦杂粮"[③]。由于麦收绝望，秋收也比较歉薄，近畿一带流民出现较早，朝廷便将"将五城粥厂提前三月，于七月初一日开放"[④]，并在城郊卢沟桥、礼贤镇等处添设粥厂[⑤]。本年直隶灾情较重，需要在次年春继续缓征赋税的州县，由前一年的43处上升至63处。[⑥]

尽管朝廷有所动作，但对于各省旱情的严重程度仍缺乏基本认识。特别是山西，此时已经是整个北方旱灾的中心，但朝廷对其受灾情况几乎全无掌握，年末对各省灾情进行总结时无一语提及山西。[⑦]次年（1877年）初夏新任山西巡抚曾国荃抵任之后，发现当地情况之严重超乎想象："去年秋稼未登，今春徂夏又复亢旱，二麦早萎，秋苗未能播种，百姓饥馑相望。……臣四月由豫来晋，道经潞、泽、沁、辽各属，目击荒旱异常，饥民已遍山谷"，其他中部、南部各府州情况更为严重，"垂危之命，犹复掇草根以为食，剥树皮以充饥，死于道途者不知凡几"。[⑧]朝廷的注意力随即转向山西，以及同样遭受大旱的河南。从年末的总结来看，朝廷筹措的赈灾钱粮基本都投放在这两个省，其中河南获得"李鸿章于海防经费项下拨银十二万两，截留本届江安漕粮[⑨]四万石，豫拨山东本年冬漕八万石，并准截留京饷银十万两、漕折银四万七千余两办赈"[⑩]。两批赈粮中，前一批由海运抵天津之后，于九月十五日起运，通过水路运至豫北的道口（今河南滑县境内），沿途如遇水浅难行，还须以陆路车运，十分艰难[⑪]；而后一批则要待次年春季漕粮起运时才可办理，时效性大打折扣。此外，考虑到河南几乎全境重灾，位于华北平原区内的豫北二府从中分得的份额

① 《清德宗实录》卷33，光绪二年闰五月戊辰，《清实录》，第52册，第473—474页。
② 《奏报遵旨办理截留山东后帮粟米情形并兑竣数目事》，光绪二年六月二十三日，录副奏片03-6672-014，中国第一历史档案馆藏。
③ 《清德宗实录》卷33，光绪二年闰五月戊辰，《清实录》，第52册，第474页。
④ 《清德宗实录》卷34，光绪二年六月壬寅，《清实录》，第52册，第496页。
⑤ 《清德宗实录》卷41，光绪二年十月庚寅，《清实录》，第52册，第584页。
⑥ 《清德宗实录》卷25，光绪二年正月甲午，《清实录》，第52册，第371页。《清德宗实录》卷46，光绪三年正月戊午，《清实录》，第52册，第639—640页。
⑦ 《清德宗实录》卷41，光绪二年十月庚寅，《清实录》，第52册，第584—585页。
⑧ 《奏为沥陈晋省灾情请划扣京饷以备赈济事》，光绪三年五月十三日，录副奏折03-9351-033，中国第一历史档案馆藏。
⑨ 由江安粮道负责收运之漕粮，主要来自江苏省长江以北地区。
⑩ 《清德宗实录》卷59，光绪三年十月甲申，《清实录》，第52册，第811页。
⑪ 《奏为豫省奉拨江北漕粮全数运往并拨给银两济赈事》，光绪三年九月十九日，录副奏折03-6299-052，中国第一历史档案馆藏。

也是极为有限的。

直隶、山东两省本年没有获得朝廷组织调运的赈粮，但境内旱情也很严重，山东位于区内的德州、济南两站旱涝等级都是5，直隶境内站点也多半为大旱。直隶冬春季节尚有一定降水，至四月后则持续亢旱，导致麦收减分，全省合计夏收约六分有余[①]；此后虽偶有得雨，但“每未深透”，秋粮亦受旱严重，京畿以南各府州为重灾区，全省秋收合计不足六分，需要次年春继续“接济”（蠲免、缓征赋税等项）的达70余州县；但由于朝廷无暇顾及，直隶只能自行筹银30余万两，用于赴奉天等处买米及办理以工代赈等事项[②]。山东则不仅自身没有获得救济，反而需要竭力协助其他省份救灾，除了当年漕粮全数征收，并就近分配给山西、河南两省外，还被要求向山西借银60万两用于买粮和转运所需。山东因自顾不暇，先只答应借给10万两，在山西官员和朝廷一再要求下，不得已动用了准备“赴奉天买米，原以备冬春青黄不接之需”的款项（8万两），又凑出10万两，5万两用于山西买粮，5万两用于将截留的漕粮运往山西。[③]

显然，在空前严重的大旱面前，朝廷对于救灾工作的轻重缓急进行了权衡，将有限的钱粮优先救济灾情更重的晋豫两省，而在事实上放弃了以直隶为主体的华北平原。此前连续数年受灾，一直未能得到喘息机会的当地社会因此陷入绝境。本年秋冬至次年春夏，华北平原出现了清代以来最严重的一场饥荒，1877年饥荒指数21.1，1878年11.6，分别为序列最高值和次高值（图2-1i）。尤其是三省交界地带的重灾区，民众大量饿死的现象极为普遍，多处州县出现人相食的惨景。据直隶总督李鸿章奏报，次年春季灾情较重的“河间、保定、正定、深、冀等属灾重地方，半系鸠形鹄面之人，贱鬻子女，拆卖屋料，以延残喘。虽百亩之家，亦拆屋过半。往往一村之中，驴马未见，鸡犬无闻。贫民惟取杨树叶、榆树皮、高粱梗充饥，若以粗粮和叶草煮食者，百中之一二，甚有一家数口饥毙于室，殊属惨目伤心”[④]。不甘饿死者四处就食，在京畿一带形成规模空前的难民潮，对冬春例行的煮赈活动带来沉重压力，迫使清廷一再打破常例，对煮

---

① 《奏报直隶直属各州县光绪三年二麦约收分数事》，光绪三年六月十九日，录副奏折03-6708-015，中国第一历史档案馆藏。

② 《奏为查明本年灾歉各州县来春应行接济事》，光绪三年十二月十八日，录副奏折03-7099-030，中国第一历史档案馆藏。

③ 《奏报匀借晋省赈济银两等事》，光绪三年十一月二十一日，录副奏折03-9356-044，中国第一历史档案馆藏。参见《清德宗实录》卷62，光绪三年十一月丙子，《清实录》，第52册，第865—866页。

④ 《奏为畿疆灾黎甚众赈粮不敷请旨截拨南漕事》，光绪四年三月二十日，录副奏折03-5581-084，中国第一历史档案馆藏。

赈进行加强。

清代早期京城煮赈主要由官办的五城十厂执行，历经清中叶流民激增的时段，这一时期京城内外可以在冬春时节开展煮赈并收容流民的慈善机构也已大为增加，其中许多都是由民间的士绅商人捐资建立。初期官府只需监督其运转情况，一般不直接拨给银米；后期则由于流入京城的贫民数量过多，往往超出这些民办机构的承载能力，只能不断由官府“注资”来维持运转。有的机构从建立之初就接受官方的定期资助，例如本年广安门内由官绅商人捐资建立的资善堂（有屋百余间，可收容千人），便直接申请每年冬季拨给300石小米用于煮赈，得到批准。[①]九月开放之后，前来资善堂就食的贫民很快超过千人，且“日见加增”，发给的300石小米只够用到年底，于是朝廷又批准加给小米200石[②]；此后又于次年春加给经费“银五百两，岁以为常”[③]。有资善堂的先例，开办更早的崇善堂（南城清化寺街）和百善堂（北城梁家园）两处因本年收容流民过多（前者一千三百余人，后者七八百人），款项支绌，也申请以本年为始，由官方每年资助小米300石。[④]本年民办慈善机构经费不敷是一个普遍现象，位于外城的朝阳阁、卧佛寺等8处粥厂本来都是由“绅士劝捐办理，并不请领仓粟”，但本年十月初一开放以来，“就食人数既多，米价复昂，所筹经费实有不敷散放之势”，因此几位巡城御史联名上奏，要求从十一月起按月发给米石（8厂合计每月330石），亦获批准。[⑤]次年二月，朝廷给所有官办粥厂每日加给粟米1石，这些曾获官方资助的民办机构也一律照此办理。[⑥]

除了资助已有粥厂，朝廷还在京郊各处开办了一系列临时粥厂。先是于十一月在安定、东直、朝阳、德胜、西直、阜城六门外及卢沟桥各设粥厂一处，以每厂每日煮米2石计，一次发放粟米1500石，经费银3000两[⑦]；此后又添设礼贤镇等4处，及赵村、鲍家庄2处粥厂[⑧]。尽管如

---

① 《奏为广安门外［内］善济［资善］堂官绅捐助贫民力难久继请赏米石赈济事》，光绪三年八月初一日，录副奏折03-6529-020，中国第一历史档案馆藏。

② 《奏为西城资善堂现人数渐多米数不敷支放请旨加赏米石事》，光绪三年十二月初十日，录副奏折03-5580-072，中国第一历史档案馆藏。

③ 《清德宗实录》卷65，光绪四年正月壬戌，《清实录》，第53册，第8页。

④ 《奏为南城崇善堂北城百善堂二处暖厂贫民日增经费不敷援案请旨赏给米石事》，光绪三年十二月十八日，录副奏折03-5580-080，中国第一历史档案馆藏。

⑤ 《奏为京师贫民过多外城各粥厂经费不敷援案请旨赏加粟米赈济事》，光绪三年十月二十一日，录副奏折03-5580-049，中国第一历史档案馆藏。参见《清德宗实录》卷60，光绪三年十月壬寅，《清实录》，第52册，第826页。

⑥ 《清德宗实录》卷68，光绪四年二月己亥，《清实录》，第53册，第46页。

⑦ 《清德宗实录》卷60，光绪三年十月乙巳，《清实录》，第52册，第828页。

⑧ 《清德宗实录》卷64，光绪三年十二月庚子，《清实录》，第52册，第884—885页。

此，到了次年年初，面对仍在不断增加的外来流民，以上京城内外所有纯官办或官方资助的粥厂，再加上20余处由民间捐资经理的粥厂，都已不堪重负，除少数尚能早晚施粥2次，大多因“经费无多，止能日给一次”；朝廷除了再次加给米石，只得又在外城永定、左安、右安、广安、广渠门外增设粥厂5座，一次性发给粟米2000石，经费3000两。[①]除在京城内外这18处添设粥厂之外，因北运河终端的通州聚集饥民甚众，朝廷也下令在张家湾添设粥厂1处，并由通州仓拨给米2000石。[②]

由于流民始终不散，开春之后朝廷又两次延长了煮赈时间，为期各两个月，直到农历七月二十日才最终结束本年度的煮赈活动。整个1877—1878年度，《清实录》中与煮赈相关的记录多达19条，为历年之最，大部分都是打破常规的“特例”记录，其中涉及煮赈提前或延期的有4条，增发粥厂银米的有7条，添设粥厂的有4条。

尽管朝廷事先对于本年流民可能较多还是有一定心理准备——“本年京师夏间亢旱，顺天各属收成歉薄，现在粮价昂贵，贫民糊口维艰；且河南、山西被灾甚重，饥民转徙流离，至近畿一带觅食者谅亦不少”[③]，但如此大的规模还是令朝野上下感到震惊。于是有官员上奏，指责上一年直隶河间等府受灾较重，而地方官员“捏报六七分收成”，总督李鸿章未能及时察觉，而近来“直境流民纷入都城，亦见该督办理赈务之未善”[④]。晚清地方官员捏报收成，特别是将成灾（五分以下）捏报为五六分收成（既可以不请赈，又不会因捏歉为丰承担风险）的做法相当常见，从马国英对光绪年间山西收成奏报的研究就可见一斑。[⑤]直隶在此次整个大旱过程中上报的通省夏秋两季收成常在五六分之间，也可推测瞒报匿灾现象可能十分普遍，对于地方大员的所谓“失察”，朝廷也往往并不过多追究。至于直隶前一年办赈不力，则更多是由于朝廷救灾重心在晋豫两省，对此朝廷也是心知肚明；因此只是将奏折抄送李鸿章，待后者上疏引咎自责时，朝廷便以“该督叠次筹款购粮，分拨赈粜，兼筹山西、河南赈运事务，尚属认真”予以宽免。[⑥]

京师流民的激增，终于使朝廷对直隶饥荒的严重程度也有了充分认

---

① 《奏为遵旨会议御史刘恩溥奏京师外来贫民日众请饬妥为安插一折事》，光绪四年二月二十五日，录副奏折03-5581-044，中国第一历史档案馆藏。参见《清德宗实录》卷68，光绪四年二月乙巳，《清实录》，第53册，第53页。

② 《清德宗实录》卷69，光绪四年三月丙辰，《清实录》，第53册，第73页。

③ 《清德宗实录》卷60，光绪三年十月丁酉，《清实录》，第52册，第818页。

④ 《清德宗实录》卷68，光绪四年二月庚戌，《清实录》，第53册，第63页。

⑤ 马国英：《晚清粮食收成分数研究（1875—1908）——以山西省为例》，《西北师大学报（社会科学版）》2015年第3期。

⑥ 《清德宗实录》卷70，光绪四年三月丙寅，《清实录》，第53册，第82页。

识。因此当李鸿章顺势请求截留江苏漕米12万石、江北漕米4万石备赈时，朝廷很快便予以批准。①本年赈灾重心仍然是晋豫两省，直隶能够借助其政治地位和运输上的便利条件，争取到16万石赈粮，已是殊为不易。但由于该省上年秋冬就旱荒异常，冬小麦多未能下种，下种者亦因“春初既少雨雪，三四月间又被风霾，半就枯萎”，大部分府州夏收不过二三四分不等②，这些赈粮相比于灾情还远远不够充足。好在入夏之后各地终于普降透雨，秋粮得以有收，据直隶上报通省合计约七分余③，这场持续4年的大灾至此才算落下帷幕。

整个大旱期间，华北平原得到的政府救济都是极不充分的，尤其是在灾情最重的1877年，几乎没有得到任何救济。这使得灾荒引发的流民迁徙呈现失控态势，除了规模巨大，流民行为也趋于暴力，表现为华北平原境内动乱事件频次的上升，以及作为迁徙目的地的京城社会治安状况的败坏。1877年发生动乱事件12县次，成为一个频次显著高于前后时段的异常峰值，且全部为与流民密切相关的盗匪事件，如“直隶武强县有砍刀会土匪，百十成群，约有千余名之多，在景州、阜城、武邑、枣强、衡水、饶阳一带肆行抢劫；顺天所属之霸州、通州、固安等处亦均有明火拒捕及路劫之案”④。京城治安记录频次也是从1877年开始急剧上升，反映出治安状况的败坏，如“宣武门外绳匠胡同工部主事潘国祥寓所有明火抢劫之事，并闻直隶南宫县有匪徒纠众联盟，名为砍刀会，潜赴京城，散布各处抢劫”⑤；“近来内外城盗窃之案层见迭出，并偷揭天坛外围墙檐瓦，广渠门迤南城垣亦多拆毁情形，正阳门外一带并有白昼抢人财物之事”⑥。治安的败坏与流民的大量涌入密切相关，由于京城慈善机构的收容能力远不能满足流民生存所需，于是多有铤而走险者。如御史曹秉哲发现内城崇文、宣武两门内东西均有粥厂，每厂领赈饥民多至数千，而“饥民滋事已非一朝，近来益肆猖獗，沿街抢夺，无所不为”，为此深为忧虑，提出要将内城各处粥厂全部移至城外，并对外城饥民设法弹压。⑦尽管朝廷并未完全采纳其意见，但也同意内城重地“自应慎密稽查，免致宵

① 《清德宗实录》卷70，光绪四年三月壬申，《清实录》，第53册，第88页。
② 《奏报本年麦收情形事》，光绪四年六月二十九日，录副奏折03-6709-028，中国第一历史档案馆藏。
③ 《奏报查明秋禾约收分数事》，光绪四年九月二十六日，录副奏折03-6709-051，中国第一历史档案馆藏。
④ 《清德宗实录》卷54，光绪三年七月己巳，《清实录》，第52册，第747页。
⑤ 《清德宗实录》卷58，光绪三年九月庚午，《清实录》，第52册，第795页。
⑥ 《清德宗实录》卷81，光绪四年十一月戊申，《清实录》，第53册，第236页。
⑦ 《奏为京师内城粥厂宜择地挪移外城饥民宜设法弹压以防流弊事》，光绪四年三月十五日，录副奏折03-5581-077，中国第一历史档案馆藏。

小混迹”[1]。

总之，从光绪初年大旱这一实例可以看到，尽管同光之际的清廷救灾意愿较此前有所增强，组织动员能力也有所提升，但相比于清代鼎盛时期，政府能够调度拨发灾区的赈灾钱粮（特别是粮食）数量远不可同日而语，加之社会民生凋敝，对灾害抵御能力极低，这便决定了政府救灾对于流民迁徙的抑制效果是十分有限的。事实上，在19世纪的最后30多年间，华北平原区内流民问题不仅没有解决，反而持续加剧，在大灾背景下往往出现流民爆发式增长的现象，并对社会秩序造成剧烈冲击。

第四节　流民问题的应对：煮赈与弛禁

与此前各阶段相似的是，本阶段华北平原境内的流民仍然有两个显著的迁徙方向。区域之内是由乡村向心流动到城市，其中以流向京师为最多；跨区域的则是向北出边，特别是向东北前往奉天、吉林、黑龙江及蒙古地方。不同的是本阶段流民规模远远超过此前所有阶段，无论是区内还是跨区流动。从上述光绪初年大旱的例子可以看到，涌入京师流民规模的增大与滞留时间的延长，迫使清廷通过加强煮赈来进行应对；而跨区流民的显著增加，则与清廷从咸丰年间就放松了对东北的封禁政策有关，正因为这样，在大旱中朝廷并没有像以往一样针对是否放松长城边口稽查展开讨论，而是听任灾民流动。至20世纪初实行“新政”之后，更是在边外大量放垦，鼓励流民出边。这两方面的政策调整，虽然可以在一定程度上缓解救灾压力、稳定灾区秩序，但又带来了新的社会问题，特别是在流民大量涌入的京师和边外地区，产生了新的风险。

一、京城煮赈加强与治安败坏

京城煮赈活动贯穿了整个清代历史，基于京城煮赈记录频次序列可以划分出几个阶段。整个清代早中期煮赈记录数量一直不多，波动幅度也不大，说明每年冬季京师收容流民的数量有限，煮赈在荒政体系中只是作为常规赈济手段的辅助措施存在。第一个转折点出现在1792年，这年旱灾

---

① 《清德宗实录》卷70，光绪四年三月乙丑，《清实录》，第53册，第80页。

中京城煮赈的增强反映出一个趋势，即康乾盛世之后朝廷财政状况的恶化，使得18世纪中期大规模发放银米、将灾民抑留于原地的做法已难以为继。在流民迁徙无法避免的情况下，煮赈以其节省开支、能解燃眉的特点受到朝廷重视，在荒政中的地位随之提升。此后在嘉道年间的多次大灾中（特别是灾区集中在京畿一带的大灾，如1801、1823年水灾，1832年旱灾），朝廷都有意通过加强煮赈来提升京城的难民安置能力，以弥补赈灾银米的不足，缓解周边地区救灾压力。1791—1850年的60年间平均每年出现煮赈记录2.23条，大部分年份记录都是所谓“常例”，一般为2条（一条为官营粥厂开始煮赈，一条为补贴个别民营慈善机构煮赈用米），保持了较好的稳定性。这似乎说明，虽然这一阶段区内流民问题日趋严重，但除了严重饥荒年份之外，京城收容的流民数量仍在可控范围内。

而进入本阶段后，京城煮赈记录频次激增，1851—1911年间平均每年出现4.93条。一方面，在灾荒年份出现大量特例记录，如1877—1878年度特例记录多达15条；另一方面，此前的特例不断变成常例，亦导致常例记录增加，如前述光绪初年大旱中便多次出现朝廷批准对此前主要为民办民营的慈善机构（暖厂、粥厂）予以补贴、并从此引为定例的记录。这样，前一年的特例，便可能成为下一年的常例，日积月累，即使当年没有大灾发生，也会出现朝廷对一长串民办机构发放银米的记录，常多达四五条甚至更多。特例与常例记录的交替增加，反映出政策的不断调整——煮赈正在从政府救灾活动中的临时性、辅助性措施转向常规性、主导性措施，朝廷对于煮赈的重视程度日渐提升，不仅官营煮赈活动规模越来越大，还将更多的民营慈善机构纳入补贴范围。

政策调整的压力来自不断涌入京城的流民，其中一部分属于短期的生计困难，在青黄不接之时进城寻求一定救助；另一部分则已经破产，被迫长期流落京城，如果在冬季得不到收容，则难免冻馁之虞。但当朝廷在流民压力之下对煮赈进行加强后，又反过来对京畿一带的流民产生了一个显著的吸引力，进一步加速了他们的向心流动，由此形成了一个令朝廷始料未及的恶性循环。流民规模开始失控，并对京城内外的社会秩序产生灾难性的影响。一方面，无论朝廷怎样强化煮赈，流民收容能力的提升速度也跟不上流民数量的增加速度，那些得不到妥善安置的流民，便如御史刘恩溥所言，“驯良者沿门告乞，桀骜者沿街抢夺”[①]；另一方面，粥厂一般只在冬春两季开放，煮赈结束之后，那些因失业而无法返回原籍的流民缺

---

① 《奏为遵旨会议御史刘恩溥奏京师外来贫民日众请饬妥为安插一折事》，光绪四年二月二十五日，录副奏折03-5581-044，中国第一历史档案馆藏。

乏生计，同样构成对社会治安的潜在威胁。

京城治安状况在煮赈加强之后的急剧败坏印证了上述推论。整个清代京城治安记录频次平均为2.12条/年，其中1791—1850年间为1.25条/年，至本阶段则急剧上升至7.77条/年；而在煮赈显著加强的1877年后更是持续走高，到1898年（义和团运动兴起之前）的22年间，平均每年治安记录多达14.91条。这段时期内华北平原灾害频发，特别是永定河下游几乎连年溃决，京畿一带哀鸿遍野，无数灾民涌入京师求赈，即便朝廷一再加强煮赈也不敷所需。在此背景下，社会治安日益败坏，各类恶性案件（如抢劫、杀人、盗墓）数量急剧攀升，京城捕务日益废弛。根据1883年左都御史延煦等人的总结，对京城治安威胁最大的是3类团伙，即土棍（既有“外省无赖皆亡命之徒，流而为匪”，也有本地富户甚至宗室聚众盘踞，“奋臂一呼数十人可以立致”）、逃犯（各地定罪发配之人脱逃至此，“明劫暗偷，皆其惯技，一旦有隙可乘，轻则明火，重则戕官，何所不至”）、邪教（九宫、八卦、白莲、无为等教信徒潜伏京城者为数不少，“虽未犯法生事而心怀叵测，盖纠众敛钱之害小，而死党相结之患大”），无论哪一类团伙的壮大都离不开破产流民的加入，甚至本身就是流民抱团而成；此外还有分散作案的“鼠窃狗偷，屈指难罄”，也多与流民有关。①

京城治安状况败坏的极点是1894—1895年，这两年同时也是1883年以来长达十余年的水灾多发期的顶点。在此之前的数年间，华北平原已经连续发生多次极端水灾，以1890年、1893年为重，至1894年夏秋之交（农历五月下旬至七月底）再遭重创，“节次大雨，霪霖不休，加以上游边外山水及西南邻省诸水同时汇注”，境内海河、滦河、运河各水系全部暴涨，堤防纷纷漫决，“平地水深数尺至丈余不等”②；仅直隶一省，次年春季需要进一步抚恤并蠲免、缓征赋税的受灾州县即多达102处③。尽管灾情如此严重，但由于本年清廷既要应付对日战争，又要筹办十月太后六十寿辰庆典，并无多少余力赈灾。下拨直隶灾区的钱粮，除了分两批拨给顺天府的仓米各3万石④，主要就是从两淮盐商捐款、湖南漕粮改折银等项中凑出的34万余两赈灾款。至年底直隶总督李鸿章筹办春季赈务，深感“工赈两项需款浩繁，不敷甚巨”，又申请将本年江苏冬漕12万石改折

① 《奏请整顿京师捕务并妥议章程事》，光绪九年六月二十四日，录副奏折03-7226-033，中国第一历史档案馆藏。

② 《奏为顺直本年被水灾重州县请蠲豁粮租分别抚恤事》，光绪二十年十一月初六日，朱批奏折04-01-35-0107-017，中国第一历史档案馆藏。

③ 《清德宗实录》卷358，光绪二十一年正月甲戌，《清实录》，第56册，第656—657页。

④ 《清德宗实录》卷347，光绪二十年八月庚午，《清实录》，第56册，第463—464页。《清德宗实录》卷357，光绪二十年十二月乙丑，《清实录》，第56册，第646页。

之银两（漕米 1 石改折银两约 3 两有余）截留备赈，得到批准。[①]相比于此前常见的直接截留漕米转运灾区的做法，本年李鸿章申请拨发的是应征本色漕米改征的折色银两，这是一个重要变化。其直接原因是本年朝廷进一步减少了江浙漕粮应征本色数量，“以十成之三四交洋轮包运，以十成之五六改征折色”[②]，为数不多的海运漕米优先保证京城所需，不再允许截留，可供截留的便只剩下折色。尽管李鸿章认为“北方百姓惯食杂粮，近年放赈贫民多愿领钱，不愿领米”[③]，放款比放粮也确实有时效性好、操作简便等优点，但对那些挣扎在死亡线上的赤贫民众而言，随着粮价飞涨，购买力不断萎缩，少量钱款终究还是不如直接发放到手的粮食更能提供生存的保障。至此，曾经在华北平原荒政体系作为支柱的粮食调度活动，也逐渐走到了尽头。

次年天时更为反常，旱灾多发的春夏之交（农历四月）“暴雨狂风三昼夜不息，芦台、北塘一带海水腾啸，……各河陡涨，甚于伏秋大汛”，重灾区位于北部的滦河下游（永平、遵化）和中部的海河下游（顺天、天津等府），署理直隶总督王文韶紧急上奏，请求将山东漕粮 15 万余石全部截留备赈。[④]而此时的清廷正值战争惨败、急于求和之际，大灾反而为其提供了一个急需的借口，以所谓“天心示警，海啸成灾，沿海防营多被冲没，战守更难措手”为由来说服臣下，签署条约。[⑤]在此背景之下，朝廷对救灾可谓有心无力，王文韶申请的 15 万石漕粮，只同意了 10 万石，其余因“京师应放粟米处所甚多……现已不敷发放”予以驳回。[⑥]赈粮既不充足，经费更无从筹措，“直隶向称缺额，库储极绌，筹措为难，值此时艰，又未便请拨部款”，王文韶万般无奈，只得申请开办“赈捐”来筹措赈款[⑦]；甚至在情急之下通电全国地方大员，呼吁各省筹集资金，支援直隶赈灾，这一越过朝廷的求救举动在清代赈灾活动中实属罕见[⑧]。此后夏秋时节直隶又有局域水灾发生，年终上报次年春需要接济的州县为 54

---

① 《奏为顺天直隶水灾甚重来年春抚需款甚巨请拨江苏海运漕折银两事》，光绪二十年十二月十一日，朱批奏折 04-01-02-0093-010，中国第一历史档案馆藏。

② 《清德宗实录》卷 351，光绪二十年十月壬子，《清实录》，第 56 册，第 531 页。

③ 《奏为顺天直隶水灾甚重来年春抚需款甚巨请拨江苏海运漕折银两事》，光绪二十年十二月十一日，朱批奏折 04-01-02-0093-010，中国第一历史档案馆藏。

④ 《奏为永平遵化两属灾重缺近津各属骤被奇灾请拨东漕赈济事》，光绪二十一年四月十五日，朱批奏折 04-01-01-1003-059，中国第一历史档案馆藏。

⑤ 《清德宗实录》卷 366，光绪二十一年四月戊午，《清实录》，第 56 册，第 780—781 页。

⑥ 《清德宗实录》卷 366，光绪二十一年四月己巳，《清实录》，第 56 册，第 792 页。

⑦ 《奏为本年顺天直隶被灾较重工赈需款浩繁仍请开办推广赈捐事》，光绪二十一年闰五月二十日，朱批奏折 04-01-02-0094-004，中国第一历史档案馆藏。

⑧ 李文海：《甲午战争与灾荒》，《历史研究》1994 年第 6 期。

处，灾情总体较前一年为轻。①

这两年间，严重的灾情与救灾的不力，再次驱使大批流民涌入京师。1894 年冬，京城煮赈照例开放，但由于进京流民过多，各处粥厂不堪重负，现场秩序极为混乱。如梁家园粥厂九月开放后每日领赈人数多达 2 千人，至除夕日在施粥之外加放馒首（头），本为历年惯例，“不意人数过多，较之往年加倍有余，而贫民又皆争先恐后”，以致酿成压死 38 人的惨剧。②至次年二月末，各处粥厂“每日就食者尚不止二三千人”③，朝廷又分两次延长煮赈期限共计 3 个月，到闰五月二十日（7 月 12 日）为止。但还在第一次展期两个月时，增发给粥厂的米竟然“大半霉黑，兼搀和沙土甚多”，御史管廷献上奏揭发此事，并请朝廷于第二次展期之前，饬令“巡视五城御史于领米时务须亲身验视”，并饬粮仓“拨放好米，不得以霉败土米充数”④。上述几条记录透露出的信息是，在无限增加的流民面前，过去数十年间一再扩容的官私慈善机构此时均已达到其收容能力的极限，而朝廷的财政和仓储状况也已无力像光绪初年那样不断对煮赈进行加强。即便是以效费比高而得到朝廷青睐的煮赈，此时也有些难以为继了。

时值中日战争激烈进行之中，时局动荡，民心不安，京城内外又满布得不到收容和赈济的饥民，给事中胡俊章概括为“寇氛日炽，饥众环郊”，担心“凡属不逞之徒，益恐混迹城中，致滋隐患”，因此请求朝廷加强捕务。⑤事实也是如此，在 1894—1895 两年之交的冬春季节，京城内外秩序极为混乱，聚众持械抢劫、伤人、盗墓、拒捕等恶性案件层出不穷，其中许多团伙的主要成员都是京外流民，来源地遍及华北平原。如二月拿获屡次偷拆东直门等处城墙角楼木植，并有入户偷窃、拦路抢劫行为的团伙 10 人，分别来自直隶武强、武清、冀州、深州、大兴，山东滨州等地⑥；三月拿获的京城南郊马驹桥等处持械抢劫团伙 13 人，多数来自通州，此外还有定州、宛平、大兴等地人⑦；四月拿获的东单牌楼聚众持

---

①《清德宗实录》卷 383，光绪二十二年正月丁酉，《清实录》，第 57 册，第 2 页。

②《奏为梁家园粥厂岁末放粥加放馒首穷民捆挤压毙三十八名事》，光绪二十一年正月初七日，录副奏折 03-7416-004，中国第一历史档案馆藏。

③《清德宗实录》卷 362，光绪二十一年二月己巳，《清实录》，第 56 册，第 732 页。

④《奏为请饬粮食仓为五城粥饭各厂拨放好米巡视五城御史领米时务须亲自验视事》，光绪二十一年五月二十二日，录副奏片 03-5722-025，中国第一历史档案馆藏。

⑤《奏请饬步军统领会同现办内城水会各官绅实力稽查保甲事》，光绪二十年九月初六日，录副奏折 03-5720-003，中国第一历史档案馆藏。

⑥《奏为拿获叠次结伙持械偷拆角楼木植复行偷窃抢劫贼犯刘青春等请交刑部审办事》，光绪二十一年二月初九日，录副奏折 03-7365-008，中国第一历史档案馆藏。参见《清德宗实录》卷 361，光绪二十一年二月辛亥，《清实录》，第 56 册，第 707 页。

⑦《奏为拿获结伙持械邻境抢劫盗犯闵大等请交刑部审办事》，光绪二十一年三月初四日，录副奏折 03-7365-022，中国第一历史档案馆藏。参见《清德宗实录》卷 363，光绪二十一年三月乙亥，《清实录》，第 56 册，第 741 页。

械抢劫碓坊（舂米作坊）的7人，首犯系旗人，其余则分别来自保定、祁州、衡水、武清等地[①]。1894年京城治安记录33条，1895年达45条，分别为清代次高值和最高值（图2-11）。煮赈活动难以为继的同时，京城治安状况亦败坏到极点。

这样，到19世纪末，随着流民规模的失控，清廷通过加强煮赈来尽量安置流民的努力不可避免地走向了失败；而反过来看，随着越来越多的流民无法得到妥善安置，其行为方式也不可避免地从和平走向暴力。几年后，当新一场极端旱灾（1899—1900年）到来时，积压已久的社会矛盾被彻底点燃，一场由拳民发起，并有大量流民加入的规模空前的动乱在全区范围内爆发。关于义和团运动与旱灾、饥荒、流民的关系，前人已进行过充分讨论[②]，本书不再赘述。仅就上文所述京城煮赈活动和治安状况的发展趋势来看，区内流民问题走向一个全面崩溃的终点，也只是时间问题了。

二、东北的弛禁与放垦

本阶段清廷对长期以来奉行的东北封禁政策进行了两次重大调整。第一次发生在咸丰朝晚期，研究者一般将转折点定在咸丰十年（1860年）。[③]这一年第二次鸦片战争结束，俄国趁火打劫，继两年前的《瑷珲条约》之后，又迫使清廷签订《北京条约》，轻易攫取了黑龙江以北、乌苏里江以东的大片土地。清廷痛感边境危机的加剧与“龙兴之地”的空虚，不得对僵化的封禁政策进行调整，筹划移民实边之计。

同年，黑龙江、吉林将军先后上奏，请求将境内荒地招民开垦，以地租充裕经费。黑龙江请求招垦的是呼兰城（位于今黑龙江呼兰）所属蒙古尔山等处大片荒地[④]，次年初就已放出巴彦苏苏（今黑龙江巴彦）等处荒地7万余晌[⑤]；吉林请求招垦的荒地则包括土门子（今吉林舒兰附近）、西围场（今吉林伊通、双阳一带）、蜚克图站（今黑龙江阿城以东）、双城

---

① 《奏为拿获挟嫌聚众白昼抢劫盗犯连寿等请交刑部治罪事》，光绪二十一年四月十五日，录副奏折03-7365-050，中国第一历史档案馆藏。参见《清德宗实录》卷365，光绪二十一年四月丙辰，《清实录》，第56册，第776—777页。

② 康沛竹：《灾荒与晚清政治》，第106—111页。池子华、李红英：《灾荒、社会变迁与流民——以19、20世纪之交的直隶为中心》，《南京农业大学学报（社会科学版）》2004年第1期。

③ 薛虹、李澍田主编：《中国东北通史》，长春：吉林文史出版社，1991年，第453页。范立君：《近代关内移民与中国东北社会变迁（1860—1931）》，北京：人民出版社，2007年，第48—50页。

④ 《奏为地方困苦请招民试垦闲荒事》，咸丰十年七月二十二日，录副奏折03-4471-033，中国第一历史档案馆藏。

⑤ 《奏报招垦荒地按饷交纳压金现收成数拟请抵补要需等事》，咸丰十一年四月二十八日，录副奏折03-4403-033，中国第一历史档案馆藏。

堡（今黑龙江双城）4处，合计30万余晌[①]，次年开始分别办理。实际上，早在咸丰四年（1854年），吉林就已开始对夹信沟、凉水泉2处（今黑龙江五常一带）共25万晌荒地进行招垦[②]，此为晚清黑、吉二省招垦之始。在开发已久的奉天，这段时期则开放了一些以往的禁地，如大凌河牧场（今辽宁锦州以东）于同治元年（1862年）清查私垦，"按亩升科"，未经开垦荒地则"招佃认种"[③]；东边封禁山场（位于今辽宁丹东至吉林通化一线）亦在清查私垦的同时，将剩余土地丈量放垦[④]。东北由此进入"弛禁"阶段，尽管尚未全面开放，但对于内地泛海、出关而来的流民已经无须再像以前那样严厉稽查了。

对蒙地的封禁力度本就不如东北，后者既然已经向流民打开大门，蒙古地方对于私垦的清查也随之放松。光绪朝《大清会典事例》卷978（《理藩院·户丁·稽查种地民人》）和卷979（《理藩院·耕牧·耕种地亩》）两卷中，嘉道年间常见的清查私垦地亩、民人以及订立惩戒条例的相关记载，至咸同年间几乎消失。19世纪晚期内蒙东部移民垦殖的热点仍在哲里木盟境内，垦殖活动除了在开发较早的科尔沁左翼三旗和郭尔罗斯前旗等地继续开展，还蔓延至科尔沁右翼三旗和杜尔伯特旗境内[⑤]，呈现从西南向东北、从沿边（柳条边）向腹地（科尔沁沙地）的扩展趋势。

在热河（承德府）境内，这一时期最重要的事件是木兰围场的放垦。在此之前，围场周边地区已多有私垦之民人聚集。至1863年，朝廷应热河都统瑞麟所请，决定"将围场四面边界荒地八千余顷展出开垦"[⑥]。实则此次放垦的对象并非全为"边荒"（围场边界之外的荒地），而是已经侵入正围。据1876年查勘结果，当时围场的72围中已有31处遭到开垦。[⑦]尽管朝廷一再要求严厉查禁，并将已垦之地退耕"腾围"，但经过数十年的拉锯，最终还是只能承认既成事实，并在20世纪初全面放垦围场荒地。[⑧]

随着招垦政策的推行，19世纪晚期边外的移民进程显著加快。

---

① 《清文宗实录》卷339，咸丰十年十二月壬午，《清实录》，第44册，第1040页。

② 《奏为查议吉林夹信沟凉水泉开荒章程事》，咸丰四年八月十二日，朱批奏折04-01-22-0060-063，中国第一历史档案馆藏。

③ 《奏为遵议请查大凌河私种地亩并开垦北省荒地一案事》，同治元年四月二十七日，录副奏折03-9558-069，中国第一历史档案馆藏。参见《清穆宗实录》卷26，同治元年四月己卯，《清实录》，第45册，第710—711页。

④ 薛虹、李澍田主编：《中国东北通史》，第462页。

⑤ 珠飒：《18—20世纪初东部内蒙古农耕村落化研究》，第83页。

⑥ 《清穆宗实录》卷60，同治二年三月庚戌，《清实录》，第46册，第164—165页。

⑦ 《奏为酌拟围场地亩章程事》，光绪二年九月二十九日，朱批奏折04-01-03-0062-010，中国第一历史档案馆藏。

⑧ 韩光辉：《清初以来围场地区人地关系演变过程研究》，《北京大学学报（哲学社会科学版）》1998年第3期。

1851—1880年，东北人口（奉天、吉林、黑龙江之和）从419万增加至743.4万，年均增长率约20‰[①]；如按照人口自然增长率为7%进行估算，则有约230万人为移民。伴随人口的迅速增加，1876—1885年的10年间出现一波行政区划调整的高潮，总计发生调整20次（其中新建厅、州、县16处，政区升级4处），占到1851—1900年间调整总数的80%，而1644—1850年的200余年间合计也不过42次。新建的16处政区单元基本都位于上述较早放垦的区域，其中位于口外及东蒙地区的有4处，分别是围场（1876年设置，今河北围场）、奉化（1877年，今吉林梨树）、怀德（1877年，今吉林公主岭）、康平（1880年，今辽宁康平）。后面3处的设置与此前昌图、长春的设置目的相近，都是为了方便管理蒙旗（主要是科尔沁左翼三旗）境内定居的汉民。

由于这一时期长城各口不再对出边流民进行稽查，档案中有关流民的记载不多，从中判断华北平原历次灾害中流民出边的规模和去向变得十分困难。但考虑到这一时期尖锐的人地矛盾，不难推测灾害仍然会在流民跨区域迁徙中成为关键的驱动因素。这其中最值得注意的就是光绪初年大旱，不仅造成了惨烈的人口死亡，还引发了规模空前的人口跨省流动。对于直隶、山东两省灾民而言，前往正在招民开垦的东北获得一块土地，便成了一条十分具有吸引力和可行性的出路。还在旱灾初起的1876年秋，乘船前往奉天牛庄（今辽宁营口）登陆的灾民，一天就达8000余人[②]；有研究者估计整个旱灾期间仅山东省向东北输出的难民数量就可达300万[③]。与上文对1851—1880年间东北移民总数的估算结果（约230万）相比，这一数字很可能偏高；但此次旱灾无疑极大地推动了移民进程，甚至这30年间东北移民的大部分都来自此次旱灾中的难民迁徙，也应不是一个离事实很远的推测。一个旁证就是19世纪晚期东北的行政区划调整大部分都集中在此次灾中和灾后的短短10年间。尽管招垦政策实行有年，但移民垦殖的进程一直比较平稳，很可能就是由于此次大灾引发的难民潮，在大大推动放垦进度和聚落形成的同时也对当地社会秩序造成了很大冲击，从而促使政府新设一批政区单元来加强管理。

同时需要指出的是，尽管19世纪晚期华北移民东北人口数以百万计，但仅就华北平原区而言，在其中所占比例并不高。根据前人研究，进

---

① 曹树基著，葛剑雄主编：《中国人口史·第五卷 清时期》，第704页。
② 范立君：《近代关内移民与中国东北社会变迁（1860—1931）》，第83—84页。
③ 郝志新、郑景云、伍国凤，等：《1876—1878年华北大旱——史实、影响及气候背景》，《科学通报》2010年第23期。

入东北的流民以来自山东者最多（占总数的70%—80%[①]），其中又以鲁东的登州、莱州、青州等府（均不在区内）流民为主；其次是来自直隶，再次为河南和山西。[②]据此推算，华北平原1851—1880年间迁入东北（含内蒙古东部境内建立的各厅、州、县）的人口占移民总数的比例不会超过20%，不过40余万（其中相当一部分应为光绪初年大旱引发的流民）。尽管相比此前各阶段而言规模已经很大，但仍无法从根本上缓解区内空前尖锐的人地矛盾。

同为华北平原流民重要去向的口外承德府地区，这30年间的人口增速相比19世纪初（约9%）有所提升，达到13.7%（从1851年的149.3万增至1880年的221.4万[③]），移民总数约30余万。流民迁徙入境的动力部分应来自围场周边土地放垦的吸引力，但当地经过清初以来的长期开发，适宜耕作的土地资源，除了围场禁地和少数蒙古牧地，实际上已经非常有限，所谓"土瘠民贫，闲田甚少"；1863年瑞麟呈请朝廷放垦的8000余顷围场"边荒"，有5000余顷"地多浮沙"，难以垦种，加上当时气候条件并不有利，围场周边又"地高性寒"，耕种"所入之粮除工本外食用仍属不敷"，"设遇荒歉，颗粒无继"；此时的热河，已经不复当年之丰饶景象，而是"素称瘠苦之区"了。[④]可以想见，被以招垦为名吸引前来的流民耕种如此条件的荒地是万难谋生的，但要获得优质土地，则难免要侵入围场地界，或者挤占蒙古牧地，这又必然会招致政府镇压（即前述"腾围"之争），矛盾也随之激化。

事实上，在口内社会相对平静的1866—1895年间，口外及内蒙东部地区局势相当混乱。汉族佃民抗租、蒙民拒服兵役、抗差等活动此起彼伏，成股盗匪往来各地，并爆发了白凌阿起义（自1859年起长期活动于热河、东蒙、辽西的交界地带，至1875年才被抓获）、金丹道暴动（发生于1891年）等规模较大的动乱事件。特别是后者，参与者多为受蒙古王公贵族压迫的汉族佃民，通过金丹道、在理教等秘密宗教的串联而发动，影响波及热河多处州县（平泉、建昌、朝阳、赤峰等）及其周边各蒙旗（卓索图盟5旗，昭乌达盟的敖汉、奈曼、翁牛特等旗）。

由此可见，19世纪晚期清廷对东北的弛禁，虽在一定程度上有利于华北平原流民的出境，但由于放垦地点多在黑龙江、吉林境内，路途遥

---

① 路遇：《清代和民国山东移民东北史略》，上海：上海社会科学院出版社，1987年，第20页。

② 田志和：《关于清代东北流民》，《社会科学辑刊》1983年第5期。

③ 曹树基著，葛剑雄主编：《中国人口史·第五卷 清时期》，第698页。

④《奏为热河兵食难艰围场地多闲旷拟请开垦接济事》，同治二年二月二十九日，朱批奏折04-01-22-0061-104，中国第一历史档案馆藏。

远，陆路交通不便，从这里向东北的迁徙规模远不及山东半岛，对于缓解区内流民压力的意义不可高估。同时，由于大量流民仍然选择就近出口进入承德及东蒙地区，对人地关系本就十分紧张的当地冲击较大，激化了原有矛盾，提升了动乱风险。

进入20世纪，面对更为严峻的内外形势和极端困难的财政状况，清廷再次加大了对东北的开放力度。其标志性事件是1904年黑龙江招垦总局的成立，将全省荒地分段丈量放垦。在此前后，奉天、吉林及蒙古地方的土地丈放工作也都在全面展开，整个东北境内几乎不再有封闭的禁区，封禁政策至此彻底寿终正寝。[①]与土地丈放工作相配套的，是前所未有的行政建置高潮。1902—1910年的9年间，东北（包括东蒙境内）共建立新的行政单位（府、厅、州、县）75处，超过此前所有时段的总和。许多地区的行政建置都是与招垦、移民工作同步进行，而不像以往那样待人口集聚到一定规模再行建置。

随着针对东北的移民政策由被动接纳转为主动吸引，加上近代化交通工具（火车、轮船）的广泛使用，特别是中东铁路（1903年建成通车）、胶济铁路（1904年）、安奉铁路（1905年）、京汉铁路（1906年）、正太铁路（1907年）、京张铁路（1909年）等一系列交通干线支线的建成通车，使得华北向东北的迁徙条件更加便利，人口流动速度和效率空前提升。东北三省人口由1880年的743.4万激增至1910年的1783.6万[②]，移民数量可达860余万，其中大部分都是在20世纪初的短短一段时间内涌入。

对于华北平原流民而言，铁路的开通意义更为重大，以往长期制约其向东北迁徙的陆路交通条件由此得到极大改善。其在清末向东北移民总数中的占比，如仍以20%计，亦可达到百万以上，这样的迁徙规模无疑能从相当程度上缓解当地人地矛盾。20世纪最初的10年中，华北平原区内流民规模（由京城煮赈记录反映）和对社会秩序的冲击（由京城治安记录和动乱事件频次反映）都有所降低。尽管样本量比较有限，而且大乱之后一般社会秩序都会有所恢复，不能将其全部归因于流民出边，但相比于此前各阶段，跨区迁徙对于减轻区内流民压力的作用正在变得越来越重要。清末“新政”虽未能挽救清朝覆灭的命运，但作为新政组成部分之一的东北全面放垦，客观上给来自华北平原的流民提供了一条新的出路。

---

① 张士尊：《清代东北移民与社会变迁（1644—1911）》，第222页。

② 曹树基著，葛剑雄主编：《中国人口史·第五卷 清时期》，第704页。

第五节　动乱激增及其触发机制的复杂化

本阶段大部分时间里，清廷对于区内严重的流民问题都没有很好的办法，而流民问题失控的后果就是社会秩序的崩坏。在时间序列上直观反映为京城治安记录和动乱事件频次的激增，这也是本阶段相比于此前各阶段最显著的特征。19 世纪后半叶（1851—1900 年），京城治安记录平均每年出现 9 条，动乱事件每年发生 8.9 县次，均远高于清代平均值；动乱并呈现出规模越来越大、性质越来越严重的趋势，除了小规模的民变、盗匪事件无时不在发生之外，还在不到 40 年间连续爆发了宋景诗起义和义和团运动这样有着鲜明政治诉求的大规模动乱。

对各条序列之间的相关分析结果（表 6-1）与上一阶段存在一定共性，例如动乱与旱灾的显著正相关关系（而与水灾无显著相关），反映动乱仍然更倾向于在干旱背景下爆发。本阶段的两个动乱高发时段（19 世纪 50—60 年代和 19、20 世纪之交）的气候背景都相对干旱，而水灾多发的 19 世纪 80—90 年代则动乱相对少发。旱灾对于收成与饥荒的强烈影响（相关性显著且相关系数较高），及其往往无法得到及时有效的赈济（与赈粮数量无显著相关），是其与动乱联系更密切的重要原因。反之，水灾多发于京畿一带，更易获得赈济（与赈粮数量显著相关），而对收成与饥荒的影响不如旱灾显著，对动乱的触发作用有限；由于水灾灾后往往出现大规模的灾民向心流动（进城求赈），对城市治安的冲击作用不可忽视。本阶段京城治安记录频次与水灾指数呈显著正相关，京城治安日益败坏的时段，正是京畿水灾多发、饥民潮涌入京的时段。

表 6-1　1851—1911 年气候灾害与社会生态指标序列相关系数表

相关系数	年降水量	水灾指数	旱灾指数	灾害指数	秋粮歉收指数	赈粮数量	饥荒指数	煮赈记录频次	治安记录频次	动乱事件频次
年降水量	—	0.606**	−0.650**	—	—	0.365**	−0.370**	—	—	—
水灾指数	0.606**	—	−0.509**	0.645**	—	0.463**	—	—	0.295*	—
旱灾指数	−0.650**	−0.509**	—	0.329**	0.502**	—	0.655**	0.271*	—	0.397**
灾害指数	—	0.645**	0.329**	—	0.545**	0.355**	0.455**	0.459**	0.286*	—
秋粮歉收指数	—	—	0.502**	0.545**	—	—	0.697**	0.366**	—	—

续表

相关系数	年降水量	水灾指数	旱灾指数	灾害指数	秋粮歉收指数	赈粮数量	饥荒指数	煮赈记录频次	治安记录频次	动乱事件频次
赈粮数量	0.365**	0.463**	—	0.355**	—	—	—	—	0.304*	—
饥荒指数	−0.370**	—	0.655**	0.455**	0.697**	—	—	0.562**	—	—
煮赈记录频次	—	—	0.271*	0.459**	0.366**	—	0.562**	—	0.419**	—
治安记录频次	—	0.295*	—	0.286*	—	0.304*	—	0.419**	—	—
动乱事件频次	—	—	0.397**	—	—	—	—	—	—	—

*代表在 0.05 水平上显著相关；**代表在 0.01 水平上显著相关；—为无相关性或相关性不显著。

同时，在上一阶段已经显重削弱的政府救灾活动，在本阶段强度进一步降低。仅就赈粮数量来看，两个阶段十分接近（平均每年约 6.8 万石），但由于本阶段的灾害强度显著高于上一阶段，因此调度强度指数由 2.96 降至 2.53。赈粮数量与灾害指数的相关系数仅为 0.355（上一阶段为 0.638），与收成、饥荒均不存在显著相关（此前两个阶段均为显著正相关），这说明在强度严重不足的同时，政府开展赈粮调度的针对性和时效性都存在严重缺陷，无法在灾区最需要的时候组织起有效的赈灾。这一点在上述光绪初年大旱、1894—1895 年水灾等灾害案例中都可以看得很清楚。通过赈粮发放来抑制流民离乡，在本阶段变得很不现实，几乎每次大灾之后都会出现大规模的难民流动。

与上一阶段不同的是，本阶段动乱事件频次除了与旱灾呈显著正相关之外，与收成和饥荒均不存在显著相关。这意味着旱灾—歉收—饥荒—动乱的传导路径不再像上一阶段那样清晰和直接，即便动乱的根源仍然与生计困难密不可分，但动乱（特别是大规模动乱）的触发机制显然变得更加复杂了，例如规模仅次于义和团运动的宋景诗起义并非爆发于极端旱灾背景之下，而作为清代最严重的一场旱灾，光绪初年大旱也并未触发大规模动乱。其间原因主要可以归纳为以下 3 个方面：

（1）内外局势的急剧变化提升了动乱爆发时间的不确定性

对于一起有组织的暴动，其发难时机的选择需要综合多方面的因素，天灾背景下流民增多固然有利于自身发展壮大，但如果外部环境发生突然变化，领导者也需要当机立断。晚清时期全国局势急剧动荡，特别是一连串的对内对外战争，都会或直接或间接地对居于政治中枢的华北平原产生影响，从而左右动乱爆发的时机选择。例如前文提到的河南联庄会起事发生在太平天国北伐军过境之后，宋景诗起义则是对捻军大举进入山东的响应。变幻莫测的局势，使得动乱的爆发带有一定的偶然性，从而与灾害的相关性有所降低。但另一方面，如果内外局势的变化、社会矛盾的累积与适时发生的天灾叠加在一起，共同推动一场动乱的爆发，如义和团运动那样，动乱的规模和影响无疑也将成倍提升。

（2）针对流民的政策调整在一定程度上抑制了动乱风险

如上节所述，本阶段流民问题总体处于失控状态，政府采取的两方面对策（加强京城煮赈和对东北弛禁）并不能从根本上扭转区内流民数量不断增加、与政府对抗性不断增强的大趋势。但在两场大乱之间的30余年间歇期，政府通过对流民的迁徙方向进行有意识的引导，确实在一定程度上降低了区内动乱的发生风险。例如在光绪初年大旱中，政府一方面在京城内外组织了规模空前的煮赈活动，收容远近饥民数以万计；另一方面在口外和东北通过招垦形式尽量吸纳安置流民。灾害期间虽然动乱频次有所上升，但多为小股盗匪活动，没有酿成巨变。政策后果则是将风险转嫁给了流民接收地，例如在京城，本阶段煮赈记录频次与治安记录频次呈现显著正相关（相关系数0.419），意味着煮赈的加强与治安的败坏同步发生。

（3）大规模起义需要较长时间的酝酿

相比与生计问题联系更为直接的民变和盗匪事件，大规模起义往往需要长期的组织准备和周密的行动计划，其发展周期未必与天灾重合。清代华北平原区内发生过4次影响力较大的起义事件，分别是王伦起义（1774年）、天理教起义（1813年）、宋景诗起义（1861—1863年）和义和团运动（1899—1900年）。规模上一次比一次大，共同点也十分明显——均爆发于冀鲁豫交界地带，且均有民间秘密宗教背景。动乱多发与当地困苦的民生有关（极端水旱灾害多发），也与这里政区犬牙交错，官府对基层社会控制不强有关。4次起义的时间间隔十分接近，大致在40年左右，也印证了大规模起义有其自身发展规律和复现周期。每次起义失败之后，当地民间秘密社会和宗教势力都会遭到严重打击；一段时间后再随着官府控制力度的减弱重新发展起来，力量逐步壮大；然后进入下一个起义酝酿期，等待时机发难。这可以在一定程度上解释光绪初年大旱中并未爆发农民起义——旱灾发生时，当地刚刚经过宋景诗起义和捻军的失败，底层秘密社会组织尚未恢复，因此尽管灾害造成了严重的饥荒，但流民并未得到充分的发动。

第六节　小结：灾变交迭之下的恶性循环

对于华北平原来说，19 世纪下半叶是一个社会矛盾全面爆发的时期。上一个阶段已经凸显的流民问题，此时随着社会生态状况的极度恶化，更趋向失控状态，成为长期困扰清廷和地方政府的顽疾，为世纪之交的大规模社会动乱与人口外流埋下了伏笔。

本阶段以一个持续十余年的动荡时期拉开帷幕。黄河改道、旱蝗交织，内外交困之中的清廷几乎完全放弃救灾，民生极度困苦；来自区外的义军和外国侵略军反复入境作战，严重动摇了原有社会秩序，区内民情汹汹，流民四出，各类动乱事件此起彼伏，至 1863 年宋景诗起义失败，方才告一段落。

以 1867 年旱灾为标志，财政状况有所好转的清廷恢复了荒废多年的赈粮调度，并试图通过重振荒政体系来缓解流民对社会秩序的冲击。此后的 30 余年间，朝廷投放灾区的赈粮数量有所回升，但以下 3 个方面的因素决定了其努力难有成效——首先，人口压力与日俱增，无数底层百姓挣扎于温饱线，民生极度脆弱，对灾害毫无抵御能力；其次，这一时期水旱灾害的频率和强度都远超此前绝大部分时期；再次，赈粮数量本身严重不足，调度和发放效率也大不如前。在空前严重的光绪初年大旱（1875—1878 年）中，上述问题都暴露得相当充分。因此，整个 19 世纪晚期，华北平原的流民迁徙一直十分活跃，在大灾年份还会迎来一波规模巨大的流民潮。

同样在光绪初年大旱中，还可以辨识出流民潮的两个显著方向，即向心进京和向北出边。这与当时朝廷面对流民无法遏止的现实时，采取的两项政策调整有关：一是加强京城煮赈（延长时间、增开粥厂、补贴银米）以提升对流民的收容能力；二是放松东北封禁，不再限制流民出边。理论上，前者可以为灾后谋生困难的贫民提供短期庇护，渡过冬春青黄不接之时；后者则可以为那些永久失业的流民提供一个重新创业（获得一块土地）的机会。但在 19 世纪晚期的时代背景之下，政策执行的效果远不如这般理想。

加强京城煮赈是此前各阶段中灾后流民增多时的一项临时性措施。本阶段中，随着进京流民年复一年地增加，朝廷被迫年复一年地加强煮赈，以至将其变成了一项常规手段。但由于区内底层社会的赤贫化，破产流民规模巨大且仍在不断增加，京城煮赈的加强只会导致其对远近流民的吸引力进一步增强，从而导致更多流民进京。这就形成了一个难以打破的恶性循环——无论朝廷怎么加强煮赈，京城官民慈善机构的收容能力总是远低于进京流民数量。那些无法得到收容和赈济的饥民，以及长期滞留京师的破产者，都会对京城社会秩序造成冲击。随着这样的人越来越多，治安状况也越来越败坏。整个19世纪晚期，京城煮赈与治安记录一直处在交替上升之中，煮赈不堪重负之日，也就是京城治安败坏到极点之时，如我们在1894—1895年水灾中所见到的那样。

严格来说，清廷在1860年前后对东北“弛禁”的决策更多是为当时严重的边境和财政危机所迫，出发点也并非为了解决华北平原的流民问题，只是客观上解除了长久以来的政策限制，有利于区内流民向边外流动。但对于出边的流民，朝廷并没有给予充分的引导，更谈不上资助，这使得流民迁徙带有很大的盲目性。加上前往东北各处招民开垦的地点路途遥远，许多流民只能像以往一样，就近前往口外的热河与东蒙一带，给人地关系已经相当紧张的当地带来新的冲击，增加了社会不稳定因素。

可见，无论是煮赈还是弛禁，其决策动机更多是被动的应急响应，而不是主动的前瞻引导。两项政策的执行在一定程度上强化了流民的两个主要迁徙方向，在短期内有利于减轻京城周边的流民压力，降低动乱发生风险。但从长期来看，在京城和口外对流民吸纳能力十分有限的背景下，不断将流民引向这里，实质上是将动乱的风险从一个地方转嫁到另一个地方而已，无助于流民问题的解决。19世纪晚期京城治安状况的不断败坏与口外动乱事件的频发，都证明了这一点。只是到了20世纪初，政府全面开放东北，同时前往东北的交通条件大有改善之后，华北平原民众向东北的大规模迁徙才从根本上缓解了区内的流民压力。

总之，在清王朝统治的最后一个阶段中，华北平原区内人地关系极度紧张，社会矛盾丛生，来自外部的环境（气候不利、大灾频发）、社会（内乱纷起、列强环伺）两方面的挑战亦十分严峻，此前曾发挥过积极作用的缓冲机制（如赈粮调度）此时已收效甚微，不同社会群体之间（如政府与灾民）、不同区域之间（如京城与周边、口内与口外）的良性互动关系也已不复存在，整个区域社会生态系统运转举步维艰，时刻处于崩溃边缘。这一阶段最终以一场规模空前的大动乱，以及一波持续到民国年间的、同样规模空前的人口外流浪潮画上了句号，但对于华北平原而言，建立起新的社会秩序，并开启新一轮的生命周期演化历程，此时还显得遥遥无期。

第七章 社会生态变迁的缩影：木兰秋狝兴衰

木兰秋狝是清代重要的皇家典礼，创立于17世纪晚期，兴盛于18世纪，至18、19世纪之交走向衰落，最终废止。由于其在清代历史上重要的政治、文化意义，木兰秋狝，以及与之有密切联系的承德避暑，历来是清史研究中的热点议题。关于其兴衰历程与原因，前人已有深入讨论，但将这一问题纳入本书讨论框架，仍可能提炼出一些新的视角与思路。下文将以定量手段对木兰秋狝的兴衰进行直观呈现，在口内、口外社会生态变迁的大背景下讨论其间原因，并观察气候、灾害因素在这两项季节性颇强的活动（秋狝、避暑）中所扮演的角色。

第一节　背景介绍

“木兰秋狝”中的“木兰”为满语“哨鹿”①之意，后转为围场专名。木兰围场是清代建立的诸多围场中地位最重要的一个②，位于今河北省北部，范围大致相当于围场县辖境。该围场由康熙帝创设于17世纪晚期，此后直到19世纪早期的长达百余年间一直为清代举行秋狝③典礼的场所。承德避暑山庄始建于18世纪初，此后不断扩建，供皇帝在此避暑消夏、接见使臣、处理政务，并为举行秋狝做准备。康熙、乾隆、嘉庆年间，皇帝以行围或避暑为目的的出塞可达百余次，其中前往木兰围场举行秋狝典礼90余次。④可以说，木兰秋狝的兴废，也是整个王朝盛衰的一个缩影，其因何而起、又为何而废，历来是学者们十分感兴趣的话题。

一、前人对木兰秋狝兴衰原因的讨论

木兰围场的设置为木兰秋狝活动之始，设置时间有康熙二十年（1681年）和二十二年（1683年）两个说法。康熙帝在这两个年份各有一次出塞北巡，都经过了后来的木兰围场地区。前一次的行程中有“择设围场”的记录，但对于“围场”是否即为木兰围场还有争议⑤；后一次则已经有明确的赏赐“管领围场各郡王、公等”的记载⑥，证明此时木兰围场已经设立。因此比较稳妥的看法是，康熙帝有设置围场之意图并踏勘选址，蒙古喀喇沁、翁牛特等部王公顺势“献地”等事件发生于1681—1683年之间，而至迟到1683年夏康熙帝北巡之时，围场已正式设置。⑦对于康熙

① 猎人头戴鹿角，吹哨模拟鹿鸣，引诱鹿群前来交配。

② 赵珍：《资源、环境与国家权力：清代围场研究》，北京：中国人民大学出版社，2012年，第95页。

③ 秋狝即秋季举行的围猎活动，《左传》所谓“春蒐、夏苗、秋狝、冬狩”，分指不同季节举行的围猎。

④ 根据罗运治《清代木兰围场的探讨》（台北：文史哲出版社，1989年，第76、104、120页）一书提供的数字统计得到。

⑤ 如罗运治（《清代木兰围场的探讨》，第17页）据此认为当时康熙帝已有设立木兰围场之意图，但此次出行仅为踏勘选址，围场尚未设置；而安忠和（《木兰围场始置时间新考》，《承德民族师专学报》2003年第3期）则认为“围场”仅指此次出塞临时行猎之场所，与后来的木兰围场无关。

⑥《清圣祖实录》卷110，康熙二十二年闰六月丙寅，《清实录》，第5册，第126页。

⑦ 赵珍：《资源、环境与国家权力：清代围场研究》，第106页。

帝在此设置围场，并定期举行秋狝典礼的动机，1807 年嘉庆帝撰写的《木兰记》是如此阐释的：

> 木兰者，我朝习猎地也。旧为蒙古喀喇沁、翁牛特部落游牧之处，周环千余里。北峙兴安大岭，万灵萃集，高接上穹，群山分干，众壑朝宗，物产富饶，牲兽蕃育，诚诘戎讲武之奥区也。洪惟圣祖岁幸行围，诸部云集，神武聿宣，德化深洽，遂献斯地，开亿万年之灵囿焉。皇考敬法前谟，自乾隆辛酉岁举秋称大典，内外扎萨克群拱环卫，圣恩深厚，诚心感戴。暨平定西域，杜尔伯特、土尔扈特、青海、乌梁海、回部，归化向风，分班随猎，咸瞻天弧，所发无不命中。永矢畏怀之肫诚，常作皇清之蕃服，猗欤盛哉！……夫射猎为本朝家法，绥远实国家大纲。……盖人之身，舍劳就逸易，戒逸习劳难。承平日久，渐恐陵替，守成之主不可忘开创之艰，承家之子岂可失祖考之志？①

其中心思想归纳起来就是“射猎为本朝家法，绥远实国家大纲”。清朝统治者自诩以骑射得天下，但入关后八旗子弟耽于享乐，尚武精神和战斗技巧迅速衰退，康熙朝这一趋势已经十分严重，此后更是每况愈下。康熙帝有意通过定期组织的大规模围猎来提升八旗军队的组织纪律性，并磨练骑射技巧，行围如同演习，排兵布阵、令行禁止，都是按照实战要求进行。同时，木兰围场设置之时，与漠西蒙古准噶尔部的战争正在进行中，控制这一四通八达的战略要点，既有利于拱卫京师（1690 年乌兰布通之战就发生在围场附近），也有利于团结漠南蒙古各部共同对敌。准噶尔部平定之后，历年的秋狝典礼也都有蒙古各部参加（后来又加入青藏、回疆各部），隐有炫示武力、恩威并施的意味，使其“永矢畏怀之肫诚，常作皇清之蕃服”。对于秋狝“习武”“绥远”两方面的意义，研究者已有共识。

随着木兰秋狝的定期举行，由京师通往围场的道路网络与行宫系统也在不断完善。诸多行宫之中规模最大的热河行宫（避暑山庄）建成于 18 世纪初，此后康熙、乾隆两位皇帝每年夏季前来这里避暑，再于入秋后前往围场举行秋狝。停留山庄期间，皇帝除正常处理政事之外，一项重要工作是接见和款待远道而来的各少数民族王公、使节（参加秋狝、入朝觐

---

① 光绪《承德府志》卷首 5《天章》，《中国方志丛书·塞北地方》，台北：成文出版社，1968 年，第 17 号，第 98—99 页。

见），康乾盛世时期的承德因此成为清朝执行其边疆政策的重要支点，甚至扮演了京师之外的第二政治中心的角色。①

避暑与秋狝两项活动在时间和空间上的联系均十分紧密，共同组成了一个完整的出塞北巡过程。到了18世纪末、19世纪初，两者又一同走向衰落。从道光朝开始，尽管朝廷并未明令废止，但事实上已不再举行承德避暑和木兰秋狝；只有1860年咸丰帝因英法联军入侵而一度前往山庄避难。对于秋狝衰落的原因，研究者从不同侧面进行了探讨②，比较重要的有以下几点：

首先，清中期以降，对边疆地区的控制较为巩固，蒙古各部不复成为朝廷威胁，而内地农民起义和沿海外敌入侵的威胁开始上升，迫使朝廷调整战略重心，“绥远”的政治意义既然开始降低，秋狝的存在价值也就随之削弱；其次，满洲八旗在加速汉化的过程中已完全抛弃了骑射这一“本朝家法”，八旗子弟普遍技艺生疏、好逸恶劳，旨在“肄武习劳”的秋狝活动自然被其视为畏途，从而对皇帝维持秋狝的努力构成巨大阻力；再次，康乾盛世过后，社会经济的停滞不前与财政状况的不断恶化，也使得朝堂上下对于开销巨大的秋狝活动产生严重抵触。此外，木兰围场境内野生动植物资源的枯竭也是一个关键因素，客观上导致秋狝活动难以为继。造成这一局面的原因也有很多，如历年行围的滥捕与宫室建设的滥伐、围场周边流民的偷采偷猎、围场官兵管理不善乃至监守自盗等。

二、基于社会生态与气候变迁视角的研究设想

在前几章重建的清代华北平原社会生态系统演进过程中，以承德为中心的口外地区自清初以来的农业开发进程及其与口内的人口、物资流动，作为一个重要的外部影响因素被反复提及。而自17世纪晚期以来对口外的开发之所以持续提速，木兰秋狝与承德避暑无疑是重要的动力来源。从京师到围场，路途遥远，交通不便，规模宏大的皇家典礼需要在口外就地获得充足的人力和物资保障；反过来，当地人口的集聚、农业和商业的发

① 戴逸：《三百年沧桑的历史见证（代前言）》，戴逸主编：《清史研究与避暑山庄：中国·承德清史国际学术研讨会论文集》，沈阳：辽宁民族出版社，2005年，“卷首”第1页。

② 如罗运治：《清代木兰围场的探讨》，第271—284页。韩光辉：《清初以来围场地区人地关系演变过程研究》，《北京大学学报（哲学社会科学版）》1998年第3期。胡汝波：《木兰秋狝衰落及废止的原因》，《承德民族师专学报》2003年第3期。何瑜：《嘉庆皇帝与木兰秋狝》，戴逸主编：《清史研究与避暑山庄：中国·承德清史国际学术研讨会论文集》，第175—181页。

展、市镇的繁荣，又能进一步推动典礼规模的扩大。基于这种互动关系，我们可以将木兰秋狝的兴衰放在口外地区农业开发与社会发展进程中加以审视。

同时，相比于口内，口外是一个生态环境更为脆弱、对气候变化更为敏感的区域，17—19 世纪当地农业开发、移民进程以及与口内互动关系的阶段性变迁，都受到气候变化的制约。而无论是秋狝还是避暑，都具有鲜明的季节性，在百余年的兴衰历程中，短尺度的天气现象、抑或长尺度的气候状况，也都可能对这些活动产生或直接或间接的影响。

以下内容将立足于上述两个研究视角进行展开。具体思路是：首先选取合适指标，对 1683—1820 年间木兰秋狝及承德避暑活动的兴衰历程进行量化呈现，识别出不同的发展阶段；再以之与同期的气候背景、口外开发进程及社会生态状况进行对比，综合分析秋狝兴衰的主要原因，并重点讨论气候因素在其中扮演的角色。

《清实录》及历朝皇帝《起居注》中保存有详细的皇帝逐日行程记录，可以从中提取 3 类指标，来描述秋狝和避暑活动的逐年变化：

（1）塞外停留时间：首先判断皇帝出巡目的，如系以行围或避暑为目的（战争、谒陵等其他目的不在统计范围内），则分别提取其北出长城关口（多为古北口，偶有喜峰口等其他关口）的出口日期和返回时的入口日期，统计当年在塞外停留的总日数；

（2）山庄停留时间：承德避暑山庄始建于 1703 年，初步落成于 1707 年，称“热河行宫”（此前称“热河上营”，康熙帝于 1711 年又将其改名为“避暑山庄”）[①]，一般意义上的“承德避暑”活动便发生于此。以山庄初成第二年的 1708 年为始，逐年提取皇帝驻跸山庄和离开山庄（前往木兰围场或者返回京师）的日期，统计山庄停留日数；

（3）秋狝持续时间：木兰围场创立之初，口外行宫设施较少，军队驻扎地点常常比较随意，行围地点有时亦不以围场范围为限，因此不易从行程记录判断秋狝的起止时间。随着口外行宫设施和相关规章制度的完善，距离围场较近的几处行宫，如博洛河屯（又称波罗河屯，位于今河北隆化县城）、张三营（位于今隆化县张三营镇）、阿穆呼朗图（位于今隆化县步古沟镇），常被选为前进营地，由此进入围场，或作为出围场的第一站。据此将皇帝从上述行宫启程日期作为秋狝的开始，以返回行宫日期为结

---

① 刘玉文：《避暑山庄初建时间及相关史事考》，戴逸主编：《清史研究与避暑山庄：中国·承德清史国际学术研讨会论文集》，第 85—91 页。

束，逐年统计秋狝持续日数。

以乾隆三十三年（1768年）为例，《清实录》中关于皇帝本年行程的主要记录如下：

> 上以秋狝木兰，奉皇太后自圆明园启銮（8月19日）。[①]
> 是日驻跸两间房行宫（8月22日，出古北口的第一站）。[②]
> 上驻跸避暑山庄，至八月庚午皆如之（8月25日抵达山庄）。[③]
> 自避暑山庄启銮幸木兰（9月26日离开山庄）。[④]
> 是日驻跸张三营行宫（9月28日秋狝开始）。[⑤]
> 赐扈从王公大臣及蒙古王公台吉等食，……是日驻跸张三营行宫（10月17日秋狝结束）。[⑥]
> 上驻跸避暑山庄，至庚子皆如之（10月20日再次抵达山庄）。[⑦]
> 上奉皇太后自避暑山庄回銮（10月26日再次离开山庄）。[⑧]
> 是日驻跸要亭行宫（10月29日，进入古北口的第一站）。[⑨]

根据上述记录，可以统计得到当年塞外停留日数为68天，山庄停留日数（两段相加）为38天，秋狝持续日数则为19天，后两者可以在一定程度上反映秋狝、避暑活动的规模和朝廷对此的重视程度，塞外停留日数则可以作为二者的补充。逐年获取的历年不同指标变化情况如图7-1所示。

---

①《清高宗实录》卷814，乾隆三十三年七月癸巳，《清实录》，第18册，第1002页。
②《清高宗实录》卷814，乾隆三十三年七月丙申，《清实录》，第18册，第1011页。
③《清高宗实录》卷814，乾隆三十三年七月己亥，《清实录》，第18册，第1013页。
④《清高宗实录》卷817，乾隆三十三年八月辛未，《清实录》，第18册，第1067页。
⑤《清高宗实录》卷817，乾隆三十三年八月癸酉，《清实录》，第18册，第1069页。
⑥《清高宗实录》卷818，乾隆三十三年九月壬辰，《清实录》，第18册，第1093、1096页。
⑦《清高宗实录》卷818，乾隆三十三年九月乙未，《清实录》，第18册，第1098页。
⑧《清高宗实录》卷819，乾隆三十三年九月辛丑，《清实录》，第18册，第1105页。
⑨《清高宗实录》卷819，乾隆三十三年九月甲辰，《清实录》，第18册，第1109页。

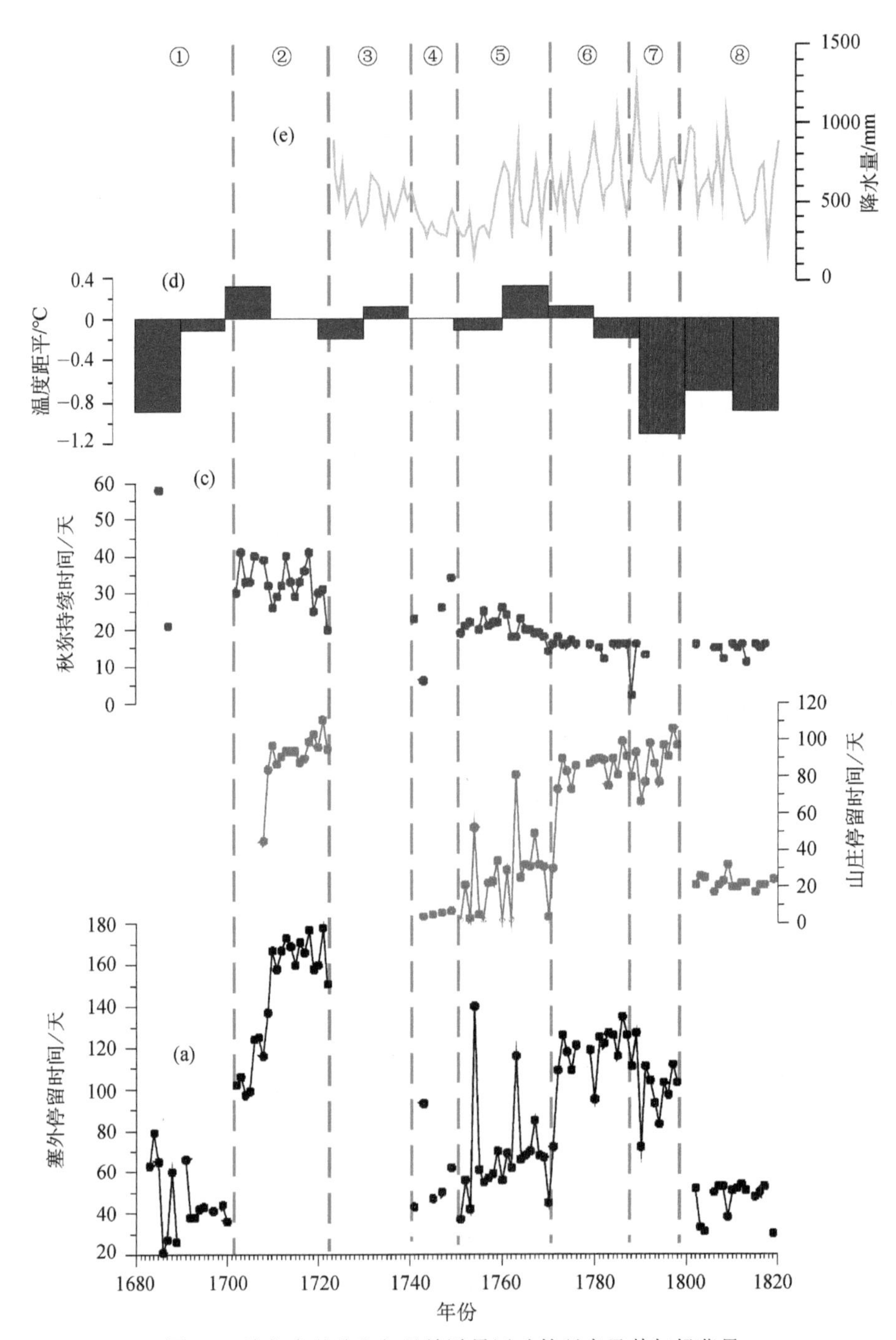

图7-1　清代木兰秋狝与承德避暑活动的兴衰及其气候背景

（a）清帝历年以行围或避暑为目的在塞外停留天数（圆点对应天数，连续出现的年份以折线连接，下同）；（b）清帝历年在承德避暑山庄停留天数；（c）历年木兰秋狝持续天数；（d）中国东部冬半年温度距平（分辨率10年）；（e）北京1724—1820年逐年降水量

第二节　草创与兴盛阶段（康熙年间）

康熙帝为木兰围场及秋狝制度的创建者，在围场正式设立的1683年之前即已数次出塞巡边，并在沿途随时择地行围。围场设立之后，除了少数年份（如1690年亲征噶尔丹、1698年往盛京谒陵）更是几乎年年前往行围。但初期（图7-1中的阶段①，1683—1701年）在塞外停留的时间总体较短（平均每年约46天），且波动幅度较大，历年举行秋狝的具体时间也很难精确辨识。主要原因在于这一时期秋狝制度处于草创阶段，起止时间、具体流程均无一定之规。此时口外农垦活动初兴，由内务府管理的皇庄可以为皇帝及其亲随提供食宿，如1683年高士奇随驾出古北口，途中染病，康熙帝便命前往位于鞍匠屯（今河北滦平县境内）的皇庄暂歇，后又决定将其护送回京养病，"沿途饮食宿歇皆着皇庄人等用心供给"[①]。但皇庄接待能力比较有限，口外缺乏行宫设施，不能提供稳定的落脚点，也会对秋狝活动的规模和持续时间构成限制。

至18世纪初，口外行宫进入一个大发展时期。沿着皇帝前往围场的道路，一系列行宫修建起来，供皇帝沿途休息以及军队驻扎，并贮存和转运物资。其中多座重要行宫的修建都集中在18世纪最初的10年间，如巴克什营（始建于1710年）、两间房（1702年）、鞍子岭（1702年）、王家营（1704年）、博洛河屯（1703年）、张三营（1703年）、唐三营（1703年）。[②]这其中最重要的一座行宫就是承德避暑山庄。

康熙四十年（1701年）冬，康熙帝巡行塞外，发现武烈河畔的热河上营一带"山林郁叠，河隰环抱，热泉涌流，水面无冰"；次年夏又来此驻跸，时间长达月余，经过细致的踏勘，决定在此修建一座大型行宫；当年（1702年）冬，康熙帝发布上谕："今习武木兰已历二十载，柔远抚民，朕所惟念，然尚无从容驻跸之所。今从臣工之请，宜于热河肇基行宫，俾得北疆之安绥。"[③]这段话表明，热河行宫（避暑山庄）的修建与木兰秋狝的举行一样，根本出发点都是为了巩固边疆。后世乾隆帝在《避暑山庄百韵诗序》中对此做了进一步阐发：

---

① （清）高士奇：《塞北小钞》，毕奥南整理：《清代蒙古游记选辑三十四种（上册）》，第267—269页。

② 田淑华：《清代塞外行宫调查考述（上）》，《文物春秋》2001年第5期。田淑华：《清代塞外行宫调查考述（下）》，《文物春秋》2001年第6期。

③ 转引自刘玉文：《避暑山庄初建时间及相关史事考》，戴逸主编：《清史研究与避暑山庄：中国·承德清史国际学术研讨会论文集》，第85—91页。

> 我皇祖建此山庄于塞外，非为一己之豫游，盖贻万世之缔构也。国家承天命抚有中外，……四十八旗诸部落屏蔽塞外，恭顺有加，每岁入朝，……但其人有未出痘者，以进塞为惧，……我皇祖俯从其愿，岁避暑于此。①

在清代早期满蒙贵族谈天花色变的背景下，皇帝在此接见蒙古王公，避免其因进京觐见而感染天花，自是一项怀柔蒙古的重要举措。此后，随着山庄规模的不断扩大，以及清朝对边疆地区控制力度的不断加强，承德的政治地位也在不断提升，成为北京之外的另一政治中心，被称为清王朝的“夏都”②。

研究者们对于修建山庄的政治动机讨论已经比较充分，不过联系当时的气候背景，可以发现仅就“避暑”本身来说，也具有十分迫切的现实需求。满人久居关外，对于关内夏季的暑热常感难耐。早在顺治七年（1650年），摄政王多尔衮便以京城“夏月溽暑难堪”为由，下令在口外喀喇河屯（今河北滦平）“建小城一座，以便往来避暑”③。不过当年年底多尔衮即病逝于尚未竣工的小城，次年二月顺治帝下谕：“边外筑城避暑甚属无用，且加派钱粮，民尤苦累，此工程着即停止。”④处在相对寒冷的17世纪中期，满洲贵族夏季尚感“溽暑难堪”；至18世纪初，气候急速增暖，1701—1710年间的温度距平达到清代最高值（0.3℃）（图2-1a、7-1d），极端高温天气的发生频率显著提升。也就是在避暑山庄破土动工的1703年，木兰行围过程中的9月28日（农历八月十七日）围内“热如新夏”，康熙帝称“塞外多寒，今年炎热，不异六月，向来所未见也”⑤。一向凉爽的口外如此，口内的京城自然更加难耐。1714年夏，口外又出现连续的高温天气，在山庄避暑的康熙帝免除了大臣的晚朝，放宽了驿递期限，想到“山庄素称清凉之地，尚觉烦热”，“京师自然更甚”，又下令对在京罪犯“少加宽恤”⑥。可见，18世纪初的气候增暖与夏季高

---

①（清）和珅、梁国治等撰：《钦定热河志》卷25《行宫一》，《景印文渊阁四库全书》，第495册，第374页。

② 余梓东：《论承德避暑山庄的历史地位与作用》，戴逸主编：《清史研究与避暑山庄：中国·承德清史国际学术研讨会论文集》，第44—51页。

③《清世祖实录》卷49，顺治七年七月乙卯，《清实录》，第3册，第393页。

④《清世祖实录》卷53，顺治八年二月辛卯，《清实录》，第3册，第421页。

⑤（清）汪灏：《随銮纪恩》，毕奥南整理：《清代蒙古游记选辑三十四种（上册）》，第290页。

⑥“连日甚热，大臣等早朝毕即令散去，免其晚朝。……报上递来事件，每限傍晚时到，今值酷暑，驿递人马交困，应着少缓限，次日日出前到，暑退后仍照常行。……罪人拘系囹圄，身被枷锁，当兹盛暑，恐致疾疫，轸念及此，不胜恻然。应将在京监禁罪囚少加宽恤，狱中多置冰水，以解郁暑；其九门锁禁人犯，亦着减其锁条；至枷号人犯，限期未满者暂行释放，候过暑时照限补满。”（《清圣祖实录》卷259，康熙五十三年六月癸未，《清实录》，第6册，第557页）

温天气的增多会进一步提升满洲贵族的避暑意愿。避暑山庄在此期间加速建设，固然是基于政治层面的考虑，而气候变化作为其中一个直接推动因素，也是难以忽视的。

康熙帝对避暑山庄的特殊偏爱也可以印证以上推测。在其亲笔撰写的《避暑山庄记》中，康熙帝称这里“川广草肥，无伤田庐之害；风清夏爽，宜人调养之功。自天地之生成，归造化之品汇”①；在御制《避暑山庄三十六景诗·芝径云堤》自注中又归纳为“草木茂、绝蚊蝎、泉水佳、人少疾”四大优点，优美的环境与口内形成鲜明对照②。山庄于1707年初步落成，康熙帝次年即来此避暑，此后每年都在此度过整个夏天（公历6—8月），1708—1722年的15年间平均每年居住山庄时间长达91天，最长的一次（1721年）达到111天。如果只是为了接见蒙古王公使臣，或为木兰秋狝进行准备，显然无需在山庄停留如此长的时间，康熙帝不惜将大量政务从京师搬到山庄处理，更多的还是看重其在避暑疗养方面的功效。康熙五十一年（1712年）张廷玉撰写的御制《避暑山庄三十六景诗》跋文中便提到，热河“清凉爽垲，于夏为宜，每至盛暑，（皇帝）则奉皇太后驻跸焉。泉甘土沃，居此逾时，圣容丰裕，精神益健”③。

以避暑山庄为核心的口外行宫体系建设，有力推动了木兰秋狝活动走向常态化、制度化。从1702年起，到康熙帝去世的1722年（图7-1阶段②），木兰秋狝每年定期举行。开始时间也固定下来，一般在每年的农历七月下旬至八月上旬，对应公历9月的中下旬（以中旬最常见，21年中有15年开始于9月中旬）；持续时间约1个月（平均33天），多者可达40余天。

秋狝、避暑两项活动相加，康熙晚期（1708—1722年）皇帝每年在塞外停留时间长达近半年（平均146天，多者达170余天），远超清代其余所有阶段。数以千计的北巡人马的吃、住、行，与一系列行宫（特别是宏大的避暑山庄）的修建与维护，所耗费的资金、粮食、建材和人工数量都是惊人的。如果全部就地筹集，以清初口外地广人稀的社会状况和牧业为主的经济结构，无疑是难以想象的。当年多尔衮兴建之避暑小城虽规模不大，但所需经费（200余万两）需要从各省赋税中提取，物资与人力也多半要仰仗口内输送，因此顺治帝很快下令停工，并长期废置不用。但到了18世纪初，经过数十年的农业开发，口外农事已具有相当规模，热河

---

①（清）和珅、梁国治等撰：《钦定热河志》卷25《行宫一》，《景印文渊阁四库全书》，第495册，第367页。
②（清）和珅、梁国治等撰：《钦定热河志》卷26《行宫二》，《景印文渊阁四库全书》，第495册，第385页。
③（清）和珅、梁国治等撰：《钦定热河志》卷108《艺文二》，《景印文渊阁四库全书》，第496册，第659页。

一带成为塞北的粮仓，不但可以自给，且有余粮输入口内，这便为秋狝和避暑活动日益兴盛奠定了经济基础。其中仅内务府皇庄就掌握了数十万亩耕地，清廷只需动用内务府的钱粮储备，就可以基本保障整个北巡过程中的后勤，而不会额外增加国库负担。与口内之间活跃的人口流动，使当地人烟日渐繁盛，市镇开始兴起。如按康熙帝1712年的估计，口外仅山东人就不下十万①（1707年甚至估计有“数十万人之多”②），虽未必精确，但移民规模之大也可见一斑。大量汉民或务农、或经商、或力役，从不同方面保障了北巡活动的顺利进行。

总之，18世纪初口外行宫体系的完善与秋狝、避暑活动规模的迅速扩大，发生在气候增暖的大背景下。气候产生的影响可以分为两个方面：首先，高温天气的增多直接作用于人类感官，不适感推动其产生更多的避暑需求，更加倾向于在相对凉爽的口外停留更长时间；其次，增暖背景下农牧交错带北移，口外发展农业的气候条件更加有利，农垦活动兴起和移民大量涌入，为皇帝北巡提供了充分的经济和人力保障。

第三节　复兴与稳定阶段（乾隆年间）

康熙去世后，整个雍正年间到乾隆初期，皇帝不再为举行秋狝或避暑而出塞，从而出现了一个持续18年（1723—1740年，图7-1阶段③）的空白期。雍正朝暂停木兰秋狝的原因，雍正帝自己曾有说明：

> 皇考慎重武备，每岁巡行边塞，校猎讲武一事，朕年来未一举行。……国家武备，关系紧要，不可一日废弛。朕之不往，乃朕不及皇考之处，朕自知之。盖皇考德盛化神，睿思广运，巡幸所至，日理万几，略无旷缺，与在宫中无异；朕则从朝至夕，殚竭心力，尚恐经理未周，实无暇及于校猎行围之事，此朕不及皇考者也。皇考神武天授，挽强贯札之能，超越千古，众蒙古见之，无不惊服；而朕之技射，不及皇考矣。皇考圣体康强，如天行之常健，春秋已高，犹不减壮盛之时；而朕之精力，又不及皇考矣。是以临边讲武之事，未

① 《清圣祖实录》卷250，康熙五十一年五月壬寅，《清实录》，第6册，第478页。

② 《清圣祖实录》卷230，康熙四十六年七月戊寅，《清实录》，第6册，第303页。

曾举行。[①]

雍正帝从能力、武艺、精力 3 个方面比较了自己与康熙帝的差距，以此解释自己不举行秋狝大典的原因。数十年后乾隆帝在御制《避暑山庄后序》中对此又有所补充："皇考十三年之间，虽未举行此典，常面谕曰：'予之不往避暑山庄及木兰行围者，盖因日不暇给，而性好逸恶杀生，是予之过。后世子孙，当遵皇考所行习武木兰，毋忘家法。'"[②]但仅从雍正帝个人原因（精力、兴趣）出发解释是不全面的，还有一些重要的客观因素在发挥作用。如乾隆帝准备恢复木兰秋狝时就另有一个说法："皇考因两路出兵，现有征发，是以暂停围猎。若在撤兵之后，亦必举行。"[③]雍正时期进行的多场战争，特别是后期与准噶尔部之间的连年战争确实在相当程度上牵扯了朝廷的注意力。而雍正早期因"夺嫡之争"导致的紧张政局，也使得雍正帝无法像其父那样，在从容出巡边外的同时还能有效掌控朝政。[④]

进入乾隆朝，政局趋于平稳，上述因素不再形成制约，内心极为仰慕祖父丰功伟业的乾隆帝很快开始着手恢复秋狝典礼。乾隆六年（1741 年）春，有大臣奏请"暂息行围"，乾隆帝明确回复："朕之降旨行围，所以遵循祖制，整饬戎兵，怀柔属国，非驰骋畋游之谓。"[⑤]木兰秋狝于本年重开，初为隔年举行，1741—1750 年共举行 5 次（图 7-1 阶段④）。为免"耽于游逸"的物议，这一阶段皇帝并不在避暑山庄过多停留（一般只有数日），只将其作为前往围场的中转站。尽管在塞外停留时间不长（5 次平均为 59 天），但就规模而言，乾隆年间的秋狝从一开始就比康熙时大。1741 年兵部筹备行围事宜时奏称，康熙年间随往热河官兵数目一般约四五千人，但"此次皇上奉皇太后巡幸木兰，若照前派人数，一切差务必不敷用"，最终确定"共派六千余名"，"统计需马一万余匹，驼七八百只"，此外还有蒙古各部所出之随围兵丁 1350 名。[⑥]

从 1751 年开始，秋狝改为每年举行。由此至 1771 年（图 7-1 阶段⑤），皇帝在塞外（平均 68 天）和在山庄（平均 24 天）停留时间均呈现波动性上升趋势，其中大多数年份都会在山庄停留 1 个月左右，并出现像 1763

---

① 《清世宗实录》卷 49，雍正四年十月庚申，《清实录》，第 7 册，第 735—736 页。
② 《清高宗实录》卷 1164，乾隆四十七年九月壬寅，《清实录》，第 23 册，第 600 页。
③ 《清高宗实录》卷 136，乾隆六年二月癸卯，《清实录》，第 10 册，第 961 页。
④ 班晓悦：《胤禛与木兰秋狝》，《紫禁城》2015 年第 8 期。
⑤ 《清高宗实录》卷 136，乾隆六年二月癸卯，《清实录》，第 10 册，第 961 页。
⑥ 《清高宗实录》卷 136，乾隆六年二月乙巳，《清实录》，第 10 册，第 964—965 页。

年这样专门前往山庄避暑两月有余（前后停留 81 天）的例子。由于 1763 年盛夏季节皆在山庄，乾隆帝在这里留下了多首标题带有“热”的诗作（其中《热》3 首、《午热》4 首）[①]；次年再住山庄，中秋节前天气异常炎热，以致“仲秋如仲夏”（《热》），乾隆帝有感而发，写下一首以《气候》为题的诗作：

> 气候自南北，其言将无然。予年十一二，仲秋必木兰。其时鹿已呦，皮衣冒雪寒。及卅一二际，依例往塞山。鹿期已觉早，高峰雪偶观。今五十三四，山庄驻跸便。哨鹿待季秋，否则弗鸣焉。都大廿年中，暖必以渐迁。……或者人烟辏，以致默转旋。[②]

10 年后的 1774 年，乾隆帝又在《观荷有作》一诗的自注中，将《气候》诗的意思复述了一遍：“余年十一二时，八月至塞上鹿已鸣，每值雨雪衣裘；又二十年幸木兰，则鹿哨已较迟，雪亦不常有；又二十年驻山庄，哨鹿需待九月，此盖气候自南而北，暖以渐迁，或人烟日盛所致。”[③]这是中国历史文献中难得一见的长时段（跨度 40 年）气候变化观察记录，值得深入讨论一番。

乾隆帝这两段诗文中提到 3 个时间节点：第一个节点“余年十一二时”，即 1722 年，这年秋季他跟随祖父康熙帝前往木兰行围；第二个节点在 20 年后（“卅一二”），即他恢复举办木兰秋狝的 1741 年；第三个节点是又 20 年后，即驻跸山庄写下《气候》诗的 1764 年。乾隆帝根据自身见闻和感受判断，口外的气候在过去数十年间，以 20 年为一个单位，呈现逐次增暖的趋势（“都大廿年中，暖必以渐迁”）。其对气候总体增暖的趋势判断基本可靠，整个东部地区在这一时段确实出现了一个明显的增暖过程（温度距平从 1720 年代的−0.2℃增至 1760 年代的 0.3℃，后者与 1700 年代并列为清代最暖的年代），在纬度偏高的口外地区，气候增暖的表现应更为显著，并为乾隆帝所感知。

但乾隆帝使用的论据和对增暖程度的判断存在一定问题。首先，在成年以前，他的出塞经历仅 1722 年一次，对多年气候总体状况的把握未必准确。“每值雨雪衣裘”的表述给人的印象是当年经常如此，实际可能只是这年的一次极端天气过程，或者来自长辈们关于更早前行围经历的转

---

① 《清高宗御制诗文全集》第 5 册《御制诗三集》卷 32—34，台北：故宫博物院，1976 年影印版。

② 《清高宗御制诗文全集》第 5 册《御制诗三集》卷 42，第 6 页；写作时间约在乾隆二十九年（1764 年）中秋节前后。

③ 《清高宗御制诗文全集》第 7 册《御制诗四集》卷 23，第 11 页；写作时间在乾隆三十九年（1774 年）农历五月二十七日（7 月 5 日）前后。

述，这会导致对当时寒冷程度的高估。其次，恢复木兰秋狝初期（1740年代），他发现的“鹿哨已较迟，雪亦不常有”现象很可能与行围日期提前有关。康熙晚期（1708—1722年）木兰秋狝平均开始日期为公历9月14日，结束日期为10月16日；而1740年代隔年举行的5次秋狝平均开始于9月7日（提前7天），结束于10月1日（提前15天）。行围时间偏早，行围期间气温自然更高，观察到的物候现象（鹿群尚未发情、峰顶积雪减少）不能直接证明气候增暖。从1750年代开始，木兰秋狝开始时间大幅推迟，多选在农历中秋节之后数日，相当于公历的9月下旬。如1760年代平均开始时间为9月26日（较康熙晚期推迟约1旬），平均结束时间为10月15日（与康熙晚期相近）。秋狝开始时间要考虑鹿的发情期，发情期的变化又在一定程度上响应了温度的变化，据此推论，乾隆中期稳定下来的木兰秋狝开始时间较康熙晚期推迟1旬的事实，的确可以反映气候的增暖。但如乾隆帝诗中所说，此前“仲秋（八月）必木兰”，现在“哨鹿待季秋（九月）”，秋狝开始时间推迟达1月之久，则与事实并不吻合，会导致对增暖幅度的高估。至于乾隆帝对于气候增暖原因的推测（“气候自南而北，暖以渐迁，或人烟日盛所致”），就更加缺乏科学依据了。

1772年开始到1787年（图7-1阶段⑥），秋狝与避暑活动进入一个新的稳定时段。皇帝日程安排进一步固定下来，每年夏至之后（公历6月下旬）从京城启程出塞，农历中秋节后从山庄启程前往围场秋狝成为定例，这样每年合计在口外停留时间约4个月（平均120天），时长仅次于康熙晚期。此前停留山庄时长波动幅度较大，至此则稳定为约3个月（平均85天），最为炎热的7、8两个月全在山庄度过。相较于避暑活动所受重视程度的提升，秋狝的持续时间长度则有所缩短，从上一阶段（1751—1771年）的平均超过20天，降至不足16天，仅为康熙晚期秋狝时长的一半。

尽管时长缩短，秋狝的规模却较康熙年间明显扩大，排场更是不可同日而语。乾隆晚期随同入围的军队数量多在万人以上，需要成百上千的骆驼、大车随行，为官兵和随从提供后勤保障。当时长期居住于北京的法国耶稣会神父亚苗（Joseph-Marie Amiot，1718—1793）曾在一封信中写道：“设想一支一万到一万二千人的军队，向一处沙漠①进军，在那儿扎营生活约十五天。这些人要消耗多少的粮食饮料，那些行装要多少的牲口来搬运！”②

① 指围场，这里以沙漠比拟围场，意在强调行围过程中的所有补给都需要提前准备。

② 转引自毕梅雪、侯锦郎：《木兰图与乾隆秋季大猎之研究》，台北：故宫博物院，1982年，第26页。下文引述亚苗神父记载出处同此。

相比之下，康熙年间的行围活动更接近于实战演练，注重对军队战术、技艺和意志力的磨炼，有时甚至轻装出塞，以猎物补给军食，因此参与人数虽多，后勤保障压力却比较小。

这一时段气候总体温暖，口外农业尚属兴盛，以承德府为中心的府厅州县行政建置刚刚完成，口外对于皇帝北巡还是具有一定的支持能力。但规模不断扩大的秋狝与常态化的避暑活动所消耗的大量粮食物资，对当地社会带来的压力也是可以想见的。考虑到前文提到的一个事实，即口外正是在18世纪70—80年代逐步失去了向口内输出余粮的能力，这一转变的发生，除了移民大量迁入的影响，与此也应不无关系。

第四节　衰落阶段（18、19世纪之交）

兴盛了一个世纪之后，木兰秋狝于乾隆末年至嘉庆年间最终走向衰落。这一衰落过程又可以分为两个阶段：先是乾嘉之际（1788—1798年）王公大臣多次奏请皇帝（太上皇）停围（图7-1阶段⑦）；然后是嘉庆帝亲政之后（1799—1820年）企图重振秋狝的努力不断受挫（图7-1阶段⑧）。在导致秋狝最终衰落的各类或明或暗的影响因素中，看似并不重要的天气因素却在公开讨论的君臣话语中有着相当高的出现频率，并多次成为秋狝停办的主要原因（至少是公开的原因），其间原委有必要做进一步的讨论。

一、乾嘉之际的多次停围

木兰秋狝的衰落开始于一场意外的大雨。1788年，口外天气反常，进入八月后秋雨连绵，尽管道路泥泞，乾隆帝仍然按期于中秋节后启程前往围场。八月二十日（9月19日），乾隆帝离开张三营行宫，率少数随从先进入围场界内，驻跸阿贵图大营，不料大雨通宵达旦，伊逊河暴涨，后续人马全为河水阻断。乾隆帝本日写下的《入崖口》一诗反映了当时焦灼的心境：

> 昨夜帘纤雨，伊逊水涨波。绕行自东峪，驻跸本平坡。即论麦堪

种，亦嫌泽过多。徘徊亟望霁，武帐遣愁哦。①

而被挡在崖口之外的随从部众更是惊惶万状，作为目击者的亚苗神父描述了当时的狼狈情形：

在那儿他②渡过了很特殊的第一夜。大雨不但阻止他们，而且切断了所有来往的路径。没有跟上皇帝的那些太监遣人到热河③求救；半路上迷失的人因而被接回去。很多人在这段不算太长的行程（出发及回归）上丧失了生命。④

至次日，乾隆帝面对“扈从人等行李车辆以桥未构成，率皆阻隔”于崖口对岸的现实，只得取消本年秋狝，重新返回张三营行宫，所谓“为怜万骑艰行李，且报千溪洳猎场。即鹿无虞不如舍，宁当一律视山庄”。⑤虽然用“一律视山庄”来聊以自慰，但返回山庄的路途同样艰难。由于沿途桥梁道路被洪水冲坏不少，乾隆帝先在张三营等待数日，启程后也是走走停停，直到八月二十九日才抵达山庄。

对于年事已高的乾隆帝，此次在围场的惊险经历，无疑在相当程度上打击了他继续举行秋狝的热情。接下来的 10 年中（直到乾隆帝去世之前的 1798 年），此前很少停办的秋狝仅仅举办了两次（1789、1791 年），其余 8 年的停办原因详见表 7-1。

表 7-1　乾嘉之际停围年份及原因

停围年份	停围原因
1790 年	乾隆帝因举办八十寿辰庆典（八月十三日），于八月初提前返京。
1792 年	“蒙古王公等奏：今岁值有闰月，哨内已降霜雪，且过哨鹿之时，请暂停进哨等语。山庄气候早凉，该王公等以朕年过八旬，诚心吁恳，……着照所请。停止进哨。”（《清高宗实录》卷 1410，乾隆五十七年八月壬申，《清实录》，第 26 册，第 958 页）
1793 年	接见英国使臣（马嘎尔尼使团），“大皇帝现驻跸山庄，念汝等久留待贡陛辞，有所不忍，因此不往木兰行围，于八月二十一日起銮，二十七日到京”。（《清高宗实录》卷 1432，乾隆五十八年七月己亥，《清实录》，第 27 册，第 147 页）
1794 年	“今岁雨水较多，道路泥泞，且朕八旬有四，非畴昔驰马射猎时可比，现已停止本年进哨矣。”（《清高宗实录》卷 1457，乾隆五十九年七月癸丑，《清实录》，第 27 册，第 443 页）
1795 年	乾隆帝在位六十年庆典，“明岁六十年，亦不进哨，仍在热河举行庆典，礼毕进京”。（同上）

①《清高宗御制诗文全集》第 9 册《御制诗五集》卷 42，第 7 页。
② 指乾隆帝。
③ 即避暑山庄。
④ 转引自毕梅雪、侯锦郎：《木兰图与乾隆秋季大猎之研究》，第 26 页。
⑤《罢猎》诗及自注，《清高宗御制诗文全集》第 9 册《御制诗五集》卷 42，第 8—9 页。

续表

停围年份	停围原因
1796年	“本日蒙古王公等因哨内雨多泥泞难行，请暂停进哨，准其所请。”（《清仁宗实录》卷8，嘉庆元年八月丙子，《清实录》，第28册，第141页）
1797年	“今年雨水过多，又有闰月，时气较早，迨八月尽已届深秋，时令寒凉，哨内业经落霜，已逾哨鹿之时。今年着暂行停止进哨。”（《清仁宗实录》卷20，嘉庆二年七月癸酉，《清实录》，第28册，第258页）
1798年	“御前乾清门行走蒙古额驸巴图等奏称，今年哨内雨水过多，降霜已早，恳请暂停进哨等语。……京中拴养马匹已于去岁解往军营，今若进哨，不免调取纷繁，蒙古王公等既抒诚吁恳，着照伊等所请，暂停进哨。”（《清高宗实录》卷1499，嘉庆三年七月甲申，《清实录》，第27册，第1060页）

秋狝停办的原因中，除了1790年、1793年、1795年是为重要庆典和外交活动让路，其余5年都跟天气状况不利于行围直接相关，而天气因素又可以分为降水和温度两个方面。

降水方面，有4个年份（1794年、1796年、1797年、1798年）都提到了雨水过多，导致沿途和围场内道路泥泞难行。利用北京保存的《晴雨录》资料重建的清代逐年降水序列显示①，18世纪末至19世纪初的一段时间内，降水确实较此前18世纪大部分时段内明显偏多，无论全年还是夏季降水量都是如此（图7-1e）。考虑到现代北京与承德的降水有很强的相关性，当时承德周边也应与北京同步进入一个多雨期。乾隆帝连年在山庄避暑，对于夏秋雨水是否偏多不难结合自身感受予以判断，大臣以雨水过多进行谏阻，自然会勾起他对1788年秋狝中断的不快回忆，因而更易接受。

温度方面，有3年（1792年、1797年、1798年）提到了气候转冷（围场内降霜、降雪）、哨鹿逾时（发情期已过），不适合开展秋狝。这其中，1792和1797年是因为当年有闰月，造成节气交替时间提前，例如1797年有闰六月，这样农历八月十五对应公历10月4日，因此有“时气较早，迨八月尽已届深秋”的说法。不过，农历闰月并不罕见，乾隆年间就常因当年有闰月而在公历10月上旬举行秋狝，甚至有1770年秋狝开始日期为10月16日这样的例子，而在这些年份中“过哨鹿之时”并不是一个问题。之所以此时成为问题，可能与围场鹿群的发情期随着18世纪末的降温过程而有所提前有关。相比于康熙帝灵活调整秋狝开始的农历时间，使之更加吻合物候期的做法（1702—1722年间，大部分秋狝开始时间都集中在公历9月中旬），乾隆帝在大部分时间里固守中秋节后举行秋狝的

① 张德二、刘月巍：《北京清代“晴雨录”降水记录的再研究——应用多因子回归方法重建北京（1724—1904年）降水量序列》，《第四纪研究》2002年第3期。

惯例（先在八月十三日接受群臣的生辰朝贺），这使得秋狝开始的公历时间围绕9月下旬波动，日期早晚相差可达1月。气候温暖的时段“鹿哨较迟”，即便开始时间较晚，也仍会有部分鹿群尚在发情期中，但到了降温阶段还完全不做调整，再加上闰月，确实可能因逾期过久而无法哨鹿。

乾隆帝晚年木兰秋狝的连年停办，主要原因还是自身年老体衰，对于需要投入大量精力、体力的秋狝活动热情不如从前。1794年停止秋狝时他还似有不甘，曾设想“俟丙辰归政，称太上皇帝时，朕仍进哨，不必乘马射猎，惟安坐看城，以观嗣皇帝率领王公大臣、蒙古王公台吉及外藩人等行围，实千古罕觏之盛事”[①]，但真到了退位之后，想到“进哨时亦未能照前马上射兽，不过御看城观阅而已”[②]，却又有些意兴阑珊。在这一前提下，气候转冷、降水增多的大背景，和1788年所受的惊吓，给他提供了一个合适的台阶。于是退位后的3年中，每当大臣以天气为由谏阻秋狝，他都顺水推舟地予以批准。但以设立秋狝制度的初衷而论，天气状况不佳本不应该成为停围的理由，甚至是“肄武习劳”的良好契机；这些先例的存在，反而给立志重振木兰秋狝的嘉庆帝设置了意想不到的障碍。

二、嘉庆重振秋狝的努力与挫折

1799年初乾隆帝去世，当年和次年的秋狝典礼因居丧继续停办。1801年，嘉庆帝准备重开木兰秋狝，于年初下谕：“今岁秋间既允王大臣等所议，缓诣盛京，而热河距京甚近，且顺时行狝，典不可废，朕自应恪守遵行。着仍于本年七月十八日由京启銮，驻跸避暑山庄，中秋后木兰行围。”[③]但夏季海河流域的严重水灾打乱了上述安排，忙于赈灾的嘉庆帝不得不临时叫停：

> 今秋往木兰行围，大营所用车辆，及除道、成梁等事，皆需民力，此次大水所淹岂止数十州县，秋禾已无望矣，若重费民力，予心不忍。况畋猎近于嬉游，我皇考自乾隆六年始行秋狝，今年虽系六年，尚在皇考三周年内，远行射猎，终非所宜。朕意今秋停止巡幸，庶息民劳而省己过。[④]

---

① 《清高宗实录》卷1457，乾隆五十九年七月癸丑，《清实录》，第27册，第443页。
② 《清高宗实录》卷1499，嘉庆三年七月甲申，《清实录》，第27册，第1060页。
③ 《清仁宗实录》卷78，嘉庆六年正月甲辰，《清实录》，第29册，第11页。
④ 《清仁宗实录》卷84，嘉庆六年六月癸丑，《清实录》，第29册，第93页。

这个开头也预示了嘉庆帝重振秋狝的努力将面临重重阻力，不仅有来自群臣的阻挠，连上天似乎都在与他作对。1802 年正式重开秋狝之后，19 年间（1802—1820 年）只举行了 11 次秋狝，停围固然有各种原因，行围也难言顺利。具体情形可以参看表 7-2。

表 7-2　1802—1820 年逐年行围/停围情况

年份	事项	行围情形及停围原因
1802 年	行围	行围过程中鹿只甚少。[①]
1803 年	停围	因勘查围场鹿只稀少，被迫停围。[②]
1804 年	停围	围场鹿只仍少，再次停围。[③]
1805 年	停围	前往盛京拜谒祖陵，未往木兰。
1806 年	行围	因口外秋雨过多推迟行程[④]，行围尚属顺利[⑤]。
1807 年	行围	正常行围。
1808 年	行围	再次因秋雨推迟行程[⑥]，行围秩序混乱、纪律废弛[⑦]。
1809 年	停围	因围场内春夏雨多、道路泥泞停围。[⑧]
1810 年	行围	行围过程天气晴暖[⑨]，部分围内牲兽稀少[⑩]，也有收获颇丰之处[⑪]。

① “朕从前每次随围，曾记此数围内野兽甚多。今已十载未经行围，此次进哨，鹿只甚少，看来系平日擅放闲人偷捕野兽、砍伐树木所致。”（《清仁宗实录》卷 102，嘉庆七年八月壬戌，《清实录》，第 29 册，第 372 页）

② “上年行围时鹿只已属无多，今岁竟至查阅十数围，绝不见有麋鹿之迹，殊堪诧异。闻近日该处兵民潜入围场，私取茸角盗卖，希获厚利；又有砍伐官木人等在彼聚集，以致惊窜远飏；而夫匠等从中偷打，亦所不免，是以鹿只日见其少。……姑允蒙古王公等所请，停止行围。”（《清仁宗实录》卷 118，嘉庆八年八月丁丑，《清实录》，第 29 册，第 584—585 页）

③ “鹿只仍少，……系因近年来砍伐官用木植之外，多有私砍者，并任令奸徒私入捕捉牲畜，以致鹿踪远逸。……所有本年木兰行围，不得已仍着停止。”（《清仁宗实录》卷 132，嘉庆九年七月己酉，《清实录》，第 29 册，第 792 页）

④《喜晴述事》自注：“今岁秋狝本定于七月十九日启銮，因近日雨水稍多，塞外山水涨发，沿途桥座多有冲失，……改于二十二日起行。”（《清仁宗御制诗》第 3 册，《故宫珍本丛刊》，海口：海南出版社，2000 年，第 573 册，第 235 页）

⑤《阿济格究围即事》自注：“秋狝进哨以来，见牲畜充牣，已复旧观。……阿济格究围场所得尤蕃，……连殪二虎。”（《清仁宗御制诗》第 3 册，《故宫珍本丛刊》，第 573 册，第 247 页）

⑥《启跸幸避暑山庄即事》自注：“原定于七月初八日启銮，……乃六月来伏雨秋霖相继而至，以致河道桥梁不能如期支搭，因改期至本月十六日启銮。”（《清仁宗御制诗》第 4 册，《故宫珍本丛刊》，第 574 册，第 59 页）

⑦ “本年哨内蒙古官兵上围俱不整齐，纵放鹿只甚多，善猎人等亦皆马上平常，竟不晓清语、蒙古语，且不遵王大臣约束指示，任意行走，殊属非是。”（《清仁宗实录》卷 200，嘉庆十三年八月辛酉，《清实录》，第 30 册，第 663 页）

⑧ “以哨内春夏雨多，停止秋狝。”（《清仁宗实录》卷 216，嘉庆十四年七月癸未，《清实录》，第 30 册，第 905 页）《停狝即事》自注：“本年围场内雨水较多，道路积潦难行，……指定各围场均属泥泞，……似此焉能安设大营，散布猎骑？因特颁谕停止行围。”（《清仁宗御制诗》第 4 册，《故宫珍本丛刊》，第 574 册，第 163 页）

⑨《暖》：“塞囿今年暖异常，营屯岭北曝秋阳。高崖密荫林仍绿，广甸平铺草未黄。”（《清仁宗御制诗》第 4 册，《故宫珍本丛刊》，第 574 册，第 279 页）“本年朕行狝木兰，晴雨应时，聿昭顺佑。”（《清仁宗实录》卷 234，嘉庆十五年九月乙卯，《清实录》，第 31 册，第 144 页）

⑩ “连日围场牲兽甚少，本日巴彦布尔哈苏台围尤属寥寥，……山冈上下多有人马行迹，并有车行轨辙，山巅林木亦较前稀少。从前……此数围皆系长林丰草、牲兽最多之地，除田猎弋获外，所放鹿只动以千百计，何以至今情形迥异？自系围场官员兵丁平素漫不查察，任听附近民人及蒙古等私伐林木，潜偷牲只，或徇情贿纵，均未可知。”（《清仁宗实录》卷 233，嘉庆十五年八月丁未，《清实录》，第 31 册，第 139—140 页）

⑪《巴彦沟大猎》自注：“是日围中连射四鹿，东山涧下饮飞枪殪一虎。”（写于八月二十六日，《清仁宗御制诗》第 4 册，《故宫珍本丛刊》，第 574 册，第 278—279 页）

续表

年份	事项	行围情形及停围原因
1811 年	行围	行围较为顺利。①
1812 年	行围	行围纪律废弛，牲兽逃逸较多。②
1813 年	行围	围场秋雨连绵，削减行围数量并提前结束（持续 11 天）③，因围场牲兽稀少，继续加强管理力度④。
1814 年	停围	一是围场冬春多雪，牲兽稀少⑤；二是前一年京城有变，民心不安⑥。
1815 年	行围	行围纪律不佳。⑦
1816 年	行围	行围开始时间虽晚（有闰月），但行围过程天气晴暖⑧；行围纪律仍不佳⑨。
1817 年	行围	行围总体顺利，其间“拿获偷牲贼犯多名”。⑩
1818 年	停围	本年往盛京祭祖。
1819 年	停围	秋雨连绵，大水冲毁沿途桥梁道路，推迟启程日期之后导致秋狝无法如期举行。⑪
1820 年	停围	嘉庆帝抵达避暑山庄后不久去世，未及举行。

① “进哨行围四日，牲兽甚多，较去岁行围十数日所得牲兽相同。”（《清仁宗实录》卷 247，嘉庆十六年八月庚午，《清实录》，第 31 册，第 342 页）

② “本年哨内牲兽稀少，行围时围外捕兽者较多。看来并非孳生缺少，皆由行围时领纛大臣及管围大臣废弛，未能设法围护，以致牲兽逃逸。”（《清仁宗实录》卷 260，嘉庆十七年八月己巳，《清实录》，第 31 册，第 530 页）

③ “以阴雨减围，改由伊玛图出哨。”（《清仁宗实录》卷 273，嘉庆十八年九月甲子，《清实录》，第 31 册，第 706 页。）《减围述事》自注：“时于（八月）二十日入布克崖口，天气晴朗，……乃于夜间大雨滂沱，连绵不已，……御前大臣暨外藩等敦请撤围，……遂允所请。……（二十一日）驻跸巴彦托罗海大营，连宵达旦，尚未放晴，……既据诸臣屡请，又俯念属车之众，因命于哈里雅尔等处仍行五围，九月朔日出伊玛图口。……事虽从众，而于予习劳肄武之心终不释然尔。”（《清仁宗御制诗》第 5 册，《故宫珍本丛刊》，第 575 册，第 291 页）

④ “近年哨内牲兽稀少，此皆由于偷砍树木及往来取便行走之人惊逸兽群，致乏牲畜。喀喇沁王游牧距围场较近，着明年为始，派喀喇沁王满珠巴咱尔，每岁不拘时日，进哨三次，尽行稽查。如有偷砍树木及偷盗牲兽之人，即拿交围场总管会同办理；倘有往来行走之人，亦即查明拿究。”（《清仁宗实录》卷 272，嘉庆十八年八月癸亥，《清实录》，第 31 册，第 705 页）

⑤ “据满珠巴咱尔奏：查明木兰各处围场牲兽甚少，本年正、二月间大雪数次，至今尚未融化，三月十九（5 月 8 日）以后又连日大雪，道途泥泞异常等语。本年哨内入春以后雪泽尚多，山路泥泞，再经夏秋雨水，自必倍难行走；且各处围场牲兽较少，亦应略为孳息，所有本年木兰秋狝典礼，着暂行停止，俟明岁照例举行。”（《清仁宗实录》卷 289，嘉庆十九年四月乙丑，《清实录》，第 31 册，第 947 页）

⑥ 《启跸幸避暑山庄即事成什》自注：“癸酉（1813 年）冬京畿偶有兵革（指天理教起义），戍岁又值歉收，予以民力未免拮据，暂停斯役。”（《清仁宗御制诗》第 6 册，《故宫珍本丛刊》，第 576 册，第 144 页）

⑦ “巴彦山谷围场内牲兽向来繁庶，本日行围，许多兽畜俱从看城两旁副纛、尾纛间脱出，此皆管理蒙古围场副纛、尾纛各员并不留心严管所致。”（《清仁宗实录》卷 309，嘉庆二十年八月戊寅，《清实录》，第 32 册，第 108—109 页）

⑧ “此次进哨以来，风日暄和，毫无雨雪，现已行围过半，气候并未凝寒。”（《清仁宗实录》卷 321，嘉庆二十一年八月甲辰，《清实录》，第 32 册，第 253 页）

⑨ “本日莫尔根经齐呢围牲兽并不短少，朕见牲兽俱从蒙古围副纛、尾纛之间逸出甚多，此皆管围大臣等并不严肃管护。”（《清仁宗实录》卷 322，嘉庆二十一年九月丁未，《清实录》，第 32 册，第 256 页）

⑩ 《清仁宗实录》卷 334，嘉庆二十二年九月甲辰，《清实录》，第 32 册，第 402 页。

⑪ 《停狝纪事》自注：“今岁孟夏值闰月，节气较早，爰择于孟秋（七月）四日启跸幸避暑山庄，十六日幸木兰举行狝典。乃自朔日以来，霖雨大沛，连昼达宵，跸路桥梁皆被冲没，因改期初八日起程。雨仍未止，复更于十二日。旋据直督等奏报称塞北诸山山水骤发，潮、白、滦三河怒涛汹涌浮梁，人力难施，且念物料猝难购致，兵役亦颇艰辛，缘此加恩奖赏展期，二十日专诣山庄，命罢今年秋狝。盖事有缓急，不得不权其轻重耳。”（《清仁宗御制诗》第 7 册，《故宫珍本丛刊》，第 577 册，第 210 页）

由表 7-2 可以看到，嘉庆年间的木兰秋狝不仅不复当年之盛况，甚至连正常举行都变成一种奢望。在秋狝停办多年之后，朝堂上下对此已经习以为常，嘉庆帝重开之举反而要面对来自各方面的重重阻力。如汉族官员基于儒家传统文化中对于皇帝沉迷“盘游畋猎”的负面评价，对秋狝始终存在抵触情绪。1802 年嘉庆帝首次举行秋狝之前，就先后有顺天府尹汪承霈、给事中鲁兰枝等上奏请求暂缓举行，理由主要是秋狝为劳民伤财之举，在本年京畿夏收不甚丰稔的背景下应节省民力；而嘉庆帝则从秋狝为“本朝家法”的政治高度予以批驳，认为这样重要的典礼必须定期举行，去岁停办实因遭遇非常之灾，不可引为常例，否则“岂必待十分丰收之岁方可行围乎”[①]。不过，鉴于当时政府财政状况日益紧张的现实，嘉庆帝也尽量缩减了北巡的规模。在举行秋狝的 11 年中，平均在塞外停留 47 天，较康熙、乾隆年间大幅缩短。其中在避暑山庄停留 21 天，只开展必要的接见边疆各部代表的活动，事实上取消了避暑（一般在农历七月中出京，中秋节后前往围场）。

如果说汉族官员尚属于秋狝的旁观者，作为秋狝主角的满洲和蒙古人对举办秋狝的态度反而更加消极，带来的问题也更为棘手，这令嘉庆帝感到意外和震怒。满洲八旗长期以来军备废弛，骑射技艺生疏，临阵勇气不足，在嘉庆年间的行围中屡有表现，为避免在围场出丑，他们往往以各种理由逃避甚至阻挠行围。如 1815 年启程前往围场之前，御前大臣绵课谎称“二道河副桥座已被冲塌，正桥座现已过水一尺有余”，意图阻止进哨，实则“河水尚低于桥面尺余，桥座亦甚稳固”，嘉庆帝查明后痛斥其“畏葸”，并革去御前大臣之职。[②]而负责围场守卫的八旗官兵监管不力，甚至监守自盗，导致围场境内私垦、滥伐、偷猎事件层出不穷，动植物资源遭到严重破坏，更是极大影响了秋狝的正常举行。以至于嘉庆帝不得不在初次举行秋狝之后暂停数年，以令牲兽得以孳息。此后情况虽有所好转，但终究无法恢复旧日之观。

对于蒙古各部来说，嘉庆年间参与秋狝也是一个相当沉重的负担，如 1814 年吏部尚书英和的《开源节流疏》中所说：

> 木兰秋狝肄武习劳，联属外藩，为本朝家法。然臣屡经进哨，查看蒙古情形，迥非昔比：昔之蒙古马匹众多，乐于从事；今则马匹蕃

---

① 《清仁宗实录》卷 99，嘉庆七年六月甲辰，《清实录》，第 29 册，第 322—323 页。《清仁宗实录》卷 100，嘉庆七年六月丁卯，《清实录》，第 29 册，第 335 页。

② 《清仁宗实录》卷 310，嘉庆二十年九月己亥，《清实录》，第 32 册，第 119—120 页。

> 庶不能如前，每岁行围，不无赔累。恭查世宗宪皇帝时即未举行秋狝，嗣后秋狝亦应请酌定年限，间岁一行，于肄武绥藩大典，仍不致有旷废，无庸每岁前往。如此则国家经费所省者岁不过数十万，而于直隶民力、蒙古生计所全实大。[1]

奏疏中专门提到了“蒙古生计”，即当时蒙古各部“马匹蕃庶不能如前”的问题。参加行围的蒙古兵丁（定例“布围用蒙古一千二百五十人”[2]）主要来自围场周边各旗（如喀喇沁、翁牛特、敖汉），都是17世纪晚期以来移民开垦较为活跃的区域（特别是喀喇沁三旗），至嘉庆年间农垦程度已经相当高，以至来自口内的移民需要进一步向更远的科尔沁地区迁徙。由于都有大面积牧场遭到垦辟，各旗对于每年秋狝活动需要准备的大量马匹自然越来越感到吃力。同时，农耕文化的浸染和享乐之风的盛行，使得负责布围的蒙古部众普遍训练不足，技巧生疏、纪律涣散，屡次出现合围不严从而导致大量牲兽脱逃的问题（见表7-2），嘉庆帝虽一再申斥，但收效甚微。

在诸多方面因素综合作用之下，嘉庆年间的木兰秋狝始终弥漫着衰败的气息。围绕秋狝的存废，君臣之间一直存在激烈的争论和博弈。在大部分情况下，嘉庆帝尚能保持主动。对于从根本上质疑秋狝意义的，他可以祭出“本朝家法”予以压制；对于担心秋狝劳民伤财的，他通过压缩开支来予以回应；面对初期围场牲兽稀少的问题，他严厉惩办围场官员以加强管理，并适当停围以便孳息，收到一定成效的同时也使得臣僚不敢以此为借口（以免引火烧身）；而对好逸恶劳的满洲贵族们，他则不厌其烦地“遍行晓谕”，告诫他们勿忘骑射之根本，并重惩那些公然抵制者，以儆效尤。但面对频繁出现的不利天气，嘉庆帝也深感无力，天气因此成为君臣博弈的一个焦点。

三、君臣博弈中的天气因素

1801—1820年的20年间，嘉庆帝因故停围9次，其中涉及天气因素的达4次（1801年、1809年、1814年、1819年），都与降水过多有关；在举行秋狝的年份，还有2次因雨推迟行程（1806年、1808年），1次因雨提

---

① （清）贺长龄辑：《皇朝经世文编》卷26《户政一》，沈云龙主编：《近代中国史料丛刊》第74辑，台北：文海出版社，1966年，第960页。

② 《清会典事例》卷708《兵部·行围·木兰行围》，第8册，第811页。

前结束行围（1813年）（表7-2）。可见，这一时期的气候变化延续了19世纪末以来降水增多的趋势，并对整个北巡活动的正常开展构成了严重的制约。夏秋季节的多雨与温度的降低同步发生，重建的清代北京7月平均温度和最高温度变化序列都显示19世纪最初的20年为整个清代的谷底[①]，加之满洲贵族对口内气候已非常适应，避暑需求进一步减弱，因此嘉庆帝取消避暑活动显得顺理成章。而秋季塞外围场的低温多雨（如秋狝开始日期较晚还可能降雪）对于平时养尊处优的宗室贵胄反而是一个严峻的考验。

由于乾隆帝晚年曾多次因天气原因（雨水过多、早降霜雪）停围，而嘉庆帝亲政之后第一次试图重开秋狝的努力也是因为畿辅大水而中止，这便给了臣僚一点启发，即直言停围风险甚大，天气状况不佳（或发生灾害）可能会是一个合适的突破口——既不触怒皇帝，也能起到谏阻的作用。例如1802年给事中鲁兰枝的奏折中便以七月可能多雨为由，请皇帝考虑将秋狝“展至明岁，或展迟一月，于中秋节后启銮，其时秋气晴霁，道路桥梁，易于集事”。嘉庆帝对此驳斥道：

> 上年秋间，即因雨水过多，降旨停止秋狝。本年七月内若果雨势稍大，差探道路桥梁艰于行走，自必改期八月。傥八月内仍复阴雨泥泞，亦必降旨停止。朕非刚愎自用、不听人言之主，断无执意必行之事，又何待该给事中鳃鳃过虑耶！[②]

显然嘉庆帝对臣僚可能利用天气进谏的思路已有所警惕，但还留有余地，即如果届时天气确实不佳，他也不会“不听人言”“执意必行”。此后数年，围场牲兽稀少问题成为焦点，在嘉庆帝重点整顿围场管理事务之后，秋狝也进入一段相对稳定期，1806—1813年的8年间举行了7次。但这期间唯一中断的一次就与天气有关（1809年春夏围场多雨，积潦难行），1813年也是在进入围场之后连续数日大雨，只勉强举行了五围（一般为十余围）就提前结束。就在嘉庆帝怏怏返京的途中，天理教起义军攻入了皇宫（九月十五日），此事又对他的心理造成了巨大的冲击。1814年嘉庆帝决定取消秋狝，真实考虑是亲自坐镇京师以稳定局势，但公开的理由仍是天气不佳（围场冬春多雪）。尽管多少有些牵强（毕竟宣布取消秋狝是在四月，距离八月为时尚早），但至少是一个还算体面的理由。

皇帝以天气为借口取消秋狝的举动，显然鼓励了那些试图阻挠秋狝的

---

① 张德二、刘传志：《北京1724—1903年夏季月温度序列的重建》，《科学通报》1986年第8期。

② 《清仁宗实录》卷100，嘉庆七年六月丁卯，《清实录》，第29册，第335—336页。

大臣们，次年（1815 年）便有绵课谎报雨水冲漫桥梁一事发生。虽然嘉庆帝对其进行了惩戒，但再下一年因有闰月，秋狝开始时间较晚，又有不少大臣以天气寒冷为由进行劝谏。于是在行围途中的八月二十八日（10 月 18 日），嘉庆帝专门发布了一道上谕，除了重申木兰秋狝为需要“万年遵守”的“国家根本之计”，还重点警告了这种“以雨水寒冷为词”的做法：

> 上年自热河启跸之日，绵课有雨水冲漫桥梁之奏，意图停止进哨，特降旨将绵课革去御前大臣示以罚惩。本年由京启銮以后，兼旬晴霁，乃又有以闰月节候较早、哨内寒冷为词者，除御前大臣军机大臣均无此言外，卿贰京堂及直隶道府内颇有其人……此次进哨以来，风日暄和，毫无雨雪，现已行围过半，气候并未凝寒……嗣后每遇进哨，大小臣工概不准以雨水寒冷为词，妄生浮议。届期如实有应行停减之处，朕自行降旨。傥有敢于尝试，仍复造作浮言、希图阻止者，则行围之事，与行军等，必将其人按军法治罪。①

本年秋季塞外持续晴暖的好天气给嘉庆帝训诫臣僚提供了一个契机，但纵观 18、19 世纪之交的 30 余年，这样的好天气实在不算常见，相反多雨早寒才是常态，以至嘉庆帝要下令在围场东、西两个入口处各建山神庙一座，以便在行围开始之前祈祷“风日暄和，诸臻顺吉”②。诸多因天气原因取消或中断行围的先例在前，嘉庆帝自然无法否认，但他担心的是臣僚持续不断地以此为武器，去攻击木兰秋狝的正当性。因此在上谕中严厉警告，真的出现不可抗力，“朕自行降旨”，不许臣僚置喙，否则威胁要军法从事。

3 年后，当秋雨再次迫使嘉庆帝推迟行程时，他仍不忘强调：“嗣后每岁举行狝典，或偶值天时水旱，朕心自有权衡。如此次降旨启銮，届期适遇大雨，桥座被冲，即降旨改期，并非因人奏请。”③但本年雨势连绵，两次改期之后只能取消秋狝（因本年十月初有嘉庆帝六旬庆典，在山庄还要接见边疆各部使节，本拟将秋狝提前至七月举行），对此嘉庆帝深感无奈，也只能以“予花甲初周，精力强固，秋狝之典，来年即可举行”

---

①《清仁宗实录》卷 321，嘉庆二十一年八月甲辰，《清实录》，第 32 册，第 253 页。

②“前于嘉庆十六年特降旨在伊逊崖口内建立敦仁镇远山神庙，每岁举行秋狝大典，进东哨门时，朕必亲诣拈香，仰承灵佑，风日暄和，诸臻顺吉。因思西哨门与东哨门间岁经由，崖内未曾建立神祠，无由升香展敬。着……于布克崖口内数里，相度平坦地址，建立山神庙一区，……于明岁竣工，朕临幸木兰，再进西哨门时，躬亲瞻礼，用备明禋。”（《清仁宗实录》卷 333，嘉庆二十二年八月戊戌，《清实录》，第 32 册，第 398 页）

③《清仁宗实录》卷 360，嘉庆二十四年七月甲子，《清实录》，第 32 册，第 745—746 页。

自我安慰。[1]

在与臣僚的争论和博弈中，嘉庆帝固然可以动用皇帝的权威予以压制，但天公若不作美，则非人力所能挽回，这让嘉庆帝为重振秋狝所做的种种努力蒙上了一层“时来天地皆同力，运去英雄不自由”的悲剧色彩。当下一年他再次出塞行围，却在避暑山庄猝然离世之后，延续百余年的木兰秋狝典礼也终于画上了句号。

第五节　小结：气候、社会生态变迁与秋狝兴衰

木兰秋狝是清代重要的皇家大典，连同与之有密切联系的承德避暑活动，构成了一个完整的皇帝出塞北巡行程。其百余年的兴衰历程，正如前人所言，是一系列政治、经济、文化包括生态环境因素综合作用的结果；而将其放在同期气候变化的背景之下，与口内（华北平原）、口外（承德周边）社会生态系统的演进历程进行对比，亦可发现一些有意义的关联。气候对于秋狝和避暑这两项季节性颇强的活动的影响和制约可谓贯穿始终，其直接影响可以归纳为以下几个方面：

（1）秋狝的开始时间取决于鹿群发情期的早晚，后者又与秋季气候的寒暖相关，一段时期内最适宜哨鹿的时间常常比较固定，康熙晚年哨鹿时间集中于公历 9 月中旬便很可能参考了物候期。乾隆年间固定于中秋节后开始秋狝（平均在 9 月下旬，较康熙年间有所推迟），固然主要是基于个人原因，但能顺利开展也离不开当时相对温暖的气候背景（据乾隆帝亲身感受，“鹿哨较迟”）；而到乾嘉之际气候转寒，仍坚持中秋节后举行秋狝的做法便可能产生“哨鹿逾时”的问题。

（2）温度的波动以及与之相关的夏季高温天气出现频率变化，会对满洲贵族的避暑需求产生作用，从而在一定程度上影响皇帝关于避暑的决策。清代承德避暑活动最兴盛的两个时期（康熙晚期、乾隆晚期）正好出现在清代最温暖的两个年代（1701—1710 年、1761—1770 年）及其之后一段时间，应并非偶然；而在气候转冷的嘉庆年间，避暑活动便顺势取消。

（3）由于前往围场的道路交通条件不佳，秋季多雨会在相当程度上制

[1]《停狝纪事》自注，《清仁宗御制诗》第 7 册，《故宫珍本丛刊》，第 577 册，第 210 页。

约秋狝活动的顺利开展，只是这一问题在大部分时间内都不突出（围场地区气候偏干，且降水主要集中在夏季）；但在18世纪末至19世纪初的一段时间内，当地气候转冷的同时秋季降水反常增多，从而在秋狝的衰落过程中扮演了一个十分突出的角色。1788—1820年的33年间，仅举行秋狝13次，因故取消的20个年份中，与天气状况不佳（特别是降水导致的交通困难）有关的占到一半之多；举行秋狝的年份中还有多次因天气问题导致行程推迟、行围提前结束的记录。正是由于天气对于秋狝的制约客观存在，以此劝阻皇帝举行秋狝，相比于其他理由（如质疑政治意义、强调财政困难、报告牲兽稀少）更易被接受，天气因此成为君臣围绕秋狝存废而展开博弈的一个焦点，以至嘉庆帝不得不专门下谕禁止臣僚"以雨水寒冷为词"。

在直接影响之外，气候通过影响区域社会生态系统的变迁间接作用于秋狝活动。不难发现，木兰秋狝的兴衰历程恰与以承德为中心的口外地区农业经济的发展同步。如果没有17世纪晚期以来农耕区向长城以北的快速扩张和来自口内的活跃的流民迁徙，口外不可能具备支持18世纪初的大规模行宫建设和康熙、乾隆年间连年北巡的能力。口内、口外之间的良性互动关系，不仅对两地社会发展均有益处，也为秋狝和避暑活动规模的不断扩大奠定了物质和人力基础。但口外地区毕竟生态环境相对脆弱，适宜农业开发的土地资源有限，随着人口快速增加，当地的余粮产出逐渐减少，至乾隆晚期已失去向口内大量输出余粮的能力，对于保障北巡队伍的后勤已开始力不从心。

至嘉庆年间情况进一步恶化。气候转冷的背景下口内灾害频发，流民问题激化，而口外则农业生产衰落，人口趋于饱和，两地之间的良性互动不复存在，大量流民越边之后无以谋生，便聚集于尚未开发的围场周边，私垦、盗伐、偷猎行为因此屡禁不止。道光以降，随着木兰秋狝的废止，围场私垦活动愈演愈烈，最终全部放垦。围场周边蒙古各旗牧场均被大量开垦，牧业凋敝，马匹数量短缺、兵丁缺乏训练，难以胜任秋狝中的布围任务。尽管嘉庆帝尽量控制北巡规模，但因口外后勤保障能力的削弱，不免要仰仗口内筹集民夫、车辆、物资，这又会加重各级政府的财政负担，从而引发臣僚对于秋狝活动意义的质疑。以上种种，都会对秋狝的继续举行造成严重打击。

总之，木兰秋狝活动在乾嘉之际走向衰落，正是当时整个华北平原和口外区域社会生态系统走向衰落的一个缩影。嘉庆帝在这一大的历史进程中仍力图继续举行秋狝、重振祖辈荣光，无怪乎事事掣肘，最终一切努力归于失败也是可以想见的结果。

第八章 总　结

以上，本书分阶段呈现了气候、灾害影响之下的清代华北平原社会生态系统演进过程。这4个主要阶段构成了区域社会生态系统一个完整的生命周期（恢复、兴盛、衰落、崩溃），具有一定典型意义。在不同的阶段中，气候、灾害作为重要的外部影响因素，对系统内部许多环节的运转产生了不同的影响，在一定程度上推动了系统演进。同时，系统自身的一些响应机制也发挥了不同的作用，并对气候影响产生了或缓冲或加剧的作用。以下立足于整个清代，对气候、灾害与社会生态系统之间的互动进行总结。

第一节　气候、灾害如何影响社会生态系统

气候要素（温度、降水）的长期波动与极值变化，除了在一些特殊案例（例如前文木兰秋狝与承德避暑的兴衰）中通过影响人类感官和限制人类活动而直接发挥作用，主要是通过作用于整个社会生态系统的运转基础

即粮食生产部门，来逐步影响到其他环节。复杂的影响传递过程使其产生的社会结果具有一定不确定性，需要具体情况具体分析。

一、总体规律为“冷抑暖扬”，但影响具有非线性特征

以往许多研究成果都已证明，历史时期气候变化对中国社会经济发展的影响具有“冷抑暖扬”的宏观韵律，过去2000年间百年尺度的暖期往往对应经济发达、社会安定、国力强盛、人口增长、疆域扩展的时期，相反的情况则多对应冷期。[①]作为区域尺度的案例，本书研究结果总体上也支持了这一规律。清代华北平原气候呈“冷—暖—冷”的三阶段波动，初期延续了明末以来的寒冷，17世纪末开始转暖，进入一个长达1个世纪的温暖期，此后又于18世纪末急剧转冷，进入小冰期最后一个冷期。对照同期当地社会发展状况，可以看到暖期对应的是区域社会生态系统运转较为良性、社会秩序较为稳定的时期，而冷期则反之，尤以19世纪后半叶为甚。

社会经济的繁荣固然是其自身发展规律综合作用的结果，但中国传统社会一向以农为本，而农业又在很大程度上“靠天吃饭”，相对适宜的气候条件对于社会发展的积极作用也是不可忽视的。暖期气候对于华北平原社会总体有利，主要体现在3个方面：一是温度升高带来积温的增加，可以在一定程度上提升粮食作物的增产潜力；二是暖期气候系统较冷期更为稳定，水旱灾害等极端事件少发，有利于作物稳产；三是引发农牧交错带向北推移，宜农土地面积扩大，有利于缓解人地矛盾，增强对灾害的抵御能力。从10年尺度的相关分析结果来看，冬半年温度距平序列与秋粮歉收指数和饥荒指数序列的相关系数分别为−0.522和−0.595（显著性水平均为0.05），反映出温暖气候下歉收和饥荒发生概率下降；与朝廷赈粮调度数量的相关系数为0.554（显著性水平为0.01），说明在暖期朝廷的仓储状况和救灾能力都好于冷期。

10年尺度上温度变化与京城煮赈、治安记录以及动乱事件频次均没有显著相关关系，反映人口迁徙和动乱的触发机制更加复杂。书中以人均粮食产量作为人地关系状况的量化指标，观察了不同阶段中的气候影响。在人地关系较为良性（人均粮食产量远高于温饱阈值）的阶段，社会对于来自气候、灾害的冲击较不敏感，例如清初数十年间尽管气候寒冷、大灾

① 方修琦、苏筠、郑景云，等：《历史气候变化对中国社会经济的影响》，第260页。

频发，且政府救灾不力，但社会秩序却相对稳定，动乱少发。而当人地关系变得紧张（人均粮食产量逼近甚至低于温饱阈值），气候、灾害的消极影响可能会引发意想不到的严重后果。比较典型的是18、19世纪之交的短短二三十年间，伴随气温急速降低和极端灾害增多，华北平原区内流民问题迅速凸显，严重冲击社会秩序，甚至爆发了空前的大规模起义，尚沉浸在“盛世气象”之中的区域社会显得猝不及防，难以做出有效应对。由此可见，气候的冷暖与社会的治乱并非简单的线性相关，而可能会在某个临界点之后发生突变。

在未来研究中，上述体现出气候影响的非线性特征的案例应引起研究者的充分关注，特别是像18、19世纪之交这样发生在气候由暖转冷背景下的案例。一般而言，当社会经历一段较长的气候适宜期（如18世纪大部分时间内的华北平原，持续温暖、灾害少发）之后，人口的持续增加与耕地资源的饱和，最终会将气候红利消耗殆尽，并使区域人地关系趋于紧张；而相对稳定的气候条件又会降低社会对灾害的警惕性，削弱备荒工作。这样，突发的气候转折（气温骤降、灾害激增）便可能迅速激化人地矛盾（人均粮食产量急剧下降），甚至推动社会危机提前爆发。

二、气候影响的时空尺度：温度与降水的差异

尺度是地理学的重要概念，当我们讨论某个特征、规律或者机制时，必须首先界定其在多长的时间（如百年、十年、年际、年内）或多大的空间（全球、全国、省区、县市）尺度上表现最为充分。对于华北平原这样大小的区域，两类气候要素（温度和降水）因其自身变化特征的差异，对于当地的影响方式和程度也存在差异，因而各自在不同的时空尺度上发挥作用。

相比于降水，温度随时间推移的波动幅度较小，区域之间的同步性较强，其影响主要体现在较为宏观的时空尺度上。由于温度的年际波动不够显著，即使是现代，也不易为从事生产的农民所察觉，对其的响应行为（例如调整种植制度或作物种类）往往存在滞后，引发农业生产以至整个社会系统的显著变化往往要在10年甚至更长的时间尺度上进行辨识（如上文提到的“冷抑暖扬”的规律）。空间上，由于华北平原整体处在同一气候分区（暖温带半湿润气候），温度波动特征和幅度全区比较一致，对社会系统的影响也不存在显著的空间差异。但如果将华北平原与其以北的燕山山地（书中的口外地区）进行对比，就可以看到明显区别。如果说对于华北平原，温度变化的影响更多体现为积温对粮食产量潜移默化的作

用，那么对燕山腹地和周边的许多地区而言，温度的升高就意味着生产方式的根本性变更（由牧业转为农业），因而更易辨识。与农牧界线类似，其他一些对温度比较敏感的界线，如作物熟制（如双季稻）和一些标志性作物分布界线（如前文提到的冬小麦种植北界）的变化，也常被用来辨识气候冷暖波动的影响。

降水变化对区域社会的影响更为直接，也更加剧烈，在较短的时间尺度和较小的空间尺度上都不难辨识。对于华北平原，年降水量相对于农业生产所需本就不甚充裕，加之年际波动幅度较大，极端水旱灾害多发，往往在短时间内对粮食生产造成严重影响，并迅速波及整个社会。年际尺度上的相关分析结果显示，南部 4 站年降水量与收成、饥荒、动乱这 3 个关键指标都呈显著负相关关系（表 8-1），说明降水减少对当地社会的威胁更大。灾害指数（综合水旱灾害）则与所有反映社会生态系统的指标（从收成到动乱）均呈显著正相关关系（表 8-1），进一步反映了极端水旱灾害对当地社会的深刻影响。一场灾害的发展过程一般以年和月为时间单位，因此本书除了构建年际尺度的指标序列进行定量对比分析，还重建了一系列极端灾害案例，在更短的时间尺度（年内）上观察灾害过程与社会响应。

表 8-1　清代华北平原气候灾害与社会生态指标序列相关系数

相关系数	年降水量	水灾指数	旱灾指数	灾害指数	秋粮歉收指数	赈粮数量	饥荒指数	煮赈记录频次	治安记录频次	动乱事件频次
年降水量	—	0.496**	−0.552**	—	−0.181*	—	−0.324**	—	—	−0.174*
水灾指数	0.496**	—	−0.450**	0.638**	0.181*	0.231**	—	0.199**	0.153*	—
旱灾指数	−0.552**	−0.450**	—	0.401**	0.519**	0.179**	0.602**	0.151*	—	0.226**
灾害指数	—	0.638**	0.401**	—	0.663**	0.391**	0.514**	0.335**	0.170**	0.137*
秋粮歉收指数	−0.181*	0.181*	0.519**	0.663**	—	0.347**	0.681**	0.480**	—	0.284**
赈粮数量	—	0.231**	0.179**	0.391**	0.347**	—	0.220**	0.235**	—	—
饥荒指数	−0.324**	—	0.602**	0.514**	0.681**	0.220**		0.460**	—	—
煮赈记录频次	—	0.199**	0.151*	0.335**	0.480**	0.235**	0.460**		0.60**	0.208**
治安记录频次	—	0.153*	—	0.170**	—	—	—	0.60**	—	0.309**
动乱事件频次	−0.174*	—	0.226**	0.137*	0.284**	—	—	0.208**	0.309**	—

*代表在 0.05 水平上显著相关；**代表在 0.01 水平上显著相关；—为无相关性或相关性不显著。

在这些案例中，我们还可以看到降水变化的影响在空间上也有显著差异。一方面，降水的空间协同性远不如温度，在华北平原区内就时常发生同一年局部多雨、局部缺雨的现象；另一方面，雨水落地之后的再分配还会受到地形、水文、植被等条件制约，洼地易受洪涝，高坡则多发旱灾。以下结合水旱灾害的不同时空过程和影响方式，进一步分析气候影响在华北平原内部的区域差异。

三、气候影响的区域差异：水旱灾害多发区及其社会后果对比

从表 8-1 中年际尺度的相关系数可以看到水灾和旱灾之间的明显差异，水灾主要与歉收、赈粮、煮赈、治安显著相关，而与饥荒、动乱相关性不显著；旱灾与除治安外的其他指标均显著相关，特别是与歉收和饥荒的相关系数分别高达 0.519 和 0.602。由此推论，水灾的影响，主要体现在触发人口向心迁徙（进入京城）；而旱灾则通过显著影响收成和饥荒，进而触发人口迁徙和社会动乱。可见旱灾对社会秩序的威胁程度远高于水灾。

水灾与旱灾的影响差异，首先与两者的时空过程和作用方式有关。水灾虽来势凶猛，往往导致被淹地亩颗粒无收，但持续时间较短，洪水退去之后尚可补救，因而对收成和饥荒的影响不如旱灾显著；而旱灾成灾过程漫长，极端情况下甚至持续数年之久，往往成灾之后即无可挽回，对民生打击甚巨，因而更易引发生计危机，进而冲击社会秩序。对清代华北平原而言，水旱灾害多发区域的空间分布，也是造成这种差异的一个重要因素。

清代华北平原水灾最集中的区域位于海河水系下游的低洼地带，大致相当于现代北京、天津、廊坊、保定交界地区。[①]这里是所谓“九河下梢”、众水汇聚之所，清代早期降水稍多的年份尚不免被淹，至晚期水利失修之后更是连年大水。而另一方面，这里邻近京师，“畿辅地带”的政治优势使其救灾工作受到朝廷的重点关注；加之地处京杭运河终端，通州、天津仓储林立，粮食调度转运便捷，都有利于减轻水灾影响。清代这里发生的多次极端水灾，如 1725 年、1801 年、1822—1823 年水灾，都以其相对有力的救灾活动，在一段时间内成为荒政运转的范本。受灾之后当地民众除了原地待赈，涌入中心城市（特别是京师）求赈也是一个重要选择，水灾强度与京城煮赈活动规模因而具有显著关联；到清代晚期，京城煮赈活动不堪重负，社会治安受到流民的严重冲击，水灾随之又与治安状

---

① 萧凌波：《1736—1911 年中国水灾多发区分布及空间迁移特征》，《地理科学进展》2018 年第 4 期。

况挂上了钩。

旱灾最为多发的区域则位于南部的冀鲁豫三省交界地带[1]，重建案例也显示，清代多次极端旱灾事件（如 1743 年、1812—1813 年、1847 年、1876—1878 年）的重灾区都位于这里。但除了 1743 年之外，大部分情况下这里得到的赈济都极不充分。这里距离京师较远，加之地处“几不管”的交界地带，信息传递不畅、政府重视不足、粮食调度不便，都不利于开展救灾，往往一遇灾害就发生严重饥荒。反过来，政府对基层的失控和民生的极度困苦，却又使这里成为民间秘密教门发展的一片沃土。纵观清代破获的重要“邪教”案件和有组织的起义事件，其策源地多半都在这里。教门迅速发展的外部条件和起事的时机选择，又多与天灾（特别是旱灾）密不可分（如天理教起义、义和团运动）。旱灾与动乱显著相关，而与京城煮赈和治安的关系不如水灾密切，很大程度上与旱灾多发于南部有关。

第二节　社会生态系统对气候、灾害的响应机制及其意义

如表 8-1 所示，灾害指数与社会生态系统不同环节的代用指标均有显著相关，但从粮食生产层次（收成）、到消费层次（饥荒）、再到人口迁徙（煮赈）和社会稳定性层次（治安与动乱），可见相关系数逐次降低。相关性的下降，正说明社会响应机制在其中发挥了缓冲作用，使得气候、灾害对于粮食生产的直接影响（主要是不利影响），在向其他环节的传递过程中不断被削弱。书中讨论的社会响应机制，包括了不同层次上的政府政策调控和民众自发行为，两者之间的互动关系是否良性，决定了响应机制是否能够发挥积极作用。

一、主导响应方式变迁的阶段性与层序性

在清代华北平原社会生态系统演进的 4 个主要阶段中，与气候、灾害关系比较密切的几类社会响应方式（开垦、赈济、迁徙、动乱）存在此消

---

① 萧凌波：《清代华北蝗灾时空分布及其与水旱灾害的关系》，《古地理学报》2018 年第 6 期。

彼长的变化，并形成了不同的组合形式，不同时段的主导方式不尽一致。

（1）1644—1730 年：这一阶段政府主导的赈济活动力度不足（至晚期有所加强），人口迁徙规模较小（无论是区内还是区际迁徙），动乱事件亦较少发，最有利于缓解恶劣气候（寒冷多灾）影响的响应方式是垦荒，通过扩展耕地面积、扩充余粮储备来增强对灾害的抵御能力。在政府鼓励垦荒的政策支持下，至 18 世纪初，区内耕地面积一直处在高速增长之中，从而使人均粮食产量维持在较高的水平线上。

（2）1731—1790 年：华北平原耕地资源有限，复垦完成之后，耕地增加势头放缓，人口的迅速增加导致人均耕地面积和粮食产量在本阶段内持续下降。与此同时，随着全国的统一和经济的繁荣，政府财政状况大为好转。在仓储充裕、漕运畅通的前提下，朝廷主导下的大规模粮食调度和赈灾活动成为最重要的响应方式。由于政府救灾得力，水旱灾害背景下的粮食短缺并未引发大规模生存危机，绝大部分灾民的选择是原地待赈，迁徙和暴动均不是主导行为。不过值得一提的是，口外地区农垦活动的兴起，使其可以吸纳部分来自口内的流民，并向口内输出余粮，在 18 世纪大部分时间内有效缓解了口内的救灾压力。

（3）1791—1850 年：极端灾害激增的同时，深陷财政危机的朝廷救灾力度和效率又严重削弱，已无力将灾民抑留于本乡。人地矛盾的激化与底层民生的困苦，使大量灾民流离失所，流民问题的凸显成为这一阶段最突出的特征。此时口外农业开发已现颓势，关外（东北）则在短暂开禁之后又重申封禁，对于流民的吸纳作用都比较有限。由于缺乏出路，流民行为逐渐趋向暴力。整个阶段中，与流民有关的盗匪案件呈不断增加的趋势，与政府的对抗性也在增强，并曾在旱灾背景下爆发有组织的动乱（天理教起义）。

（4）1851—1911 年：这一阶段的社会生态系统处于极度脆弱状态，社会危机全面爆发，天灾往往伴随严重的饥荒和死亡，大规模的人口迁徙和动乱成为主导响应形式。在两场大乱（宋景诗起义和义和团运动）之间，华北平原有一个持续 30 余年的相对平静期，但也只是在政府救灾、人口迁徙和社会动乱之间勉强取得平衡。杯水车薪的救灾物资在晚清频发的大灾中无法收到实效，政府试图通过加强京城煮赈和弛禁东北来安置流民，但无论是向心流动还是跨区迁徙，其规模都不足以从根本上缓解流民压力，反而增加了新的风险。直到 20 世纪初，东北的全面放垦与交通运输手段的变革，大大加速了华北人口的外流，才使境内流民问题有所缓解。

从耕地开垦到政府赈济，再到人口迁徙和社会动乱，可以看到不同阶段中气候、灾害与社会生态系统进行互动的焦点环节，在整个影响和响应链条上呈现为逐层递进的关系——先是在粮食生产领域，然后进入粮食供给和消费领域，最后是人口系统和社会稳定性层次。主导响应方式的阶段性和层序性变化，也反映出随着时间的推移，气候、灾害因素对社会生态系统的影响程度在不断加深，或者反之，社会生态系统面对气候变化和极端灾害的脆弱性在不断增强。

二、朝廷粮食调度与赈粮发放的重要价值

从粮食安全的视角来审视气候、灾害与社会生态系统的互动，可以将其互动焦点简化为人粮平衡问题，即区域是否能够提供（无论内部生产或从外部获取）足够的粮食来养活区内人口，从而维系社会的正常运转。随着人口的持续增加，其与粮食总量之间的动态平衡不断发生变化，总体趋势是随着人均粮食产量的下降而变得更加脆弱，其中最脆弱的是那些处在社会底层的贫民。当灾害作为突发外部因素急剧改变人粮平衡时，重新恢复平衡的努力就可以区分出两个方向，即增加粮食供给，或减少粮食需求。

清代华北平原相比于其他区域（例如江南）的一个鲜明特点，是其增加粮食供给的努力，在相当程度上是由朝廷主导之下通过行政手段实现的，即依托仓储和漕运体系进行大规模粮食调度（以仓粮拨发、漕粮截留为主，区外买粮为辅），再经各级政府组织转运和分配，最终发放到受灾贫民手中。朝廷粮食调度活动基本贯穿了整个清朝，初兴于康熙晚期，于乾隆年间走向鼎盛，嘉道以降则急速衰落，至光绪年间虽一度有所恢复，但最终还是随着漕粮全面改折而走向终点。正如 1743 年旱灾这样的典型案例所反映的那样，赈粮的高效调度和及时发放，可以在相当程度上减轻歉收影响，抑制饥荒、流亡和动乱的发生风险。就清代整体而言，朝廷调度的粮食数量与收成的相关系数为 0.347；具体到不同时段又有明显差异，第 2 和第 3 阶段中两者相关系数分别达到 0.720 和 0.636，而到了晚清的第 4 阶段，两者之间已不存在显著相关关系。

晚清时期粮食调度与收成关系的“脱钩”，除了反映出当时政府组织的救灾活动无论在力度还是在时效性上都存在严重缺陷，还有一个重要原因是晚清时期救灾物资的货币化倾向，也就是说政府更多向灾民发放货币（“折色”）而非粮食（“本色”）。这一倾向在嘉道年间的多次救灾中已现端

倪，至光绪年间则成为常态，搭配货币发放的少量赈粮，其数量自然难以与实际歉收程度直接挂钩。书中没有将历次灾害中发放的“折色”按照粮价折算为粮食数量与“本色”相加，而是将两者分别进行介绍，主要是考虑到灾害背景下朝廷能够调度发放的粮食数量，本身就是国力、财政仓储状况和政府机构运转效率的综合反映。就数量来说相当于1石粮食的货币，在各方面因素的作用下（如官吏中饱、粮价上涨、市场距离），实际发挥出的救灾效果，是远远比不上1石粮食的。1743年旱灾之后的展赈，朝廷决定“全给本色，更于民食有益”；而1894年水灾之后李鸿章则以“北方百姓惯食杂粮，近年放赈贫民多愿领钱，不愿领米”为由，决定全给“折色”。其间的差异，反映的也是清朝兴盛和衰败时段的财政状况、仓储水平、官吏素质、组织能力等全方位的差距。

诚然，晚清漕运制度的终结，是历史发展的一种必然（维系运河航道代价高昂、得不偿失，商品粮大量流通和北方粮食市场的发展使京师获得大宗粮食更为便利）[①]，要求此时的朝廷继续维系基于漕运体系的粮食调度活动也并不现实。但对于广大农村的贫民而言，其获得粮食的途径本就十分有限，购买粮食的渠道并不畅通，还要忍受官吏和商贩的层层盘剥，在此情况下，政府只是简单地将本色改为折色，将买粮的风险转嫁给底层民众，事实上放弃了相当一部分的救灾责任，这就注定了其救灾措施难有成效。同时，发放货币的做法本身就鼓励了离乡外出的行为（本乡因受灾难以购买粮食），进一步导致了流民规模的失控，这与政府救灾的初衷也是背道而驰。

三、人口迁徙的缓冲作用及政策管理的得失

气候和灾害因素的冲击之下，要恢复人粮平衡，另一个努力方向是减少粮食需求，这主要通过人口迁徙来实现。清代华北平原的人口迁徙，无论是向心流动（进入京城，主要通过煮赈进行安置）还是跨区迁徙（进入口外和关外，通过佣工和垦种谋生），都可以在一定程度上降低区域内对粮食的需求总量，而以后者效果更为显著（进京人口规模有限，且煮赈仍须消耗一定数量粮食）。在这一环节中，民众的自发迁徙行为与清廷对流民的政策管控之间的互动，同样贯穿了清朝始终。

在流民问题尚未激化的前两个阶段，对于华北平原民众向口外和关外

---

① 李文治、江太新：《清代漕运（修订版）》，“前言”第1—2页。

地区的迁徙，清廷既有积极鼓励的时段（例如清初颁布《辽东招民开垦例》、康熙晚期招募民人“教养蒙古”、雍正年间“借地养民”），也曾因担心当地移民进程加快引发各类问题而采取限制移民的措施（如1668年停止《辽东招民开垦例》；1740年加强对前往东北的关口稽查，并在奉天清理户口田地；1748年清查蒙旗境内民人地亩，并禁止蒙地私垦和典卖），至乾隆朝，逐渐形成对关外相对严厉、对口外相对宽松的封禁政策组合。封禁的出发点虽是为了维护满蒙特权，但也在客观上保护了当地较为脆弱的生态环境（特别是口外），避免了过早、过快的生态破坏。这一时期口内流民规模不大，灾年流民增加的情况下，政府也会适当放松关口稽查，默许其出边谋生，因此两者之间并未发生激烈冲突。流民出边既缓解了口内的人口和救灾压力，又推动了边外地区的农业开发；边外因开发活动比较有序，农业生产率较高，还能以余粮输入口内，区域之间、社会上下之间的互动关系较为良性。

18、19世纪之交，随着华北平原境内流民问题的凸显，朝廷对于流民出边的管控政策发生了一次重要的摇摆。先是1792年旱灾中，乾隆帝鉴于离乡灾民激增，难以抑止，而开发趋于饱和的口外对流民吸纳效果有限，果断放松长城关口稽查，将封禁中的东北向流民开放。不仅要求直隶地方官员“详晰晓谕”引导饥民出边，对于此后流民在东北当地定居入籍也不加限制。仅此一年，出边流民即数以十万计，此后10年间也一直络绎不绝。嘉庆帝亲政后，无法接受流民加速涌入东北的现实，基于“中外之界，不可不分”的立场，于1803年下谕重新加强关口稽查，结束了短暂的弛禁。此举既不能杜绝流民违禁越边和私垦行为，又导致了口内缺乏出路的流民行为进一步暴力化。无论在华北平原内部，还是边外地区，流民与政府之间的关系都日趋紧张。

至19世纪下半叶，国家处在内外交困之中，华北平原巨灾不断，社会矛盾亦集中爆发。面对难以遏止的流民潮，清廷终于弛禁东北，丈放部分土地，招民开垦，同时加强京城煮赈，以应对规模空前的流民迁徙。但这两方面的政策调整都属于被动应急，而非前瞻性规划，因而实际执行效果并不理想，甚至事与愿违。在区内，京城煮赈与进京流民陷入“面多加水、水多加面”的恶性循环，煮赈的加强始终跟不上流民数量的增加，最终导致京城社会治安全面败坏。在边外，由于缺乏政府引导和资助，流民出边行为带有很大的盲目性，其中许多都没有得到适当安置，生计无着的流民使得边外动乱风险大增，尤其在流民吸纳能力早已饱和却又因靠近长城一线而有大量流民聚集的口外东蒙一带，甚至爆发了严重的金丹道暴动。

总之，在清代华北平原社会生态系统的演进过程中，气候要素（温度和降水）在长时间尺度上的均值波动（如不同时段的冷暖差异、灾害频度与强度的变化）和短时间尺度上的极值变化（表现为各类气象灾害）均十分活跃，对当地社会施加了广泛而深刻的影响；特别是频繁发生的极端水旱灾害，成为人地关系中的一个重要变数。尽管当时的区域社会上下对于气候变化和极端灾害的发生机制缺乏科学认识，但仍尽其所能地开展了或有意识（如备灾救灾）、或无意识（如农耕区北扩）的响应。华北平原响应机制相比于其他区域的独特性，突出体现在直接置于朝廷管控下的荒政体系，以及活跃的人口跨区流动（邻区地广人稀）方面。本书以此为重点，重建了清代不同阶段气候、灾害与社会的互动，其间不少经验教训，对于今天的我们仍有启发。气候、灾害作为外部影响因素，其带来的风险与机遇并存，并且在适当条件下可以相互转换，恶劣的气候有时孕育着希望，而适宜的气候也可能潜藏着危机。清代早期气候寒冷多灾，社会上下不得不积极恢复生产，重视积贮，逐步建立起一套以赈粮调度发放为支柱的荒政体系，其高效运转使得此后很长一段时间内社会都从中受益；反之，18 世纪气候相对适宜期临近尾声时，社会已对极端灾害丧失了应有的警惕，仓储亏空严重，奢靡浪费成风，在相当程度上放大了灾害的社会后果，从而加速了社会危机的到来。中国自古以来就是一个重大自然灾害频发的国家，居安思危，在任何时代都不是一句空话；这一点在当前国际形势变幻不定，人类又需面对气候变化等来自环境的重大挑战时，显得尤为重要。

后　记

写下这个标题，也就意味着这本书终于临近出版了。这个题目的酝酿，可以一直追溯到13年前。回望这13年的经历，心中颇多感慨，甚至掺杂着一些如梦似幻的不真实感。

2007年秋，我还是北京师范大学地理学与遥感科学学院自然地理学专业的一名在读博士生。虽然一向标榜自己爱好历史，读书期间也不少主业之外的摸鱼行为，但在磕磕绊绊之中，我还是在一个纯理科环境中逼近了高等教育的终点。尽管正被毕业论文的选题搞得焦头烂额，但在一些机缘巧合之下，我却又坐在了中国人民大学明德楼的教室里，成为黄宗智先生“社会、经济与法律的历史学研究”第一期研修班的一名学员。不消说，这个自不量力的决定颇让我吃了些苦头，除去记住了一长串拗口的名字，他们的成果和思想对我而言实在过于晦涩，多半很快就原样奉还了。在当时的我看来，这一年的研修，不过是给我不务正业的履历上多添了一笔；时至今日，却又有了不一样的感受。

2008年3月，我在研修班上宣读了我的开题报告初稿，以此替代每个人都要撰写的课程论文。几度换题之后，我决定研究清代中国动乱事件的时空分布及气候变化对其的影响，这是我在专业和兴趣之间找到的一个平衡点。4月，我通过了开题答辩。按照设想，我需要先通读《清实录》，从中收集足够的信息，然后才能撰写论文，而此时留给我的时间已经不足一年。为了不延毕，2008年的剩余时间里我都处在近乎狂热的工作状态中。但到资料整理接近完成时，我的想法又变了——与其在全国尺度上做一个单一指标（动乱）与气候要素的对比，不如做一个更为细致的区域尺度的案例，将气候与更多方面的社会变迁相挂钩，从而深入到气候影响的过程机制层面。于是我的毕业论文题目变成了《清代畿辅—东蒙地区气候变化影响与社会响应的相互作用机制研究》，文中的“畿辅”，就是本书中的“华北平原”。本书的基本框架，此时已有雏形。

毕业之后，我一时没能找到合适的工作，但很幸运的是，国家启动了一系列与应对全球气候变化相关的重大基础科学研究计划，我的研究因此具有了一点价值。在其中一个项目资助下，我在之后的几年间以博士后的身份继续从事历史时期气候变化的影响研究。除了继续将博士在读期间的工作整理发表，也将研究视野扩展到历史时期社会经济的更多方面，研究对象则一直是明清时期的北方地区，特别是华北平原。在此期间，我开始对作为专业的地理和作为爱好的历史这两个学科产生更加深入的认识。长久以来被老师们挂在嘴边的“人地关系”，从一个抽象的“地理学核心概念”，在一个个鲜活的历史案例支撑之下，逐步变得丰满而生动。反过来，地理环境变迁又成为我进一步了解中国历史的一把很好的钥匙，如历史地理学前辈张其昀先生所言，“上下五千年之历史，纵横数万里之舆图，史实繁颐，浩如烟海，必须深研地理之学，以时与空为经纬，方有灿然在目之快”。

这种跨学科的思考与实践，意外地使我得到了一个工作机会。2014年春，我又一次来到人大，接受历史学院的入职面试。我的研究得到了大家的认可，并被具有深厚灾害史、生态史和历史地理学术积淀的清史研究所所接纳。于是，一个当年坐在人大的教室里，带着一脸问号听黄宗智先生讲授社会史、经济史和法律史的地理专业学生，如今站在人大的讲台上，对着一众人文社科专业的学生讲解看上去有些“高深”的自然地理学知识。人生际遇之奇妙，莫过于此。

人大七年的教学和研究工作也在不断地丰富和完善这部书稿的内容。与最初那篇多少有些粗糙的学位论文相比，本书除了在内容上要充实许多，对人地关系的理解和阐释更加深入，对史料的征引更加全面和规范，对具体研究方法和技术手段的运用也更加娴熟，这些进步还是值得自己欣慰一下的。但本书研究的跨学科性质，决定了书中对很多问题的探讨难称完备。将其置于不同学科的专业眼光审视之下，可供讨论甚至争论的余地仍然很大，对此我也有自知之明。处在近代化前夜的华北平原社会历来是热点研究对象，来自不同学科的前辈学者多有经典论著，黄宗智先生《华北的小农经济与社会变迁》一书我当年还曾在研修班上反复研读。时隔多年，我居然也以华北平原为题完成了一部专著，无心插柳的巧合也好，草蛇灰线的伏笔也罢，窃喜之余，当然也会有惶恐。珠玉在前，只要本书能提供一点新的观点、思路或者方法，给学界同仁带来一点启发，就已经很好了。

行文至此，内心充满感激。我的成长道路相比于同龄人可谓顺遂，没有什么大的波折和磨难，惊喜却无处不在。这不是什么上天的眷顾，而是实实在在地得益于身边的无数人为我默默付出、保驾护航。我要感谢北师大地理学院对我的培养，特别是师爷张兰生先生（已于去年仙逝，遥寄哀思）和博士生导师方修琦教授，没有他们对我那点微不足道的兴趣爱好的精心呵护，我的论文选题方向乃至整个人生轨迹都会截然不同，这本书也就无从谈起了。我要感谢博士毕业之后工作过的三家单位（北师大历史学院、中科院地理所和人大历史学院）对我的热情接纳，感谢两位博士后合作导师（梅雪芹教授、郑景云研究员）以及所有同事对我的关怀，没有他们的帮助与鞭策，很难想象我能在过去的 12 年间完成如此剧烈的角色转换。我要感谢我的父母和爱人，他们给予我的，是无条件的爱与信任，从来都是以最大的包容来接受和理解我的每一个任性的决定，又会以最大的热忱来鼓励和赞许我的每一点微小的进步，每念及此，都深感不安，不知自己要做到何等业绩，方不辜负这样的深情。还要感谢我刚满 3 岁的儿子，他的降生，为我的人生添加了别样的色彩，赋予了崭新的意义。回顾一路走来的点点滴滴，要感谢的人太多太多，无法一一列出，只能在此一并致谢，并将感激之情转化为未来工作的动力。

又及，本书被纳入中国人民大学“历史地理学丛书”，编号为甲种第十一号。谨此为记。

萧凌波

2021 年 3 月 16 日于人大人文楼